U0375748

装备科技译著出版基金

事实因果

Actual Causality

[美] Joseph Y. Halpern(约瑟夫·Y. 哈珀恩) 著
卜先锦 等译

国防工业出版社
·北京·

内容简介

人类在认识世界、改造世界中，因果关系起着关键作用。本书在系统介绍了因果关系相关概念的基础上，聚焦真实因果关系与一般因果关系研究，提出因果关系的哈珀恩－珀尔(Halpern－Pearl)定义，并对其延拓，映射到结构因果模型，试图找到与自然语言用法相匹配的事实因果关系，最后探讨因果关系研究的相关应用。

著作权合同登记　图字:01－2023－2471 号

图书在版编目（CIP）数据

事实因果/(美) 约瑟夫·Y. 哈珀恩
(Joseph Y. Halpern) 著;卜先锦等译.—北京:国
防工业出版社,2023.9
书名原文:Actual Causality
ISBN 978－7－118－13055－3

Ⅰ.①事…　Ⅱ.①约…②卜…　Ⅲ.①科学实验—普
及读物　Ⅳ.①G312－49

中国国家版本馆 CIP 数据核字(2023)第 175548 号

Translation from the English language edition:
Actual Causality by Joseph Y. Halpern
ISBN:978－7－118－13055－3
© 2016 Massachusetts Institute of Technology
All rights reserved.

本书简体中文由 The MIT Press 授权国防工业出版社独家出版。
版权所有,侵权必究。

※

国防工業出版社出版发行
（北京市海淀区紫竹院南路 23 号　邮政编码 100048）
北京虎彩文化传播有限公司印刷
新华书店经售
*
开本 710×1000　1/16　**印张** 14½　**字数** 252 千字
2023 年 9 月第 1 版第 1 次印刷　**印数** 1—1500 册　**定价** 136.00 元

（本书如有印装错误,我社负责调换）

国防书店:(010)88540777　　书店传真:(010)88540776
发行业务:(010)88540717　　发行传真:(010)88540762

翻译组组长:卜先锦

副　组　长:王　伟　赵蔚彬

翻　译　人　员:(按姓氏笔画排序)

卜先锦　王　伟　王　哲　毛腾蛟

宁祎娜　郭秋怡　董晓阳　游翰霖

蔡春晓

校　　　对:赵蔚彬　卜先锦

统　　　稿:卜先锦

译者序

科学的发展得益于两大体系的贡献，一是形式逻辑体系，二是科学实验体系，其中，科学实验体系是因果关系发现的核心。进入 20 世纪以来，随着信息和智能技术的发展，因果科学研究再掀热潮。贝叶斯网络之父——美国学者朱迪亚·珀尔认为，因果关系研究是数据科学的第二次革命，其研究成果正在深刻影响着自然科学、社会科学等多学科领域的创新发展。当前因果关系相关研究在国内开展得如火如荼，主要集中在基础算法、网络安全、故障诊断、知识图谱、金融以及法律伦理等领域，但是在军事上的应用还很鲜见。2019 年 8 月，军事科学院杨学军院士向全院科研人员推荐了《为什么》一书，并提出了军事评估要用“因果语言”说话的要求，为因果科学在军事评估领域的应用指明了方向。

因果推断是一门涉及多学科门类的新兴交叉学科，已被美国列入大学课程，但国内相关领域代表性的著作不多，2021 年初，译者有幸发现了 *Actual Causality* 这本书，认为该书作为因果关系基础性著作，值得引荐给更多国内研究爱好者，为此申报了装备科技译著出版基金。

本书内容涉及大量数学推导证明，对数学功底要求高，校正和统稿难度大，为此在翻译过程中采用统筹规划、分工协作的方式，根据每个译者的专业和兴趣进行了分工安排。卜先锦翻译了前言、第 1 章和第 8 章，第 2 章由游翰林和董晓阳翻译，第 3 章由蔡春晓翻译，第 4 章由郭秋怡翻译，第 5 章由宁祎娜翻译，第 6 章及名词术语由王伟翻译，第 7 章由王哲翻译，此外，毛腾蛟博士在翻译过程中做了一定协助工作，本书由赵蔚彬和卜先锦进行校译，最终由卜先锦统稿。

本书的出版得到装备科技译著出版基金资助，并得到军事科学院战略评估咨询中心领导、机关和各研究部的支持，在此一并表示感谢。本书内容原文涉及数学、法律、经济、政策等领域，专业跨度大，翻译难度大，受限于专业水平，难免存在不足，敬请批评指正。

译者

二〇二三年三月

前　言

在电影《毕业生》中，由达斯汀·霍夫曼主演的本杰明·布拉多克被告知，人的未来可用“塑料”一词概括，即人的未来是因果可变的。记得 1990 年前后，朱迪亚·珀尔第一次告诉我，世间万物皆有因果，未来可用因果进行预测。朱迪亚·珀尔的谶言，激发了我对因果关系研究的兴趣。在这以后我写了一篇有关事实因果关系方面的论文，这构成了本书的基础。在开展因果关系研究中，我有幸与其他学者进行合作，并得到他们的持续帮助，特别是汉纳·卡克勒、克里斯·希契科克和托比·杰斯滕伯格三位学者，他们的学识造诣，使我对因果关系及其相关概念的理解更加深入，在此深表感谢。

我还要感谢以下学者的帮助和支持：感谢桑德·贝克斯，他常通过电子邮件同我开展因果关系的讨论；感谢罗伯特·麦克斯顿仔细认真的文字校对；感谢克里斯·希契科克、大卫·拉格纳多、乔纳森·利文古德以及劳丽·保罗，他们对本书初稿提出了许多宝贵的意见。

因果关系研究相关工作的开展获得了国家科学基金会（The National Science Foundation，NSF）、空军科学研究局（Air Force Office of Scientific Research，AFOSR）和陆军研究局（Army Reserch Office，ARO）的资助，特别是国家科学基金会对因果数据库工作的拨款支持，解决了我工作中资金的燃眉之急，在此一并表示感谢。

当然，本书在撰写的过程中难免存在不当之处，对书稿中的任何错误，我愿承担完全责任。

目　录

第1章 概 述

快乐永远属于懂得事情起因的人。

——维吉尔《田园诗》

因果关系在人类构造世界的道路上发挥了重要作用。人们在观察世间万物时常常会寻求因果解释。例如，我的朋友为什么沮丧？计算机中的文件为什么会显示错误？蜜蜂为什么会突然死亡？

哲学家通常将因果关系分为两类：类型因果关系和事实因果关系。类型因果关系也称通用因果关系或一般因果关系，事实因果关系也称表征因果关系或特定因果关系。本书均使用一般因果关系和事实因果关系。

一般因果关系着眼于对事物进行抽象的定性描述和判断，其一般陈述为："吸烟导致了肺癌"，或是"过量发行货币导致了通货膨胀"。相比一般因果关系，事实因果关系则着眼于对事物的具体描述和定量刻画。例如大卫这个烟鬼，吸烟时间长达30年之久，导致他去年患上了癌症；又如6600万年前，一颗小行星撞击尤卡坦半岛，导致恐龙的灭绝；再如汽车刹车失灵导致交通事故，该例中详细描述交通事故的原因是汽车刹车失灵，而非暴雨天气或司机酒驾等。

通常，科学家们对一般因果关系更感兴趣，主要是因为一般因果关系对事物的描述包含了某种假定，从而可帮助他们对事情的结果做出预测。例如，如果大量吸烟，将患上肺癌，或更准确地说，吸烟更易使人患上肺癌；如果政府多印制发行10亿美元货币，通货膨胀率很可能达到3%。而事实因果关系是对特定事物案例的具体描述和判断，不支持科学家对事物进行一般性预测，但对预防类似情况的出现，可能会提供有益的帮助。例如，罗伯特睡过头而错过了约会时间，为防止今后约会迟到，一个有用的方法是给他配备一个闹钟。

事实因果关系也是行为过失和责任认定的关键，因而在法律条文中频繁出现。在法律上，想知道有关事实真相，就需要确定因果关系。大卫确实吸烟，也确实死于肺癌，问题是吸烟是否是他死于肺癌的原因？同样，在刹车失灵、天降大雨、司机酒驾三种情形同时发生的情况下，刹车失灵一定是交通事故的原因吗？会不会是暴雨或是酒驾？恐龙灭绝的事实因果关系也引发了科学家们的极大兴趣。在法律中，一般因果关系也有其现实意义，如果陪审团不认为吸烟会导致肺癌，法院就不可能做出给大卫的妻子巨额赔偿的决定。

上述示例表明：一般因果关系是典型的“由因推果”的概念，可用于预测，而与之相对应的事实因果关系则更多的是“由果推因”。有了事实因果关系，就可知道事情的结果，并根据结果溯源发生事情的原因。一般因果关系和事实因果关系两者往往并行存在，相互交织，因此，开展两者的综合研究具有一定的价值。本书主要专注于事实因果关系及其相关概念的研究。

本书大部分内容聚焦在如何定义因果关系概念上。例如，如何确定交通事故的原因是刹车片故障而非酒驾，如何解释某选民投票比另一个选民投票对选举结果负有更多的责任等。定义因果关系极其困难，从亚里士多德时代起，很多人曾做过多种尝试。定义因果关系的目的是为了获得因果关系的准确定义，准确阐释自然语言中“因果关系”这一词语（以及与之相关的“责任”“过失”等词）的真实内涵，从而指导陪审团对法律案件进行正确裁定，帮助计算机人员确定程序崩溃的原因是某行错误代码，也可帮助经济学家制定实施财政紧缩方案，回答该方案是否会在一年后导致经济萧条等问题。

对因果关系的认识可追溯到苏格兰哲学家休谟。休谟认为：“可以将原因定义为一个事物紧随另一事物之后出现，类似地，所有继发事物之后也会有与之相似的事物接续出现。换句话说，如果原发事物未出现，那么继发事物也就不存在。”尽管休谟的“换句话说”具有一定的道理，但他似乎混淆了两种截然不同的因果关系，即“规律性”定义和“反事实”定义。一是规律性定义，通过该定义可描述实际发生的事情，洞悉哪些事件先于其他事件发生，从而发现因果关系，即如果 A 事件通常在 B 事件之前出现，则 A 为 B 的原因，请注意这属于一般因果关系范畴；二是反事实定义，即陈述相反的事实，此时不仅要考虑实际发生的事情，还要考虑如果结果不是这样，则先前可能会发生什么事情。心理学研究表明：反事实思维在确定因果关系中起着关键作用。大多情况下，人们确实会考虑“可能会发生的事”以及“曾经真实发生过什么”。

最近的一项实验很好地说明了上述观点。比较图 1.1(a)和(b)两种情况，球 A 朝着一个目标方向前进，其中图 1.1(a)中，球 A 运动路径被砖块阻断，图 1.1(b)中，球 A 运动路径没有被阻断。现在，球 B 击中了球 A，导致球 A 没有直接进入球门，而是撞墙反弹后进入了球门。在两个图中，都发生了相同的事情：球 B 击中球 A，然后球 A 撞墙并反弹进入球门。但是，当人们被问到是否由于球 B 击中球 A 导致球 A 进入球门时，他们通常对于图 1.1(a)回答“是”，而对于图 1.1(b)回答“否”，原因是他们考虑到了反事实，即如果球 B 没有击中球 A 会发生什么。

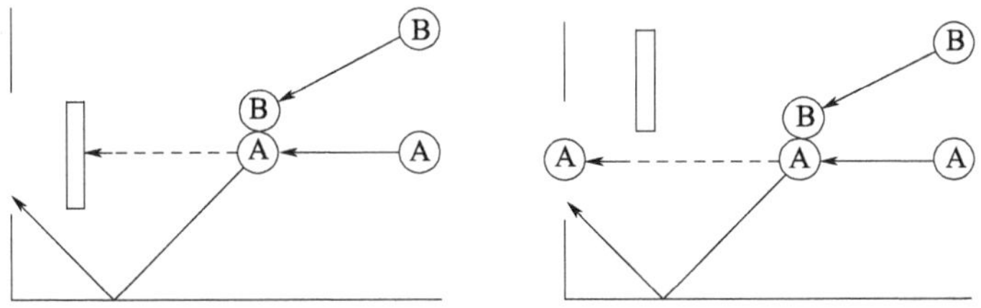

图 1.1 击球实验示意图

涉及反事实因果关系的定义有多种,本书只介绍其中的一种定义(尽管该定义有三个版本),即作者和朱迪亚·珀尔的研究成果,也称为哈珀恩-珀尔(Halpern-Pearl)定义,简称为 HP 定义。专注于这个定义主要有两个原因:一是该定义作者最喜欢、最熟悉;二是该定义与本书撰写的目标相关,且已被拓展用于处理诸如责任、过失、解释等概念。HP 定义的许多观点都能延拓到其他方法中,而这些方法均涉及反事实因果关系。

几乎所有反事实方法的运用,都以法律中的"若无"准则为起点,即 A 是 B 的原因,如果没有 A,B 就不会发生。也就是说,A 的发生对于 B 的发生是"必要条件",如果 A 没有发生,则 B 不会发生。当说 A 导致 B 时,总是要求 A 和 B 都同时发生,因此,当考虑 A 不会发生时,实际上是考虑了一个反事实问题,这种反事实推理适用于击球实验示例。在图 1.1(a)中,如果球 B 没有击中球 A,球 A 就不会进入球门,因此球 B 击中球 A 被视为球 A 进入球门的原因。相反地,在图 1.1(b)中,即使球 B 未击中球 A,球 A 也会进入球门,因此球 B 击中球 A 不是 A 进入球门的原因。

但是,"若无"准则还不足以确定因果关系。我们可看下面的故事场景:苏西和比利两人都捡起石头扔向瓶子,苏西的石头先到达,砸碎了瓶子。假定他们两人都投掷精准,人们就会认为:如果瓶子不被苏西抢先砸碎,比利也会把瓶子砸碎,此时"若无"准则失败。实际上,即使苏西没扔石头,瓶子也会被砸碎。然而,这里会将瓶子砸碎原因归结于苏西,而不是比利,这是一种表象。

HP 定义的最大优点是允许在意外情况下,通过应用"若无"准则来解决诸如此类问题。在苏西和比利砸瓶子的例子中,还考虑到比利不扔石头这一意外情况。显然,如果苏西和比利都不扔石头,瓶子肯定不会破碎。这就存在一个明显的问题:也可以考虑苏西不扔石头的意外事件,根据"若无"准则的定义,比利的投掷也是造成瓶子破碎的原因。显然,大多数人并不这么认为,毕竟是苏西的石头砸中了瓶子。为了提高人们对"苏西的石头砸中瓶子"的细节认知,因果关系的定义还需要附加另外一个条件,即在意外情况下,苏西的投掷是瓶子破碎的

“充分条件”。在假设了一些极可能发生的意外情况后，如果这种充分性仍能满足，并考虑到实际发生的情况（尤其是比利的石头没砸到瓶子），人们可认为瓶碎的原因是苏西投掷，而不是比利投掷。其实，不被无数反例弄糊涂，精准找到原因，要做到这一点极其困难。

本书其他章节的主要内容概述如下：第二章具体介绍 HP 定义、结构方程等概念。HP 定义涉及许多技术细节，为方便理解，我们尽可能循序渐进地介绍，然后利用 HP 定义解释如何处理扔石头问题以及哲学和法律文献中出现的一些细节问题、HP 定义如何解决传递性等问题，以及如何将其延拓到阐释事情发生结果的概率等问题。

事实上，有些例子用 HP 定义解释不清。众所周知，在心理学文献中，当人们评估因果关系时，通常会考虑“共性”和“个性”两种情况。正如卡奈曼和米勒指出的那样，“在确定因果关系时，在导致某事件发生的因果链上，通过改变该链条上不寻常的环节，更能避免该事件的发生”。第 3 章将介绍 HP 的延拓定义，既考虑了“共性”情况，又解决了第 2 章案例中提到的一些“个性”问题。

HP 定义运用到的模型是相对的，一个模型中，A 可能是 B 的原因，而在另一个模型中则不是，因此，即便控辩双方律师都使用 HP 定义，他们也可能因为使用了不同的模型而无法针对 A 是否是 B 的原因达成一致，这表明，判断一种模型是否比另一种模型更合适，还需要掌握一些技术，特别是需要掌握一些使模型变得“更好”的关键技术，这些问题是本书第 4 章的重点内容。

心理学中，为了使因果关系方法更加符合人们的合理认知，人们需要用很恰当简洁的方法来表示因果信息，使相应问题在某个恰当的时间内是可计算的。第 5 章将讨论因果表示和计算问题，以及因果关系语言的公理化问题。

因果关系是一个“有”或“无”的概念，要么 A 是 B 的原因，要么 A 不是 B 的原因。例如，根据 HP 定义，当投票结果是 11∶0 时，这 11 个人都是该投票结果的原因；当投票结果是 6∶5 时，6 个投赞成票的人是选举结果的原因。实际上，人们喜欢考虑投票承担的责任度，从投票人责任看，第一种投票结果所承担的责任要比第二种低很多。第 6 章将介绍如何延拓 HP 定义，通过引入责任和过失的概念来解决人们面对这些情况的直觉认知问题。

因果关系与其可解释性密切相关，如果 A 是 B 的原因，那么可以认为 A 是导致 B 发生的最好解释。第 7 章将结构模型方法延拓到因果关系的研究中，并提供可解释性的定义。第 8 章将分析因果关系的一些案例应用，并进行归纳总结。

本书尽可能地采用了模块化方式编排以便于读者阅读。尤其是第 2 章之后所有章节，除了第 4.4 节、4.7 节、5.2 节和 6.3 节依赖于第 3.2 节外，读者可以按任何顺序独立地阅读每个章节。即便在第2章中,对理解后面章节比较关键的信息仅集中在第2.1节至2.3节。为了使书中每章均具有可读性,我将因果相关技术的延伸阅读放到每章的最后,在保证章节内容整体性和连续性的同时,读者可以跳过这些部分,这样设计的目的是避免在某些情况下,读者对一些小问题进行过多过细的纠缠讨论。本书正文中也有一些扩展阅读,这主要是鼓励非数学专业的读者进行尝试性阅读,帮助读者熟悉各种数学符号和相关概念等,当然,读者阅读该部分依然可以略过。

本书中各章给出了所讨论材料的引用出处,提示可在何处找到有关该问题的细节讨论,有的还提供本章未涵盖材料的详细信息。

此外,在哲学、法律、经济学和心理学等方面有很多关于因果关系的研究资料,尽管作者已尝试覆盖所有重点和亮点,但书后所列的参考文献并非详尽无遗,作者仍期待可以找到足够的文献引导感兴趣的读者进行深入探索。

◇ 扩展阅读1

美国著名地质学家路易斯·阿尔瓦雷茨和沃尔特·阿尔瓦雷茨父子在1980年提出了恐龙灭绝的原因是流星撞击地球的假说。最初,很多人认为该假说非常激进,但后来越来越多的证据支持了这一假说,包括尤卡坦半岛上流星撞击奇克卢布的证据。帕拉克在2013年发表的论文提供了该主题相关的研究摘要。

事实因果关系和一般因果关系之间的区别在于其对原因关注的方式不同。事实因果关系关注的是影响原因,而一般因果关系关注的是原因影响。影响原因是特定结果的可能原因,而原因影响是给定事件的可能影响。一些研究人员认为,对事实因果关系的推理等同于对影响原因的推理,因为两者集中于单个特定事件,关注特定事件的结果;而对一般因果关系的推理就相当于对原因影响的推理,因为人们在考虑原因影响时,通常对某种行为是否带来某种结果感兴趣,但并非所有行为带来的结果都是如此。利文古德2015年发表的论文提供了许多例子充分说明了这一点。学者达威迪2007年认为,基于影响原因的推理通常向后看,而基于原因影响的推理通常向前看。2013年希契科克在发表的论文中首次正式提出了一般因果关系具有前瞻性,而事实因果关系具有回溯性。尽管有达威迪观点在先,且已流行了一段时间,但是希契科克2013年是首先发表文章,明确阐明了一般因果关系具有前瞻性,而事实因果关系具有回溯性的观点。

事实因果关系与一般因果关系之间是否存在明确的关系,学术界一直存在争论。一些学者认为它们需要不同的理论支持(参见[伊尔斯1991;古德1961a;

古德 1961b；索伯 1984]），而另一些学者认为可以用一种基本概念明确两者关系，例如 1995 年希契科克就这么认为。此外，统计学家非常关注一般因果关系和原因影响，如 2014 年达威迪、菲吉曼和费恩贝格 3 位学者对于如何将统计技术运用于原因影响分析进行了研究。作者认为一般因果关系是由许多事实因果关系的案例产生的，因此事实因果关系更为基础，但本书中所涉及的内容不涉及一般因果关系。

2014 年，学者菲尔肯认为：因果关系的研究工作可以追溯到亚里士多德时代。休谟在 1748 年就对因果关系进行了论证，开启了近代因果关系的研究。1962 年，鲁滨逊详细地讨论了休谟关于因果关系的两个定义。最被广泛接受的因果关系定义，涉及到休谟早期提出的准则，是 1974 年由马克伊提出的，他引入了 INUS 条件：如果 A 是某条件的一个非充分但必要的部分，而该条件本身对 B 来说是非必要但充分的，那么 A 是 B 的原因。该条件隐含的基本点是：如果 A 对 B 的发生是充分必要条件，那么 A 应是 B 的原因。当然，也有人认为该观点过于简单，提出很多反例反驳。例如在图 1.1(b) 中，球 B 击中球 A 甚至不是球 A 进入球门的必要条件，移除砖块也能实现。后来，马克伊改进了 A 为 B 的原因的定义：如果存在条件 X 和 Y，使得条件 $(A \wedge X) \vee Y$ 对于 B 而言是充分必要的，但 A 或 X 都不能导致结果 B，则称 A 是 B 的原因。分析该定义，可得 INUS 条件：

（1）根据假设，A 对 B 是非充分的（即 INUS 中的 I）。

（2）A 是使 B 成立的部分必要条件，即 $A \wedge X$（N 和 S）——A 是必要的，因为 X 本身是非充分的，注意到 A 在 $A \wedge X$ 中是必要的，且 X 本身不充分。

（3）$A \wedge X$ 对于 B 是非必要的（U），由假设，Y 是 B 的另一个原因。

注意，到这里使用的必要性和充分性概念与考虑因果关系的反事实理论时所使用的概念是相关的，但与之仍有不同。尽管马克伊的 INUS 条件不再被视为合适的因果定义（例如在抢先掷石砸瓶案例中，该定义遇到了麻烦，在实际原因失败的情况下，我们有一种现成的方法给出结果），但是人们仍然需要继续开展关于因果关系定义方面的工作，如鲍姆加特纳在 2013 年以及斯蒂文斯在 2009 年发表的论文，均开展了这方面的研究工作。

本书没有试图采用所有可供选择的方法，明确给出因果关系的定义，只关注 HP 定义，该定义由作者和珀尔分别在 2001 年和 2005 年合作发表的文章中提出。本书第 2 章将对 HP 定义进行详细的描述，在其延伸阅读中对定义因果关系的其他方法也进行了讨论。保罗和霍尔在 2013 年对因果关系方面的研究作了很好的概述，并批判性地分析了各种方法的优缺点。杰斯滕伯格、古德曼、拉格纳多和特南鲍姆 4 位学者在 2014 年发表的论文中，系统地研究讨论了用 B 球击中A球的实验,图1.1摘自他们的论文,该论文还包含许多其他的相关实验。

◇ 扩展阅读2

扔石头的例子源于路易斯在2000年的一篇文章,它是法律和哲学文献中许多“先发制人”的例子之一。哈特和奥诺雷1985年发表的论文,讨论了“若无”准则的条件以及事实因果关系在法律中的具体使用,其已成为经典的参考文献;奥诺雷2010年和摩尔2009年进行了很多最新讨论;路易斯1973年开展了反事实因果关系理论方面的现代哲学研究;蒙希斯2014年对因果关系哲学上反事实方法的研究进行了概述;斯洛曼2009年讨论了人们如何将因果关系归因于反事实等问题。

本书研究因果关系的重点是哲学、法律和心理学领域,但因果关系在其他领域的研究也有着悠久的传统。在经济学中,1994年亚当·斯密的开创性著作《国富论》被认为是经济学的基础,该书标题是“国民财富的性质和原因的研究”。胡佛2008年概述了经济学中有关因果关系方面的研究成果。统计学当然与原因影响紧密相关,珀尔在2009年介绍了统计学中有关因果关系的研究成果。在物理学领域经常出现对因果关系方面的讨论,特别是爱因斯坦—波多尔斯基—罗森悖论,该悖论中涉及因果关系的问题是:即使B发生在A发生后不久,以至于从A出发以光速传播的信号不可能到达B,但是A是否会是B发生的原因呢?相关问题的研究成果请参阅贝尔1964年的研究成果。

近年来,在计算机科学领域,因果关系HP定义已获得了一些应用,第8章将介绍其中的一些应用成果。此外,关于因果关系在社会科学、健康科学和物理科学中的扮演的角色以及作用,学者伊拉里、罗素和威廉姆森在2011年论文集中进行了系统地梳理,值得大家研究参考。

第2章　因果关系的HP定义

里约热内卢的蝴蝶扇动翅膀，被大气流放大，两周后可能在得克萨斯州引发龙卷风。

—爱德华·洛伦兹

因果关系是世间唯一的真理。刺激－反应，起因－结果。

—梅罗纹加，重装上阵《黑客帝国》

本章将详细介绍HP定义。HP定义是一个规范的数学定义，尽管会增加一些难度，但它具有不可否认的优势：可以避免关于A是否会成为B原因的模棱两可的解释；在许多其他定义中，也无需试图理解名词如何解释。例如，第1章扩展阅读中的INUS条件，要使A成为该定义下B的原因，A必须是必要条件的一部分，该条件本身对于B来说是不必要而且非充分的，但是什么是“条件”？INUS的规范化表明它是一个公式或一组公式。但这个条件集合有约束吗？它用什么语言表达？

如果想在找规律中运用因果推理，那么非模棱两可至关重要。但是，正如第8章中即将看到的，它在因果关系的其他应用中同样重要，例如程序验证、审计和数据库查询。但是，即使在定义上没有歧义，也不能证明关于A是否是B的原因。

要了解某一问题的基本情况如何，最好概述介绍该领域的相关概念和一般性方法。HP定义的第一步涉及建立一个可以明确的因果关系的模型M，除此之外，该模型应含有自然语言描述；然后明确模型中A成为B的原因的含义，这里可以构造两个紧密相关的模型M1和M2，使得A是M1中B的原因，而不是M2中B的原因。任何情况下，不存在一般意义上的“正确”模式，该定义都没有提及一个模型比另一个模型更好的原因。（无论如何，这是一个重要的问题，可设置一些标准可以帮助判断是否一个模型比另一个更好，关于这方面的更多信息，请参见本章下文和第4章。）这里已经看到一个实例，即使就因果关系的定义达成一致，也可能会就因果关系本身而产生分歧，即关于哪种模型可以更好地描述现实世界，这是该定义的特征。它将事实因果关系的问题转移到了正确的舞台——辩论两个（或多个）模型中的哪一个可以更好地表达人们的选择和推理。

这属于法律争论的范畴。

2.1　因果模型

该模型假定事件可用变量来描述,这些变量可以具有各种值,例如,如果试图确定森林火灾是由闪电还是纵火犯引起的,那么可以用三个变量来描述事件:

(1)FF 为森林火灾,如果有森林火灾,则 $FF=1$,否则 $FF=0$;

(2)L 为雷电,如果发生雷电,则 $L=1$,否则 $L=0$;

(3)MD 表示火柴(由纵火犯)点燃,如果纵火犯扔出点燃的火柴,则 $MD=1$,否则 $MD=0$。

再如,如果考虑的投票场景是有 11 个选民为比利或苏西投票,可以使用 12 个变量 $V_1, V_2, \cdots, V_{11}, W$,来描述事件,其中如果选民 i 投票赞成比利,则 $V_i=0$,如果选民 i 投票赞成苏西,则 $V_i=1$,$(i=1,2,\cdots,11)$,如果比利获胜则 $W=0$,如果苏西获胜则 $W=1$。

在这两个示例中,所有变量都是二进制的,也就是说,它们仅采用两个值,当然,也允许变量取两个以上的可能值。例如,变量 V_i 可以是 0、1 或 2,其中如果 i 不投票,则 $V_i=2$;同样,如果票数相等,可以取 $W=2$,那么比利和苏西都败选。

变量的选择决定于描述语言,尽管没有"正确"的选择,但显然有些选择比其他选择更合适。例如,如果模型 M 中没有与吸烟相对应的变量,则在 M 中,吸烟不会成为萨姆患肺癌的原因。因此,如果想将吸烟视为肺癌的潜在原因,则 M 是不合适的模型(顺便说一句,读者可能会注意到,在这里和其他地方,我们都将"正确"放到引号中,这是因为我们不清楚"正确"的概念是否得到了很好的定义)。

一些变量可能对其他变量有因果影响,这种影响可以通过一组结构方程建模。例如,如果要给一个事实建模,即纵火犯点燃火柴或打雷然后起火,则可以在等式 $FF=\max(L, MD)$ 中使用上述变量 MD,FF 和 L;也就是说,变量 FF 的值是变量 MD 和 L 的最大值。此等式表明:如果 $MD=0$ 且 $L=1$,则 $FF=1$。这个带等号的方程中应该更像是编程语言中的赋值语句,一旦设置 MD 和 L 的值,FF 的值将等于它们的最大值。但是,尽管两者相等,以其他方式引发的森林大火并不会使 MD 或 L 的值为 1。

另外,如果要对一个事实进行建模,即引发火灾既需要雷击又需要点燃火柴(也许木头太湿了,需要两个火源才能燃烧),那么模型中唯一的变化是 FF 的等式变为 $FF=\min(L, MD)$,变量 FF 的值等于变量 MD 和 L 的最小值,$FF=1$ 的唯一方法是同时 $L=1$ 和 $MD=1$。

在进行符号注释之前,有时会在命题逻辑中标识具有初始命题的二进制变量。与命题逻辑一样,符号 $\wedge$、$\vee$ 和 $\neg$ 分别用于表示合取、析取和取反。有了这个标识,不再写 $\max(L,MD)$,而是写了 $L \vee MD$;不再写 $\min(L,MD)$,而是写了 $L \wedge MD$;不再写 $1-L$ 或 $1-MD$,而是写了 $\neg L$ 或 $\neg MD$。大多数人似乎发现逻辑符号更容易理解,希望可以从上下文中清楚地展现其意图。

继续以森林大火为例,很明显,这两个模型都有些简化。闪电并不总是会引起火灾,点燃火柴也一样。解决此问题的方法是使赋值语句具有概率性,例如可以说,以 $L=1$ 为条件的 $FF=1$ 的概率为 0.8。该方法将在 2.5 节中有更详细地讨论。这比首先认为所有方程都是确定性的,然后使用足够多的变量来描述所有能够确定是否发生森林大火的条件要简单得多。一种方法是明确添加变量,例如可以添加一些涉及木材的干燥度、灌木丛的数量、是否存在足够的氧气(在高山顶上不易起火)等变量。如果建模者不想明确地添加所有这些变量(细节可能根本不与分析相关),则另当别论;另一种方法是使用单个变量,例如 U,它直观地合并了所有相关因素,且没有明确描述它们,U 的值将确定雷击是否发生以及火柴是否被纵火犯点燃丢弃。

U 值还可以确定是否需要同时具备火柴和闪电来引发火灾,还是仅需其中之一就足够了。为了简化,我考虑了两个因果模型,而不是以这种方式使用 U。在一种称为合取模型中,火柴和闪电都被需要来造成森林火灾;在另一种被称为析取模型中,只需要其中一个条件。在每个模型中,U 仅确定是否发生雷击以及是否纵火。因此,假设 U 是采用 (i,j) 形式的四个可能值,其中 i 和 j 分别为 0 或 1。直观上讲,i 描述了外部条件是否使雷电击中(忽略了所有这样的条件,例如湿度和温度),j 描述纵火犯是否点燃火柴(忽略了决定这种状况的所有心理条件)。在此示例中,让 U_1 和 U_2 表示 U 值的组成部分,因此,如果 $U=(i,j)$,则 $U_1=i$ 和 $U_2=j$。

这里假设一个单一变量 U,它决定了 L 和 MD 的值,可以把 U 分成两个变量比如 U_L 和 U_{MD},U_L 决定了 L 的值,U_{MD} 决定了 MD 的值。结果表明,用一个有四个可能值的单一变量和用两个变量,每个变量有两个值,没有真正的区别。(其他建模的选择会有很大的不同——在下面会回到这一点。)

有一个合理的问题是,我们为什么选择通过与结构方程式关联的变量及其值来描述世界。使用变量及其值是非常标准的,这在统计学和计量经济学等领域有充分的理由,这也是描述问题的自然方法。本节后面的示例应有助于说明这一点,因为它也非常接近命题逻辑,可以将经典逻辑中的初始命题视为二进制变量,其值为“真”或“假”。尽管可能还有其他合理的方式,但这似乎是一种有用的方法。

关于结构方程式的使用，我们的目标是根据反事实推理来定义事实因果关系。如果运用“若无”检验，要不是A，则B不会发生。我们希望定义声明A是B的起因。这意味着我们需要一个足够丰富的模型来说明：要不是A，则B不会发生。因为根据变量及其值建模，所以定义中的A和B将是诸如$X=x$和$Y=y$的语句。因此，如果X采用了不同于x的某个值x'，那么Y将不会具有赋值y。为此，我们需要一个模型，该模型可以对X进行干预并考虑将其值从x更改为x'的影响。量化模型很容易描述这种干预，而结构方程式可以轻松确定干预的效果。

由林火示例中可知：在合取模型中，如果看到森林火灾，那么如果纵火犯没有点燃火柴，就不会有森林大火，因为设置$MD=0$使$FF=\min(L,MD)=0$。

在进一步详细介绍之前，这里将举例说明结构方程式的功能。假设我们关注的是员工的教育程度、员工的技能水平和他的工资之间的关系，再假设教育会影响技能水平（但不一定总是如此，因为学生可能没有努力或老师的能力很差），并且技能水平会影响工资，那么可以使用四个变量来给出这种情况的简化模型：

(1)E为教育程度，其值为0（未受教育），1（受过一年教育）和2（受过两年教育）；

(2)SL为技能水平，值为0（低），1（中）和2（高）；

(3)S为薪水，为简单起见，还可以采用三个值：0（低），1（中）和2（高）；

(4)U为一个变量，它确定教育是否会对技能水平产生影响。

这里产生两个相关的方程式。首先说明教育决定技能水平，前提是外部条件（由U决定）有用，否则不会产生影响：

$$SL=\begin{cases}E, U=1\\0, U=0\end{cases}$$

(2)说明技能水平决定薪水：

$$S=SL$$

尽管此模型极大地简化了一些复杂的关系，可以使用它来回答有趣的问题。实际上假设观察到弗雷德有薪水级别1，可以推断出$U=E=SL=1$。那么，如果弗雷德达到教育水平2，他的薪水水平将是多少？这等于进行了干预并设置了$E=2$。由于$U=1$，因此它遵循$SL=2$，因此$S=2$，弗雷德的薪水会很高。同样，如果观察到弗雷德的教育水平为1但他的薪水很低，那么可以推断出$U=0$和$SL=0$，继而可以推断即使他多受了一年教育，他的薪水仍然会很低。

更复杂的模型无疑将包括更多因素和更敏感的依赖关系。尽管如此，即使在这个水平上，我也希望结构方程组可以给出合理的答案。

当使用结构方程时，可将变量分为两类：外生变量（其值由模型外部因素确定）和内生变量（其值由外生变量最终确定）。在森林大火的例子中，变量 U 是外生的，它决定雷击是否发生和纵火犯是否丢掉火柴，变量 FF、L 和 MD 是内生的，U 值决定 L 和 MD 的值，而 L 和 MD 的值又决定 FF 的值。这是一个有三个内生变量的结构方程式，它描述了如何完成此任务。通常，每个内生变量都有一个结构方程，但外生变量没有方程，外生变量的值由模型外部的因素决定。也就是说，模型不会尝试“解释”外生变量的值，外生变量被视为给定的。

外生变量和内生变量的划分还有另一个优势就是结构方程都是具有确定性的。正如将在第2.5节中看到的那样，当讨论 A 成为 B 的原因的概率时，可以通过给外生变量值的概率分布很容易做到这一点。当仍然使用确定性方程式时，就很容易给出了一种讨论雷击时发生火灾可能性的方法。

无论如何，在这种背景下，可以将因果模型 M 正式定义为一对 (S,F)，其中 S 是一个符号列表，它明确了内生变量和外生变量并列出了其可能的值，而 F 是一个与变量相关的值。在接下来的两小节中，我将结构方程组正式对 S 和 F 进行定义，不太偏好数学的读者可以跳过这些定义。

符号 S 是一个元组 (U,V,R)，其中 U 是一组外生变量，V 是一组内生变量，R 与每个变量 $Y \in U \cup V$ 关联一个 Y 的可能值的非空集 $R(Y)$（即 Y 范围内的一组值）。正如之前森林火灾的例子中，可以取 $U=\{U\}$；也就是说，U 是外生的，$R(U)$ 由前面讨论的 U 的四个可能值组成，$V=\{FF,L,MD\}$，且 $R(FF)=R(L)=R(MD)=\{0,1\}$。

函数 F 与每个内生变量 $X \in V$ 关联一个表示为 F_X 的函数，以便 F_X 将 $\times_{Z\in(U\cup V-\{X\})}R(Z)$ 映射到 $R(X)$。回想一下，$U\cup V-\{X\}$ 是由在 U 或 V 中但不在 $\{X\}$ 中的所有变量组成的集合。符号 $\times_{Z\in(U\cup V-\{X\})}R(Z)$ 表示 $R(Z)$ 的叉积，其中 Z 在 $U\cup V-\{X\}$ 中取值；因此，如果 $U\cup V-\{X\}=\{Z_1,Z_2,\cdots,Z_k\}$，那么 $\times_{Z\in(U\cup V-\{X\})}R(Z)$ 由 $\{z_1,z_2,\cdots,z_k\}$ 形式的元组组成，其中 $z_i \in Z_i(i=1,2,\cdots,k)$。这个数学表示法精确地说明，在给定了 $U\cup V$ 中变量值的条件下，Fx 决定 X 的值。在森林大火的例子中，F_{FF} 将取决于是否考虑合取模型（其中起火既需要雷击又需要投掷火柴）或析取模型（其中仅需要两者之一）。如前所述，在合取模型中，$F_{FF}(L,MD,U)=1$ iff（“iff”的意思是“当且仅当”——在后续书中并没有用“iff”）$\min(L,MD)=1$；在析取模型中，$F_{FF}(L,MD,U)=1$ iff $\max(L,MD)=1$。在这两种情况下，F_{FF} 的值均与 U 无关，它仅取决于 L 和 MD 的值。这表明当 L 和 MD 值保持固定时，更改 U 值不会对 F_{FF} 值产生影响。尽管 L 和 MD 的值实际取决于 U 值，但是我们的做法可以忽略 U 对外部干预的影响。例如，考虑 F_{FF}

$(0,1,(1,1))$；这告诉我们，即使 U 的值 $L=1$，如果没有雷击并且点燃火柴，会发生什么。以下我们只关注内生变量的干预，而外生变量的值是给定的。

描述 X 值取决于 Y,Y' 和 U 的方程式 $F_X(Y,Y',U)$ 不便于使用，通常使用简化表示法 $X=Y+U$ 替代 $F_X(Y,Y',U)=Y+U$。（请注意，变量 Y' 不会出现在等式的右侧。这意味着 X 值不取决于 Y' 的值。）通过这种简化的表示法，森林火灾示例的方程为 $L=U_1$，$MD=U_2$ 以及 $FF=\min(L,MD)$ 或 $FF=\max(L,MD)$，这取决于是否考虑合取或析取模型。

尽管方程可以写为 $X=Y+U$，但是 X 分配 $Y+U$ 的事实并不意味着 Y 分配了 $X-U$。$F_Y(X,Y',U)=X-U$ 不一定成立。等式 $X=Y+U$ 表示，如果 $Y=3$ 且 $U=2$，则无论 Y' 如何设置，$X=5$。回到森林火灾的例子，设置 $FF=0$ 并不意味着"火柴未点燃"！等号左边和右边处理变量的不对称性表明 Y 的值可以依赖于 X 的值，但 X 取值不依赖 Y 值。这就是为什么因果关系在给出的定义中通常是不对称的：如果 A 是 B 的原因，那么 B 通常不是 A 的原因。（有关此问题的更多讨论，请参见 2.7 节结尾。）

结构方程的关键作用是能够确定在外部干预下，出现了异情。例如纵火犯未投掷点燃火柴（即使实际上他放火了）会发生什么情况，这对于定义因果关系是至关重要的。

由于因果模型中的事物是由变量描述的，因此想要了解如果事物不是事物本身时会发生什么，等同于如果某些变量设置为与实际不同的值时会发生什么。在因果模型 $M=(S,F)$ 中将某些变量 X 的值设置为 x 会产生一个新的因果模型，表示为 $M_{X\leftarrow x}$。在新的因果模型中，只是将 X 简单设置为 x，其余不变。更规范地，$M_{X\leftarrow x}=(S,F_{X\leftarrow x})$，其中 $F_{X\leftarrow x}$ 是在 F 中用 $X=x$ 替换变量 X，而其余不变的结果。因此，如果 M^C 是森林火灾的合取模型，那么在 $M^C_{MD\leftarrow 0}$ 中，通过假设纵火犯未投掷点燃的火柴干预 M^C 而产生的模型，将变量 $MD=U_2$ 替换为 $MD=0$。

就像第 1 章中说过的那样，HP 的定义涉及反事实，可以对因果模型中的方程式进行简单的反事实解释。$x=F_X(u,y)$ 之类的方程应该认为是在外生变量 U 值为 u 的情况下，如果通过某种方式将 Y 设置为 y（在模型中未指定），则 X 将取值 x。如前所述，当 Y 设置为 y 时，这可以根据等式覆盖 Y 的值。例如，即使在外生变量 $U=(1,1)$ 的情况下（MD 应为 1），也可以将 MD 设置为 0。

使用因果模型来定义因果关系似乎在某种程度上是循环的，即用因果关系来定义因果，这种担忧是有一定道理的。如何确定一个特定的方程式是否成立？有人可能会认为，投掷点燃的火柴会导致森林燃烧，这在某种程度上是出自对点燃的火柴和干燥木材的经验，因此可以认为点燃的火柴和干燥的木材之间存在因果关系。这是一个通用的理论，特殊的结果，总之该理论也是从因果角度理解的，表明这个定义是有用的，即在许多示例中，对于因果模型已达成普遍共识，即结构方程式并不表示事实因果关系，相反，它们表示干预措施对结果的影响，或更笼统地说，是表示变量采用的是其实际值以外的其他值。

当然，干预的效果可能不确定，就像因果模型中外生变量的值。例如大家可能不确定吸烟是否会致癌（这代表因果模型的不确定性），不确定特定患者萨姆实际是否吸烟（决定萨姆是否吸烟的外生变量的值是不确定的），并且不确定吸烟并患上癌症的萨姆的兄弟杰克如果不吸烟，他是否会得癌症（这是干预效果的不确定性，这意味着外生变量值和可能的等式不确定性）。所有这些不确定性都可以通过在因果模型和外生变量值上加上概率来描述，然后再讨论 A 导致 B 的可能性。（有关这一点的进一步讨论，请参见第 2.5 节。）

使用因果模型中的方程可以确定变量 Y 是否依赖于变量 X。如果 $\mathcal{U}\cup\mathcal{V}$ 中除 X 和 Y 以外的所有变量都存在某种设置，使得改变 X 的值会导致 Y 的值发生变化，则 Y 依赖于 X；也就是说，除了 X 和 Y 以外，还有变量 z，以及 X 值 x 和 x'，这样 $F_Y(x,z)\neq F_Y(x',z)$。（z 表示所有其他变量的值，此符号是在本书中使用的一种有用的速记；本节末尾为不熟悉它的读者提供了更多的信息。）注意，此处的“依赖关系”接近“立刻依赖”或“直接依赖”，这种依赖性的概念不具备传递性，也就是说，如果 X_1 依赖于 X_2，而 X_2 依赖于 X_3，则 X_1 并不一定依赖于 X_3。如果 Y 不依赖 X，则称 Y 独立于 X。

Y 是否依赖于 X 可能部分取决于模型中的变量。在投票场景的初始描述中只有 12 个变量，而 W 取决于 $V_1,V_2,\cdots,V_{11}$。但是，假设投票是由机器制成表格的，可以添加变量 T 描述机器的最终列表，其中 T 可以表示为 (t_1,t_2) 的形式，其中 t_1 代表比利的票数，而 t_2 代表苏西的票数（因此 t_1 和 t_2 是非负整数，其和为 11）。现在，W 仅依赖于 T，而 T 依赖于 $V_1,V_2,\cdots,V_{11}$。

通常，每个变量都可以依赖于其他变量，但是在最有趣的情况下，每个变量都依赖于相对较少的其他变量，如可以使用由节点和有向边组成的因果网络（有时称为因果图）来描述因果模型 M 中变量之间的依赖性。我们经常从图中省略外生变量，因此，图 2.1(a)（包括外生变量）和图 2.1(b)（外生变量被省略）都可用来描述森林火灾的例子，图 2.1(c) 用另一种方式描述了是森林火灾示例，其中用决定 L 的外生变量 U_1 和决定 MD 的外生变量 U_2 代替单个外生变量 U。同样，图 2.1(b) 是通过省略了图 2.1(c) 中的外生变量得出的因果关系图。由于所有“作用”都与内生变量有关，因此图 2.1(b) 提供了分析此示例所需的所有信息。

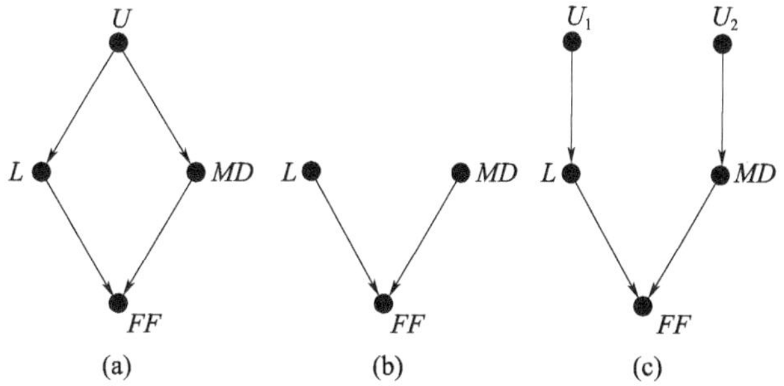

图 2.1　结构方程表示示意图

在图 2.1(a)中从 U 到 L 和 MD 都有一个有向边(用箭头标记的方向),这一事实说明,外生变量 U 值会影响 L 和 MD 值,但 U 不受其他因素影响。从 L 和 MD 到 FF 的有向边表示只有 L 和 MD 值直接影响 FF 值。(U 值也会影响 FF 值,但是会通过影响 L 和 MD 间接地影响 FF 值)

因果网络仅传达定性的依存模式,但它们没有显示变量如何依赖于其他变量。例如,因果网络可用于森林火灾示例的合取模型和析取模型,因果网络仅是因果模型的有用表示。

因果模型没有循环依赖项,例如不是 X 依赖于 Y 且 Y 依赖于 X,或者更一般地说,X_1 依赖于 X_2,X_2 依赖于 X_3,X_3 依赖于 X_4,且 X_4 依赖于 X_1。如果在变量之间不存在这样的依赖循环(有时称为反馈周期),则称模型为递归的(或非循环的)模型。

通过要求外生变量不依赖于任何其他变量,可以将外生变量的值由模型外部因素确定。(实际上,如果允许一个外生变量依赖于其他外生变量,那么以下讨论没有任何改变。一个外生变量不依赖于任何内生变量。)在递归模型中,可以就如何确定内生变量值进行阐述,具体而言,某些内生变量的值仅依赖于外生变量。在图 2.1 所示的森林火灾例子中,变量 L 和 MD 就是这种情况。将它们视为"第一级"内生变量,"第二级"内生变量的值仅依赖于外生变量的值和第一级内生变量的值。从这个意义上说,变量 FF 是第二级变量,它的值由 L 和 MD 的第一级变量值确定,然后可以定义第三级变量,第四级变量,依此类推。

实际上,上述讨论是针对强递归模型,不难发现,在强递归模型中,所有变量的值都在给定背景的情况下确定,即为外生变量 U 取值为 $\boldsymbol{u}$。给定 $\boldsymbol{u}$,可以用等式确定第一级变量的值,然后再确定第二级变量的值(其值仅取决于背景和第一级变量的值),再之后是第三级变量,依此类推。递归模型概括了强递归模型的定义(每个强递归模型都是递归的,反之不然),同时仍保留了由背景确定所有内生变量值的关键特征。在递归模型中,内生变量划分为第一级变量,第二级变量等可以取决于背景。在不同的背景中，划分可能会有所不同。在递归模型中的定义保证了因果关系是不对称的：如果 A 和 B 不同，则不可能 A 是 B 的原因，B 也是 A 的原因。（参见第 2.7 节末尾的讨论。）

接下来的四小节给出了递归模型的正式定义，初读时可以跳过它们。

（1）模型 M 强递归（或非循环的）：如果存在 $M(V)$ 中内生变量的一个偏序 $\preceq$，使得若 $Z \preceq Y$，则 Z 影响 Y。$X \preceq Y$ 表示 X 影响 Y，这里的"影响"指的是前面讨论的直接依赖关系的传递闭包，即如果存在某个链 $X_1, X_2, \cdots, X_k$，使得 $X = X_1$，$Y = X_k$，而 X_{i+1} 则直接依赖于 X_i，$i = 1, 2, \cdots, k-1$。

（2）偏序 $\preceq$ 具有自反性、反称性和传递性。自反性表明 $X \preceq X$，即 X 影响 X；反称性表明如果 $X \preceq Y$ 且 $Y \preceq X$，则 $Y = X$，即如果 X 影响 Y 且 Y 影响 X，必有 $X = Y$；传递性表明如果 $X \preceq Y$ 且 $Y \preceq Z$，则 $X \preceq Z$，即如果 X 影响 Y 且 Y 影响 Z，则 X 影响 Z。因为 $\preceq$ 是偏序，对于某些 X 和 Y，$X \preceq Y$ 或 $Y \preceq X$ 都不成立；也就是说，X 不影响 Y 且 Y 不影响 X。尽管自反性和传递性似乎是"影响"关系的自然属性，但是反称性是不平凡的假设。反称性和传递性表示集合 $X_1, X_2, \cdots, X_n$ 之间没有依赖循环，不会出现这种情况：X_1 影响 X_2，X_2 影响 X_3，X_4，$\cdots$，X_{n-1} 影响 X_n 并且 X_n 影响 X_1，即 $X_1 \preceq X_2$，$X_2 \preceq X_3$，$\cdots$，$X_{n-1} \preceq X_n$ 且 $X_n \preceq X_1$。通过传递性可以得到 $X_2 \preceq X_1$，这违反了反对称性。如果变量之间没有周期性的依赖关系，那么因果模型对应的因果网络是非周期性的。也就是说，没有在同一节点处存在开始和结束的有向边序列。

（3）模型 M 递归：如果对每个外生变量 $\boldsymbol{u}$，一个内生变量的偏序 $\preceq_{\boldsymbol{u}}$，使得若 $Z \preceq_{\boldsymbol{u}} Y$，则 Y 在 $(M, \boldsymbol{u})$ 中独立于 Z，即对可有异于 Z，Y 的内生变量 Z，以及所有的 $x, x' \in Z$，有 $F_Y(x, z, \boldsymbol{u}) = \boldsymbol{F}_{\boldsymbol{Y}}(\boldsymbol{x}', z, \boldsymbol{u})$。如果 M 是一个强递归模型，那么可以假定所有偏序 $\preceq_u$ 都相同；在一般的递归模型中，它们可能有所不同。下面的示例 2.3.3 表明了为什么考虑更一般的递归模型概念很有用。

如果 M 是一个递归因果模型，那么在给定背景 $\boldsymbol{u}$ 的情况下，所有方程式都有唯一的解决方案。只需按 $<_{\boldsymbol{u}}$ 指定的顺序（如果 $X <_{\boldsymbol{u}} Y$ 并且 $X \neq Y$，则 $X <_{\boldsymbol{u}} Y$）来求解变量。序列中第一个出现的变量值，即变量 X 满足没有变量 Y 使 $Y <_{\boldsymbol{u}} X$，则 X 仅依赖于外生变量，因此它们的值直接由外生变量的值确定。一旦确定了较早顺序的所有变量值，就可以从方程式中确定较晚顺序的变量值。

依据已有递归模型定义，可以回到选择"正确"模型的问题。当选择因果模型来描述给定情况时，需要做出许多重要的决定。首先要决定所使用的变量集，就像即将看到的那样，可能是原因的事件和可导致的事件都用这些变量来表示，所有中间事件也是如此；其次要决定变量选择，不能用讨论的语言，创建新事件，如在森林火灾例子中，没有变量表示无人值守的篝火这一事实，意味着该模型不允许将无人值守的篝火视为造成森林火灾的原因。

(4)内生变量和外生变量。一旦选择了变量集，下一步就是确定哪些变量是外生的，哪些变量是内生的。外生变量在某种程度上规定了背景情况，其他隐含的背景假设被规定在结构方程本身。假设想确定雷电还是火柴是造成森林大火的原因，空气中有足够的氧气并且木材干燥，可以通过一个外生变量 D 对木材的干燥度进行建模，它的值为 0(木材是湿的)或 1(木材是干的)。(当然实际上大家可能希望 D 具有更多的值，以表示木材的干燥程度，但是对于此处要说明的内容，这种复杂程度是不必要的。)由于 D 为外生变量，假定其值由未建模的外部因素确定，还可以用外生变量描述氧气量(例如，代表它的变量 O 有两个值——0 表示氧气不足，1 表示氧气充足)；或者可以选择根本不对氧气进行建模。例如，假设像以前一样有一个变量 MD(纵火犯投掷燃烧的火柴)和另一个变量 WB(燃烧的木头)，其值为 0(不是)和 1(是)。结构方程 F_{WB}将描述 WB 对 D 和 MD 的依赖性。

设 $F_{WB}(1,1)=1$，即如果点燃的火柴被投掷并且木材是干燥的，木材将燃烧，因此，该方程式隐含地给出了木材有足够氧气燃烧的假设。建模者是否应在模型中添加变量 O 取决于建模者是否要考虑 O 的值为 0。如果在与建模者相关的所有背景中都有足够的氧气，那么通过添加变量 O 使模型变得混乱而没有意义(尽管加上它不会有任何影响)。

根据第 2.2 节中的因果关系定义，只有内生变量可以作为原因或作为被造成的结果，因此，如果没有变量对氧气的存在进行规定，或者如果仅将其规定为外生变量，那么在该模型中氧气不会成为森林燃烧的原因。如果要对空气中的氧气量进行显式建模(如果正在分析珠穆朗玛峰上的大火，那肯定相关)，那么 F_{WB}还应以 O 值作为参数，并且存在足够的氧气很可能是造成木材燃烧而后森林燃烧的原因。有趣的是，所谓的条件和原因之间是有区别的。在典型情况下，氧气的存在被认为是一种普遍状况，因此不会被认为是造成森林燃烧的原因，而闪电会被认为是造成这种情况的原因。尽管这种不同被认为很重要，但是似乎没有仔细地将其形式化。理解它的另一种方式是外生变量与内生变量:条件是外生的，(潜在)原因是内生的。在第 3.2 节中讨论了一种用正态性理论理解二者区别的替代方法。

在给定情景中，并不能直接决定什么是“正确”的因果模型。什么是“正确”的变量集？哪些变量应该是内生的，哪些变量应该是外生的？如前所述，尽管内生变量的不同选择似乎描述完全相同的情况，但不同的内生变量选择可以得出不同的结论。即使选择了变量，如何确定与它们相关的方程式？对于给定的两个因果模型，如何确定哪个更好？这些都是重要的问题，我们现在不进行讨论。

我们在下一节给出相对于模型 M 和背景 $\boldsymbol{u}$ 的因果关系定义。A 是 B 相对于$(M,\boldsymbol{u})$的原因,并不是 B 相对于$(M',\boldsymbol{u}')$的原因,因此,模型的选择在确定因果关系归因上可能会产生重大影响,模型的选择具有不可知性,变量的选择或结构方程式在某种意义上是“合理的”。当然,人们可能会在某种特定因果模型对事件描述上存在分歧。尽管此处介绍的因果关系并不能用来解决哪种因果模型是正确的争议,但至少它提供了描述因果模型之间差异的工具,因此它将产生选择更明智和具有原则性的决定。因此,我们会回到前面所提出的一些问题,并在第 4 章中对其进行更详细的讨论。

在本节结束时,我们对向量符号加以说明,以供不熟悉它的读者使用。本书中,使用向量来表示变量集或它们的值。例如对三个外生变量 U_1,U_2 和 U_3,并且 $U_1=0,U_2=0$ 和 $U_3=1$,用 $\boldsymbol{U}=(0,0,1)$ 作为 $U_1=0,U_2=0$ 和 $U_3=1$ 的缩写,向量符号也可用于描述内生变量集合 $\boldsymbol{X}$ 的值 $\boldsymbol{x}$。有时我们也将 $\boldsymbol{U}$ 视为一个变量集合也可是一个变量序列。例如,$\boldsymbol{U}=(0,0,1)$ 表示序列(U_1,U_2,U_3),该序列等同于 $U_1=0,U_2=0,U_3=1$。而诸如 $U_2\in\boldsymbol{U}$ 和 $\boldsymbol{U}\subseteq\boldsymbol{U}'$ 中,$\boldsymbol{U}$ 必须是$\{U_1,U_2,U_3\}$非序列集合,元素为非序列。

2.2 事实原因的定义

本节将给出因果关系的 HP 定义,并通过一些示例说明它的应用。在给出定义之前,我们必须定义一种形式化的语言来对原因进行描述。

2.2.1 一种描述因果关系的语言

为了使事实因果关系的定义更加准确,我们使用形式化的命题逻辑语言来描述因果关系。当初始事件(即初始命题)的形式为内生变量 X 时,以 $X=x$ 的形式来表示赋予其可能值 x,则初始事件 $MD=0$ 表示“点燃的火柴没有被投掷”,类似地,初始事件 $L=1$ 表示“发生了闪电”。可以使用标准命题逻辑连接符,例如∧、∨,和¬ ,来组合这些初始事件,公式 $MD=0\vee L=1$ 表示“点燃的火柴未被投掷或发生闪电”,$MD=0\wedge L=1$ 表示“点燃的火柴未被投掷且发生闪电”,而$\neg(L=1)$表示“未发生闪电”(等效于 $L=0$,因为 L 的只能取值 0 或 1)。初始事件的布尔组合是通过使用∧,∨和¬ 来组合事件,例如,$\neg(MD=0\vee L=1)\wedge WB=1$ 是初始事件 $MD=0,L=1$ 和 $WB=1$ 的布尔组合。也可以通过干预表示,即用$[\boldsymbol{Y}\leftarrow\boldsymbol{y}](X=x)$表示,通过干预将 $\boldsymbol{Y}$ 中的变量设置为 y 后,X 取值 x。

这里将事件视为状态空间的子集,这是计算机科学和概率学论中的术语。一旦为因果公式提供了语义,就可以将因果公式 φ 和一组使 φ 为真关联起来,使得在这种意义上可以用一个事件来表示它。哲学文献中对“事件”一词的使用有些不同,什么才算是一个事件是有争议的,请参阅本章末尾和第 4 章末尾的注释。

现在我们详细讨论形式化定义。给定函数 $S=(U,V,R)$,对于 $X\in V$ 和 $x\in R(X)$,初始事件用 $X=x$ 表示。S 上的因果表示为 $[Y_1\leftarrow y_1,y_2,\cdots,Y_k\leftarrow y_k]\varphi$,其中

(1)φ 是初始事件的布尔组合,

(2)$Y_1,Y_2,\cdots,Y_k$ 是 V 中的特别变量

(3)$y_k\in R(Y_i)$。

将公式用向量缩写为 $[\boldsymbol{Y}\leftarrow\boldsymbol{y}]\varphi$,特殊情况,当 $k=0$ 时,可缩写为 $[\ ]\varphi$ 或 φ。直观地讲,通过 $[Y_1\leftarrow y_1,\cdots,Y_k\leftarrow y_k]\varphi$ 表示,如果 Y_i 取值为 y_i,则 φ 成立 $i=1,\cdots,k$,$Y_j\leftarrow y_j$ 不是用 $Y_j=y_j$ 强调 Y_j 被赋值 y_j 来表示干预。对于 $S=(U,V,R)$,令 $L(S)$ 为由因果公式的所有布尔组合组成的集合,其中公式中的变量取自 V,而这些变量可能值的集合由 R 确定。

现在给出一种确定因果公式为真的方法,即给定背景时,在因果模型中,判断因果关系 φ 真假。因果模型 M 和背景 $\boldsymbol{u}$ 组成的对$(M,\boldsymbol{u})$称为因果设置,如果因果设置$(M,\boldsymbol{u})$中的因果关系 φ 为真,则$(M,\boldsymbol{u})\models\varphi$。对于递归模型,在给定背景的情况下,没有循环依赖项,对外生变量 $\boldsymbol{u}$,当 X 的值为 x 时,则表示为$(M,\boldsymbol{u})\models X=x$。需要指出的是在递归模型中,所有内生变量的值由背景决定,如果 φ 是初始事件的任意布尔组合,则$(M,\boldsymbol{u})\models\varphi$ 由命题逻辑的一般规则确定,例如,如果$(M,\boldsymbol{u})\models X=x$ 或$(M,\boldsymbol{u})\models Y=y$,则将其表示为$(M,\boldsymbol{u})\models X=x\vee Y=y$。

因果模型使得公式 $[\boldsymbol{Y}\leftarrow\boldsymbol{y}](Z=\lambda)$ 或 $[\boldsymbol{Y}\leftarrow\boldsymbol{y}]\varphi$ 的含义简洁明了,后一个公式表示,在将 $\boldsymbol{Y}$ 赋值为 y,则 φ 成立。给定模型 M,该模型描述干预的结果 $M_{Y\leftarrow y}$,则有:

$$(M,\boldsymbol{u})\models[\boldsymbol{Y}\leftarrow\boldsymbol{y}]\varphi\text{iff}(M_{\boldsymbol{Y}\leftarrow\boldsymbol{y}},\boldsymbol{u})\models\varphi。$$

数学表示使这种直觉规范化,在相同的背景 $\boldsymbol{u}$ 下,如果在干预的影响下因果公式 φ 为真值,公式 $[\boldsymbol{Y}\leftarrow\boldsymbol{y}]\varphi$ 在因果设置$(M,\boldsymbol{u})$中也为真值。

例如,如果 M^d 是前面描述的森林火灾的析取模型,则$(M^d,(1,1))\models[MD\leftarrow 0](FF=1)$,表示即使纵火犯被以某种方式阻止点燃火柴,由于发生闪电,也会导致森林火灾,模型也可表示为:$(M^d_{MD\leftarrow 0},(1,1))\models(FF=1)$。$(M^d,(1,1))\models[L\leftarrow 0](FF=1)$也可表示类似情形。与之对应,$(M^d,(1,1))\models[L\leftarrow 0;MD\leftarrow 0](FF=0)$表示如果纵火犯没有投掷点燃的火柴并且没有闪电,那么森林就不会火灾。

符号$(M,\boldsymbol{u})\models\varphi$是逻辑学和哲学界的标准。然而，在其他专业中，例如统计学和计量经济学，这根本不算标准。尽管符号在这些专业中不是完全标准的，但是通常的做法是优化模型M并使背景$\boldsymbol{u}$成为内生变量的参数。因此，不是写作$(M,\boldsymbol{u})\models X=x$，而是$X(\boldsymbol{u})=x$。（有时外生变量也被控制或取为特定值，因此只写$X=x$。更有趣的是，为代替$(M,\boldsymbol{u})\models[X\leftarrow x](Y=y)$，在这些研究领域中，往往写为$Y_x(\boldsymbol{u})=y$，后一种表示法，我以后将其称为统计学家的表示法（尽管它传播得更广泛））。虽然这种写法更紧凑，但紧凑性有时是以清晰度为代价的。例如，在森林火灾示例中，$FF_0(1,1)=1$是什么意思？是$(M^d,(1,1))\models[MD\leftarrow 0](FF=1)$，还是$(M^d,(1,1))\models[L\leftarrow 0](FF=1)$？如果有必要消除歧义，则可表示为$FF_{L\leftarrow 0}(1,1)=0$，这里通过在下标添加变量来解决这个问题。如果想要写$(M,\boldsymbol{u})\models[X\leftarrow x]\varphi$，事情会变得更加复杂，其中，$\varphi$是初始事件的布尔组合，或者图中有多个因果模型。在大多情况下，$Y_x(\boldsymbol{u})=y$完全是明确的，并且肯定会更紧凑。为了使习惯于该表示法的人更容易理解，可将各种陈述转换为统计学的表示法，希望这将使所有读者都熟悉这两种记号。

2.2.2 事实因果的 HP 定义

现在给出事实因果关系的 HP 定义。HP 定义真实原因的事件类型为$X_1=x_1\wedge x_2\wedge\cdots\wedge X_k=x_k$，即初始事件合取，通常缩写为$X=x$，其他可能事件是初始事件的任意布尔值组合。该定义不使用“A或A'是B的原因”形式的陈述，尽管这可以等同于“A是B的原因或A'是B的原因”。该定义可使用诸如“A是B或B'的原因”之类的语句但不等于“A是B的原因或A是B'的原因”。

请注意，这意味着因果关系（可能是原因和可能造成的结果）取决于语言描述。值得一提的是，在哲学文献中有很多关于因果关系的争论，尽管在文献中将因果关系视为标准事件，但究竟什么才是事件也是一个充满争议的问题，详细研究请参阅本章末尾的注释。

到目前为止，一直在谈论“因果关系”的“HP”定义，这里将最终考虑三种不同版本的定义，它们都具有相同的基本结构。作者和朱迪亚·珀尔从一个相对简单的定义开始，随着对无法处理的示例不断进行各种尝试，这个定义逐渐变得更加复杂。我们把该定义发表在会议论文上后，发现了其中的一个问题，因此又在论文期刊版本中进行了更新。后来工作表明，出现的问题并不像最初想的那么严重。最近我考虑了一个新定义，该定义比以前的两个版本中的任何一个都简单得多，它具有能更好地处理许多问题的优点，目前尚不清楚第三种定义是否为最终意见。此外，通过研究如何处理较早的定义已引发的各种问题,有助于深入了解寻找因果关系定义所涉及的困难和微妙之处,因此全书有三种不同定义。我的目标和爱因斯坦一样,是使事情尽可能简单。就像事实的定义一样,因果关系的 HP 定义是相对于因果关系而言的。该定义三个版本都包含三个条件,共性是第一个和第三个简单明了,不同之处是所有工作都由第二个条件完成。

定义 2.2.1　如果满足以下三个条件,则 $\boldsymbol{X}=\boldsymbol{x}$ 是因果设置$(M,\boldsymbol{u})$中 φ 的真实原因:

AC1. $(M,\boldsymbol{u})\models(\boldsymbol{X}=\boldsymbol{x})$ 且$(M,\boldsymbol{u})\models\varphi$;

AC2. 见下文;

AC3. $\boldsymbol{X}$ 为最小取值,不存在 $\boldsymbol{X}$ 的严格子集 $\boldsymbol{X}'$使得 $\boldsymbol{X}'=\boldsymbol{x}'$满足条件 ACl 和 AC2,其中 $\boldsymbol{x}'$是 $\boldsymbol{x}$ 对 $\boldsymbol{X}$ 中变量的限制。

AC1 说明 $\boldsymbol{X}=\boldsymbol{x}$ 不是 φ 的原因,除非 $\boldsymbol{X}'=\boldsymbol{x}'$和 φ 都实际发生(在这里,隐性地用$(M,\boldsymbol{u})$来描述“现实世界”)。AC3 是一个极小条件,它确保仅将合取 $\boldsymbol{X}=\boldsymbol{x}$ 的那些必不可少的元素视为原因,无关紧要的元素会被修剪。没有 AC3,如果丢弃点燃的火柴是造成森林大火的原因,那么丢弃火柴并打喷嚏也将会通过 AC1 和 AC2 的测试。在这里 AC3 用于消除“打喷嚏”和其他与原因无关的具体细节。AC3 可以看作是 INUS 的一部分,说明原因中的所有初始事件都是结果所必需的。

在 HP 定义的前两个版本中,AC2 由两部分组成,第一个为 AC2(a),AC2(a)是必要条件。要使 $X=x$ 成为 φ 的原因,必须有一个值 x'在 X 的范围内,如果 X 为 x',则 φ 不再成立,这是若无逻辑,除非 $X=x$ 发生,否则 φ 将不会发生。正如大家在第 1 章的比利 - 苏西投掷示例中看到的那样,不能满足若无逻辑要求。必须允许在某些意外情况下(即在某些反事实设置下)应用变量,使其中某些变量设置为不同于实际情况的值,或者在其他变量更改时设置为某些值,例如在苏西和比利的示例中,就考虑了比利不会抛出的意外事件。

这是必要条件的正式版本:

AC2(a)将 $\boldsymbol{V}$(内生变量集)划分为两个不相交的子集 $\boldsymbol{Z}$ 和 $\boldsymbol{W}$(因此 $\boldsymbol{Z}\cap\boldsymbol{W}=\varnothing$),其中 $\boldsymbol{X}(\boldsymbol{X}\subseteq\boldsymbol{Z})$和 $\boldsymbol{W}$ 中变量被设置为 $\boldsymbol{x}'$和 $\boldsymbol{w}$,使得

$$(M,\boldsymbol{u})\models[\boldsymbol{X}\leftarrow\boldsymbol{x}',\boldsymbol{W}\leftarrow\boldsymbol{w}]\neg\varphi$$

如果 φ 为 $\boldsymbol{Y}=\boldsymbol{y}$,则有公式为 $\boldsymbol{Y}_{\boldsymbol{x}'\boldsymbol{w}}(\boldsymbol{u})\neq\boldsymbol{y}$。

AC2(a)表示在偶然情况 $\boldsymbol{W}=\boldsymbol{w}$ 下,若无条件成立,可以认为 $\boldsymbol{Z}$ 中的变量构成了从 $\boldsymbol{X}$ 到 φ 的“因果路径”。直观地,改变 $\boldsymbol{X}$ 中某个变量的值会导致 $\boldsymbol{Z}$ 某些变量值改变,这将导致 $\boldsymbol{Z}$ 中其他一些变量的值被改变,最终导致 φ 真值改变。(大家能否想到 $\boldsymbol{Z}$ 中的变量构成了从 $\boldsymbol{X}$ 中的某个变量到 φ 中的某个变量的因果路

径，某种程度上取决于考虑了 HP 定义的版本。关于形式化的更多讨论，请参见 2.9 节。）

遗憾的是，AC1、AC2(a)和 AC3 不足以很好地定义因果关系。在扔石头的示例中，仅使用 AC1、AC2(a)和 AC3，比利可能是造成瓶子破裂的原因。这时需要一个充分条件来阻止比利。在初始定义中使用了充分条件，如果 $\boldsymbol{X}$ 中的变量和因果路径上其他变量的任意子集 $\boldsymbol{Z}$（即除 $\boldsymbol{X}$ 中的变量外）保持其值（由 AC1，实际文中变量 Y 的值是值 y^* 使得 $(M,\boldsymbol{u})\models Y=y^*$，$\boldsymbol{X}$ 中变量的值是 $\boldsymbol{x}$），则即使 $\boldsymbol{W}$ 设置为 $\boldsymbol{w}$（AC2(a)中使用的 $\boldsymbol{W}$ 的设置），φ 也成立。这里可以通过以下条件描述：

(1)初始版定义 AC2(b^o)

如果 z^* 满足 $(M,\boldsymbol{u})\models \boldsymbol{Z}'=\boldsymbol{z}^*$，则对于 $\boldsymbol{Z}-\boldsymbol{X}$ 的所有子集 $\boldsymbol{Z}'$，有

$$(M,\boldsymbol{u})\models[\boldsymbol{X}\leftarrow\boldsymbol{x},\boldsymbol{W}\leftarrow\boldsymbol{w},\boldsymbol{Z}'\leftarrow\boldsymbol{z}^*]\varphi$$

同样，以 φ 为 $\boldsymbol{Y}=\boldsymbol{y}$，在统计学为"如果 $\boldsymbol{Z}(\boldsymbol{u})=\boldsymbol{z}^*$，则对于 $\boldsymbol{Z}$ 的所有子集 $\boldsymbol{Z}'$，有 $\boldsymbol{Y}_{\boldsymbol{X}\leftarrow\boldsymbol{x},\boldsymbol{W}\leftarrow\boldsymbol{w},\boldsymbol{Z}'\leftarrow\boldsymbol{z}^*}(\boldsymbol{u})=\boldsymbol{y}$。"这里要在下标中明确写作 $\boldsymbol{Z}'$。由于将 $\boldsymbol{W}$ 设置为 $\boldsymbol{w}$，$\boldsymbol{Z}$ 中变量的值可能会改变，由 AC2(b^o)得出，这个变化不影响 φ，即 φ 值仍然为真。实际上，即使 $\boldsymbol{Z}$ 中的某些变量被赋予其初始值，φ 值仍然为真。

在继续论述之前，需要做一个简短介绍。假设给定 $\boldsymbol{Z}=(Z_1,Z_2)$，$\boldsymbol{z}=(1,0)$ 和 $\boldsymbol{Z}'=(Z_1)$，那么，$\boldsymbol{Z}'\leftarrow\boldsymbol{z}$ 可缩写为 $Z_1\leftarrow 1$，这里忽略了 $\boldsymbol{z}$ 的第二个组成部分。不失一般性，$\boldsymbol{Z}'\leftarrow\boldsymbol{z}$ 是 $\boldsymbol{z}$ 中选择与 $\boldsymbol{Z}'$ 中的变量相对应的值，而忽略了与 $\boldsymbol{Z}-\boldsymbol{Z}'$ 中的变量相对应的值。如果 $\boldsymbol{W}'$ 是 $\boldsymbol{W}$ 的子集，也可类似地写作 $\boldsymbol{W}'\leftarrow\boldsymbol{w}$。

由于在例 2.8.1 中原因将变得更加清晰，因此初始版定义已更新为使用功能更强的 AC2(b^o)。如果将 $\boldsymbol{W}$ 的任意子集 $\boldsymbol{W}'$ 的变量设置为 $\boldsymbol{w}$ 中的值（以及 $\boldsymbol{Z}-\boldsymbol{X}$ 的任何子集 $\boldsymbol{Z}'$ 中的变量设置为实际背景值），考虑 AC2(a)和 AC2(b^o)中的 $\boldsymbol{Z}$ 和 $\boldsymbol{W}$，更新版定义如下：

(2)更新版定义 AC2(b^u)

如果 z^* 使得 $(M,\boldsymbol{u})\models \boldsymbol{Z}'=\boldsymbol{z}^*$，则对于 $\boldsymbol{W}$ 的所有子集 $\boldsymbol{W}'$ 和 $\boldsymbol{Z}-\boldsymbol{X}$ 的子集 $\boldsymbol{Z}'$，存在 $(M,\boldsymbol{u})\models[\boldsymbol{X}\leftarrow\boldsymbol{x},\boldsymbol{W}\leftarrow\boldsymbol{w},\boldsymbol{Z}'\leftarrow\boldsymbol{z}^*]\varphi$。

用统计学表示，这就变成"如果 $\boldsymbol{Z}(\boldsymbol{u})=\boldsymbol{z}^*$，那么对于 $\boldsymbol{Z}$ 和 $\boldsymbol{W}$ 的所有子集 $\boldsymbol{Z}'$ 和 $\boldsymbol{W}'$，有 $\boldsymbol{Y}_{\boldsymbol{X}\leftarrow\boldsymbol{x},\boldsymbol{W}'\leftarrow\boldsymbol{w},\boldsymbol{Z}'\leftarrow\boldsymbol{z}^*}(\boldsymbol{u})=\boldsymbol{y}$。"同样，需要在此处在下标中写入变量。

AC2(b^o)和 AC2(b^u)之间的唯一区别在于子句"对于 $\boldsymbol{W}$ 的所有子集 $\boldsymbol{W}'$"：即使仅将 $\boldsymbol{W}$ 中变量的一个子集 $\boldsymbol{W}'$ 设置为它们在 $\boldsymbol{w}$ 中的值，AC2(b^u)也必须成立。这意味着 $\boldsymbol{W}-\boldsymbol{W}'$ 中的变量与真实世界中的变量本质上是一样的，也就是说，它们的值是由结构方程式确定，而不是事先给定。

AC2(b^o)和 AC2(b^u)中的上标 o 和 u 分别表示“初始定义”和“更新定义”。最后还要考虑简单的“改进”定义。这个定义是出于直觉的，即只有在实际情况下发生的事情才有意义。具体来说，改进后的定义通过 $\boldsymbol{W}$ 变量的唯一设置 $\boldsymbol{w}$ 简化了 AC2(a)，$\boldsymbol{W}$ 是这些变量的实际值，这里是改进了的 AC2(a)，表示为 AC2(a^m)(m 表示“改进”)：

(3)改进版定义 AC2(a^m)

假设 V 中有一组变量 $\boldsymbol{W}$，而 $\boldsymbol{X}$ 中一组变量的设置 $\boldsymbol{x}'$ 使得：

$$\text{如果}(M,\boldsymbol{u})\models \boldsymbol{W}=\boldsymbol{w}^*,\text{则}(M,\boldsymbol{u})\models[\boldsymbol{X}\leftarrow\boldsymbol{x}',\boldsymbol{W}\leftarrow\boldsymbol{w}^*]\neg\varphi$$

也就是说，将 $\boldsymbol{W}$ 中的变量固定在它们的实际值中，可以证明 φ 对 $\boldsymbol{X}$ 的反事实依赖性。在统计学中(若 φ 为 $\boldsymbol{Y}=\boldsymbol{y}$)可表示“如果 $\boldsymbol{W}(\boldsymbol{u})=\boldsymbol{w}^*$，则 $\boldsymbol{Y}_{\boldsymbol{x}'\boldsymbol{w}^*}(\boldsymbol{u})\neq\boldsymbol{y}$”。

很容易看出，如果 $\boldsymbol{W}$ 中的所有变量都为背景实际值，则 AC2(b^o)成立：因为 $\boldsymbol{w}^*$ 记录了在实际问题中 $\boldsymbol{W}$ 中变量的值。如果 $\boldsymbol{X}$ 重置为 $\boldsymbol{x}$，且它的值在实际情况下成立，则 φ 必须保持不变(因为 AC1 使得 $\boldsymbol{X}=\boldsymbol{x}$ 并且 φ 均在实际情况下成立)；也就是说，如果 $\boldsymbol{w}^*$ 是实际情况下 $\boldsymbol{W}$ 中变量值，则有$(M,\boldsymbol{u})\models[\boldsymbol{X}\leftarrow\boldsymbol{x},\boldsymbol{W}\leftarrow\boldsymbol{w}^*]\varphi$。类似地，如果 $\boldsymbol{W}$ 中的所有变量在实际问题中均为确定的值，则 AC2(b^u)成立。因此，在改进定义 AC2(a^m)中不必模仿 AC2(b^o)或 AC2(b^u)，表明只有在考虑与 AC2(a)中的实际突发事件时，才需要满足充分条件。值得注意的是，改进后的定义无需 $\boldsymbol{Z}$(尽管可以将 $\boldsymbol{Z}$ 作为 $\boldsymbol{W}$ 的补充)。

为后文引申论述铺垫：对于 HP 定义的所有版本，AC2 中的元组($\boldsymbol{W},\boldsymbol{w},\boldsymbol{x}'$)可被认为是说明 $\boldsymbol{X}=\boldsymbol{x}$ 是 φ 的一个原因的证据($\boldsymbol{W}=\varnothing$可作为($\varnothing,\varnothing,\boldsymbol{x}'$)的一个特例)。

之前说过，AC3 是最低条件。技术上讲，就像 AC2 的三个版本一样，AC3 也有三个相应的版本。例如，在改进后的定义中，AC3 应该真正说“没有满足 AC1 和 AC2(a^m)的 $\boldsymbol{X}$ 的子集”。全文未写出 AC3 的这些版本，希望在提到 AC3 时，读者能清楚地理解意图。

如果需要指出要考虑哪种 HP 定义的变体时，则可说明根据初始(或更新、改进)定义造成了 $\boldsymbol{X}=\boldsymbol{x}$ 是 φ 的原因。如果根据所有三个版本，$\boldsymbol{X}=\boldsymbol{x}$ 是 φ 的原因，一般只能认为“$\boldsymbol{X}=\boldsymbol{x}$ 是 φ 在$(M,\boldsymbol{u})$下的原因”。$\boldsymbol{X}=\boldsymbol{x}$ 中的每个子项在$(M,\boldsymbol{u})$场景中被称为 φ 原因的一部分。我们认为自然语言中的原因与原因的某些部分相对应，尤其是经过改进的 HP 定义。最好使用诸如“完全原因”来表示原因，而保留“原因”来表示“原因的一部分”。在几个例子之后，我们再回到这点。

实际上，尽管 $\boldsymbol{X}=\boldsymbol{x}$ 是 $X_1=x_1\wedge x_2\wedge\cdots\wedge X_k=x_k$ 的缩写。当 $\boldsymbol{X}=\boldsymbol{x}$ 是 φ 的原因时(尤其是对于修改后的 HP 定义)，从某种角度上讲，析取关系可能会更好。如果

$\boldsymbol{X}$ 中的变量均不具有其实际值，那么 φ 可能不会出现，则 $\boldsymbol{X}=\boldsymbol{x}$ 是 φ 的一个原因。但是，如果 $\boldsymbol{X}$ 具有多于一个变量，则仅改变 $\boldsymbol{X}$ 中单个变量值（或者实际上，改变 $\boldsymbol{X}$ 中变量的任何严格子集）本身就不足以导致 φ（在实际问题中），因此某种意义上说，析取可以看作是 φ 的一个“若无”原因。

请注意，在 (M,u) 场景中，只要满足 $(M,u)\models X=x$，HP 定义的所有三个版本都将 $X=x$ 作为其自身的一个原因。这似乎并不那么不合理，并且也似乎也无妨，所以就没被删除（尽管如果删除它，也不会改变什么）。这一点将用个定理证明，事实因果关系中 HP 定义的某些变量是实际因果关系的“正确”定义，但是没办法让人相信什么定义才是“正确的”定义，因此我们希望做的、最好的事情就是证明它是有用的。第一步，在最简单且可论证的最常见的情况下所有条件均适合：若无原因，即如果 AC1 成立（使得 $(M,\boldsymbol{u})\models(X=x)\wedge\varphi$ 并且存在某个 x' 使得 $(M,\boldsymbol{u})\models[X\leftarrow x']\neg\varphi$，那么 $X=x$ 是 φ 在 $(M,\boldsymbol{u})$ 场景中的若无原因，这里假设原因是单个子项。

2.2.2 如果 $X=x$ 是 $(M,\boldsymbol{u})$ 中 $Y=y$ 的一个若无原因，那么根据 HP 定义的所有三个版本，可认为 $X=x$ 是 $Y=y$ 的一个原因。

证明：假设 $X=x$ 是 $Y=y$ 的若无原因。X 必须有一个可能的值 x'，使得 $(M,\boldsymbol{u})\models[\boldsymbol{X}\leftarrow\boldsymbol{x}']\neg\varphi$。那么对于定义的所有三个版本而言，$(\varnothing,\varnothing,\boldsymbol{x}')$（即 $\boldsymbol{W}=\varnothing$ 且 $X=x'$）可认为是 $X=x$ 为 φ 的原因的证据。因此，如果我们取 $\boldsymbol{W}=\varnothing$，则 AC2(a) 和 AC2($a^m$) 成立。由于 $(M,\boldsymbol{u})\mid=X=x$，如果 $(M,\boldsymbol{u})\models\boldsymbol{Z}'=\boldsymbol{z}^*$，其中 $\boldsymbol{Z}=V-\{X\}$，那么很容易看出 $(M,\boldsymbol{u})\models[X\leftarrow x'](\boldsymbol{Z}=\boldsymbol{z}^*)$，即在场景 $\boldsymbol{u}$ 中因果模型方程的（唯一）解中存在 $X=x$ 和 $\boldsymbol{Z}=\boldsymbol{z}^*$，$M_{X\leftarrow x}$ 中方程也存在唯一解。

类似地，对于 $V-\{X\}$ 的所有子集 $\boldsymbol{Z}'$，存在 $(M,\boldsymbol{u})\models[\boldsymbol{X}\leftarrow\boldsymbol{x},\boldsymbol{Z}'\leftarrow\boldsymbol{z}^*]\varphi$，（请参阅引文 2.10.2。）因此，AC2($b^o$) 成立。因为 $\boldsymbol{W}=\varnothing$，所以 AC2($b^u$) 可由 AC2($b^o$) 推知，证毕。

以下定理给出了定义之间的其他联系，在定理的陈述中，符号 $|\boldsymbol{X}|$ 表示集合 $\boldsymbol{X}$ 中包含元素的个数。

定理 2.2.3

(a)根据改进后的 HP 定义，如果 $X=x$ 是 $(M,\boldsymbol{u})$ 中 φ 的部分原因，则按照初始 HP 定义，$X=x$ 是 $(M,\boldsymbol{u})$ 中 φ 的原因。

(b)根据改进后的 HP 定义，如果 $X=x$ 是 $(M,\boldsymbol{u})$ 中 φ 的部分原因，则按照更新 HP 定义，$X=x$ 是 $(M,\boldsymbol{u})$ 中 φ 的原因。

(c)根据更新 HP 定义，如果 $X=x$ 是 $(M,\boldsymbol{u})$ 中 φ 的部分原因，则按照初始 HP 定义，$X=x$ 是 $(M,\boldsymbol{u})$ 中 φ 的原因。

(d)按照初始 HP 定义,如果 $X=x$ 是$(M,\boldsymbol{u})$中 φ 的原因,则$|\boldsymbol{X}|=1$(即 X 为单元素集)。

当然,(a)来自(b)和(c),单独声明只是为了强调关系。尽管乍看可能不像,但(d)与(a)、(b)和(c)非常相似;(d)的等价形式为:“如果按照初始 HP 定义,$X=x$ 是$(M,\boldsymbol{u})$中 φ 的原因的一部分,则按照 HP 的初始定义,$X=x$ 是$(M,\boldsymbol{u})$中 φ 的一个原因。”将此语句称为(d’),显然(d)表示(d’)。相反,假设(d’)成立,$X=x$ 是$(M,\boldsymbol{u})$中 φ 的一个原因,并且$|\boldsymbol{X}|>1$。那么如果 $X=x$ 是 $\boldsymbol{X}=\boldsymbol{x}$ 的子项,根据(d’),$X=x$ 是$(M,\boldsymbol{u})$中 φ 的一个原因,而通过 AC3,只有在 $X=x$ 是$\boldsymbol{X}=\boldsymbol{x}$ 的唯一子项时,这才成立,所以$|\boldsymbol{X}|=1$。

定理 2.2.3 的(a)、(b)和(c)表明,从某种意义上说,初始的 HP 定义是这三个版本中最宽松的,改进的 HP 定义是限制性最强的,而更新的 HP 定义介于两者之间。(a)、(b)和(c)的相反含义不成立,如例 2.8.1 所示,根据初始 HP 定义,如果 $X=x$ 是 φ 的一个原因,那么根据改进或更新的 HP 定义,它不是部分原因。此示例实际上并不指望因果关系成立,因此该示例可被视为初始定义过于宽容(尽管此主张并不像最初看起来的那么清晰;请参见第 2.8 节中的讨论)。再如例 2.8.2 表明,根据更新的 HP 定义是原因的一部分,不是根据改进 HP 定义的原因的一部分。

这里的底线是,尽管这些定义通常是一致的,但又不总是一致,原因是典型例子有问题。鉴于初始定义需要经过精确地更新和改进才能处理此类示例,因此这也许不足为奇。但是,即使在初始定义似乎给出“错误”答案的情况下,通常也有许多方法可以解决该问题,而无需改进定义。此外,原因总是具有初始定义的特例,这使得它在某些方面具有吸引力。关于因果关系的“正确”定义尚无定论,尽管目前倾向于改进后的 HP 定义,但整本书中考虑所有三个定义情况。

定理 2.2.3 的证明部分可在第 2.10.1 节中找到。建议有兴趣的读者,在阅读完下一节示例之后再进行部分阅读。

2.3　示例

因为无法用一个定理来定义 HP(或者 HP 定义的某种变体)是因果关系的“正确”定义,所以只能说该定义是合理的,即它能够应用于某些其他定义很难处理的示例,这是本节的目标之一。本节还提供了一些示例展现不同版本 HP 定义的细微差异。下面从几个基本示例开始说明前文提出的定义。

例 2.3.1　森林大火案例,考虑了两个因果模型,即 M^c 和 M^d,分别用于

“与”逻辑和“或”逻辑的情况，模型已在前面介绍。内生变量是 L，MD 和 FF，而 U 是唯一的外生变量。在这两种情况下考虑情况（1,1），即同时发生雷电击中和纵火犯抛出点燃的火柴这两种情况。在合取模型中，闪电和纵火都是造成森林大火的原因，如果任何未发生情况，则不会发生火灾。因此，参考命题 2.2.2，根据所有定义三个版本，$L=1$ 和 $MD=1$ 都是$(M^c,(1,1))$中 $FF=1$ 的原因。通过 AC3，得出 $L=1 \wedge MD=1$ 不是$(M^c,(1,1))$中 $FF=1$ 的原因。这已经表明，原因可能不是唯一的，给定结果可能有多个原因。

但是，在“或”情况下，存在一些差异。再次使用初始和更新的定义，认为 $L=1$ 和 $MD=1$ 都是$(M^d,(1,1))$中 $FF=1$ 的原因。给定 $L=1$ 时的论证，$MD=1$ 的论证亦相同。显然$(M^d,(1,1)) \models FF=1$ 并且$(M^d,(1,1)) \models L=1$；在前文情况（1,1）中，闪电袭击，森林被烧毁，因此 AC1 被满足，因为 $\boldsymbol{X}$ 仅由一个元素组成，L 和 $\boldsymbol{X}$ 必须条件最小化：对 AC3 也满足一般性。

如前所述，对于 AC2，令 $\boldsymbol{Z}=\{L,FF\}$，$\boldsymbol{W}=\{MD\}$，$x'=0$ 以及 $w=0$，显然，$(M^d,(1,1)) \models [L \leftarrow 0, MD \leftarrow 0](FF \neq 1)$；如果没有闪电袭击且火柴没有被点燃，森林就不会烧毁，因此满足 AC2(a)。要查看闪电的影响，必须考虑不抛出点燃的火柴的意外情况；AC2(a)允许将 MD 设置为 0 来做到这一点。（请注意，将 L 和 MD 设置为 0 会覆盖 U 的影响）。此外，$(M^d,(1,1)) \models [L \leftarrow 1, MD \leftarrow 0](FF=1)$ 和 $(M^d,(1,1)) \models [L \leftarrow 1](FF=1)$ 表示在情况（1,1）中，如果闪电袭击，即使没有点燃火柴，森林也会烧毁，因此满足 AC2(b^o) 和 AC2(b^u)。由于 $\boldsymbol{Z}=\{L,FF\}$，$\boldsymbol{Z}-\boldsymbol{X}$ 的子集为空集和仅包含 FF 的单元素集合集；同样，因为 $\boldsymbol{W}=\{MD\}$，$\boldsymbol{W}$ 的子集为空集和仅包含 MD 的单元素集合集，因此这里考虑了所有相关情况。

由于不允许设置参数 $MD=0$，该模型不适用于改进后的 HP 定义。唯一可以考虑的可能性是 $\boldsymbol{W}$ 实际背景下取值为 $MD=1$。因此，使用改进后的 HP 定义，$L=1$ 和 $MD=1$ 都不是原因。但是不难发现，$L=1 \wedge MD=1$ 是 $FF=1$ 的原因。这说明了为什么只考虑命题 2.2.2 中的单个子项以及定理 2.2.3 措辞为“部分原因”的重要性。虽然根据改进 HP 定义，$L=1 \wedge MD=1$ 是导致 $FF=1$ 的原因，但根据初始或更新 HP 定义却不是这样。相反，根据所有三个定义，$L=1$ 和 $MD=1$ 都是 $FF=1$ 的部分原因。

可以说，初始和更新 HP 定义的一个特征是，它们将 $L=1$ 和 $MD=1$ 都称为 $FF=1$ 的原因。称“与”逻辑 $L=1 \wedge MD=1$ 为 $FF=1$ 的原因似乎与自然语言描述不符。有两种方法可以解决此问题：第一种方法即早期改进的 HP 定义中，越来越近是原因的一部分；第二种方法是观察到“或”逻辑 $L=1 \vee MD=1$ 是 $FF=1$ 的原因。可以认为 $L=1 \vee MD=1$ 作为 $FF=1$ 的若无原因；如果结果不成立，那

么肯定是 $L=0$ 和 $MD=0$ 的情况同时出现，所以没有火灾。读者应记住这两种都是通过改进 HP 定义来识别“与”逻辑原因的可行方法。第 6 章讨论的责任概念使初始和更新的 HP 定义可以区分这两种情况，第 2.6 节中讨论的充分原因概念也是如此。

这个简单的示例已经揭示了 HP 定义的某些作用。森林火灾是由闪电或火柴掉落引起的情况（在文献中被认为是过高确定的情况）无法通过规定中使用的简单但仅用于定义的方式来处理。可以合理地将闪电和火柴掉落（纵火）作为火灾原因，或者将其视为部分原因。（当然这里使用了若无定义，如果允许“或”逻辑原因，则可以得出 $L=1 \vee MD=1$ 是森林火灾的一个若无原因。）在法律案件中，过度确定的情况经常发生，例如，受害者可能被两个人开枪击中、重复投票等。在下面的示例将对此进行更为具体的研究。

例 2.3.2 考虑前面讨论的包含 11 个投票者的投票场景。如果苏西以 6 : 5 获胜，那么所有定义都认为每个选民都是苏西获胜的原因。的确，他们都是不可替代的原因。但是假设苏西以 11 : 0 获胜，这里就存在过度确定的可能。初始和更新的 HP 定义仍将每个选民视作苏西获胜的原因，其证据包括（是否）切换 5 名选民的选票（结果）。由于改进的 HP 定义不允许进行此类切换，因此，根据改进的 HP 定义，六个投票者的任何子集都是苏西获胜的原因（每个人都是原因）。同样，如果认为子集由“或”逻辑表示，则可将其视为苏西获胜的一个若无原因。如果所有六名选民都将选票转移给比利，那么苏西就不会获胜。这里设立最低限度假设：如果少于六名选民投票支持比利，那么苏西仍然会赢。

有一种直觉，11 : 0 胜利场景相对 6 : 5 胜利场景，选民是苏西获胜原因的感觉“少”了一些。这种直觉也许与改进的 HP 定义关联。在这种情况下，如果 $\boldsymbol{X}$ 是变量最小集合，其取值必须更改才能使 $\neg\varphi$ 成立，则可认为 $\boldsymbol{X}=\boldsymbol{x}$ 是 φ 的原因。$\boldsymbol{X}$ 的规模越大，其“与”逻辑交联被视为原因的置信度就越小，这些在第 6 章中讨论责任（归因）时将回到这个问题。

例 2.3.3 现在以扔石头的例子为例，其中苏西和比利都向瓶子扔石头，但是苏西击中了瓶子，而比利却没有击中（尽管如果苏西没有先击中，他会击中）。只有在对场景进行适当建模的情况下，才能获得预期的结果，即苏西的投掷是原因，而比利的不是原因。首先考虑具有三个内生变量的粗糙因果模型：

（1）ST 表示苏西是否投掷，没有投掷其值为 0，投掷则为 1；

（2）BT 表示比利是否投掷，没有投掷其值为 0，投掷则为 1；

（3）BS 表示瓶子是否打碎，没有打碎其值为 0，打碎则为 1。

为简单起见，假设有一个外生变量 u，它确定比利和苏西是否投掷（在随后的大多数示例中，描述故事示例及相应因果关系网络均省略了外生变量）。对

BS 进行公式化表述：$BS = BT \vee ST$，即当比利或苏西抛出石子时瓶子就会破碎（隐含假设为两人都不会投失，且使用的数学逻辑是“当”而非更加严格的“当且仅当”，但公式隐含了“当且仅当”的表述）。为便于后文引用，将此模型记作模型 M_{RT}（RT 代表“扔石头”）。

BT 和 ST 在模型 M_{RT} 中扮演了对称的角色，在模型 M_{RT} 中，根据初始和更新 HP 定义（$ST = 1 \wedge BT = 1$ 在改进的 HP 定义中被视为原因），比利和苏西的投掷均被归类为造成瓶子破碎的原因。该论点与森林火灾示例“或”逻辑模型所使用的论点基本相同，在该模型中，闪电袭击或火柴掉落（纵火）足以引发火灾。描述这种情况的因果网络如图 2.2 所示，这里用 ST 和 BT 代替了森林火灾示例中 L 和 MD。为方便起见，这里重画了网络结构图。这里和以后的图中，通常会省略外生变量。

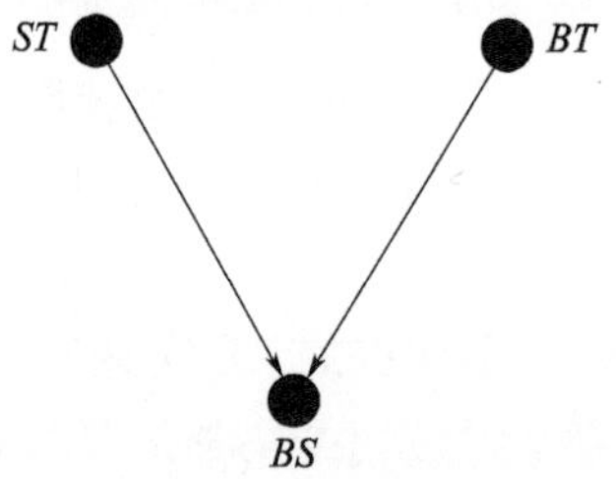

图 2.2　模型 M_{RT}——抛石示例的因果模型

模型 M_{RT} 的问题在于，它无法从苏西的石头首先撞击瓶子的案例中辨析两颗石头同时撞击瓶子的情况（在这种情况下，可以合理地说，$ST = 1$ 和 $BT = 1$ 都是 $BS = 1$ 的原因）。模型 M_{RT} 必须进行细化才能表达这种区别。一种方法是调用动态模型。尽管可以做到这一点（有关更多讨论，请参阅本章末尾的注释），但获得此处所需表达的一种更简单的方法是允许 BS 取三个值：0 表示瓶子不会破碎，1 表示被苏西的石头撞击而破碎，2 表示被比利的石头撞击而破碎。以下结论留给读者核验：$ST = 1$ 是 $BS = 1$ 的一个原因，但 $BT = 1$ 不是（如果苏西不投掷但比利投掷，那么将有 $BS = 2$）。这在某种程度上解决了问题，但与作弊差不多，实际上在希望识别真实原因的问题中，这个答案适用于所有通过调用 $BS = 2$ 定义与“结果”的关系的模型。一个更有用的选择是向模型添加两个新变量：

（1）BH 表示比利的石头是否击中了（完好的）瓶子，未击中则其值为 0，击中则为 1。

（2）SH 表示苏西的石头是否击中了（完好的）瓶子，未击中则其值为 0，击中则为 1。

(3) 如果 $SH=1$ 或 $BH=1$，则 $BS=1$；

(4) 如果 $ST=1$，则 $SH=1$；

(5) 如果 $BT=1$ 且 $SH=0$，则 $BH=1$。

因此，如果确定比利投掷石头且苏西投出的石头没有击中，则可以认为比利的石头击中瓶子。最后一个方程式(5)隐含地假设苏西比比利稍微先投出或力度更大。

将此模型记作 M'_{RT}，其结构如图 2.3 所示（再次忽略外生变量）。BH 和 SH 之间的不对称性（尤其是这一事实：如果苏西投出石头，比利的石头就不会击中瓶子）是根据从 SH 到 BH 有优势而不是相反；BH（部分地）取决于 SH，但反之不然。

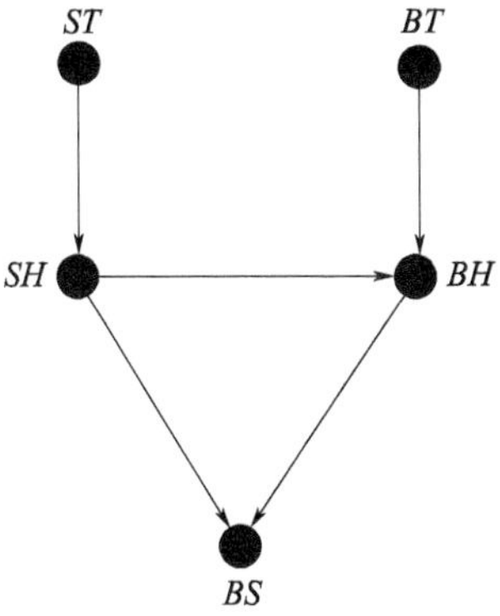

图 2.3　模型 M'_{RT}——抛石示例的改进因果模型

根据 HP 定义的三个版本，以 $\boldsymbol{u}$ 为比利和苏西都抛出石头的建模背景，$ST=1$ 是 $(M'_{RT},\boldsymbol{u})$ 中 $BS=1$ 的原因，而 $BT=1$ 则不是。根据初始和更新的 HP 定义，可知 $ST=1$ 是一个原因（请注意 AC1 和 AC3 显然成立）。要了解 AC2 是否成立，一种可能性是选择 $\boldsymbol{Z}=\{ST,SH,BH,BS\}$，$\boldsymbol{W}=\{BT\}$ 以及 $w=0$。当 BT 值为 0 时，BS 值取决于 ST。即：如果苏西投出石子，瓶子就会碎；如果她不投，瓶子就不会碎。随之而来的是 AC2(a) 和 AC2($\mathrm{b^o}$) 成立。由于 $\boldsymbol{W}$ 是单集，AC2($\mathrm{b^u}$) 在此情况下等效于 AC2($\mathrm{b^o}$)。

为验证 $BT=1$ 不是 $(M'_{RT},\boldsymbol{u})$ 中 $BS=1$ 的原因，必须检查是否将内生变量划分为满足 AC2 的集合 $\boldsymbol{Z}$ 和 $\boldsymbol{W}$。对称性选择 $\boldsymbol{Z}=\{ST,SH,BH,BS\}$，$\boldsymbol{W}=\{BT\}$ 且 $w=0$，与 AC2($\mathrm{b^o}$) 和 AC2($\mathrm{b^u}$) 相悖，由此，设 $\boldsymbol{Z}'=\{BH\}$，在苏西和比利都投出石子的情况下，$BH=0$。如果将 BH 设置为 0，即如果比利投出而苏西不投出，则瓶子不会碎。正是因为在这种情况下，苏西的石子击中了瓶子，而比利的没有，故认定苏西投掷是造成瓶子破碎的原因。通过考虑 $BH=0$ 的情况（即 BH 取实际值)，AC2(b^o)和AC2(b^u)捕捉到这一行为(尽管事实上比利投出了石子)。

当然，仅根据初始或更新HP定义检查 **Z** 和 **W** 的特定部分并不能证明 $BT=1$ 是一个(引发结果的)原因，也不足以证明 $BT=1$ 不是原因，必须检查所有可能的部分。这里概述一下论点：关键是要考虑 BH 是否在 **W** 或 **Z** 中。如果 BH 在 **W** 中，则如何设置 BT 值对 BS 无影响；如果 BH 设置为0，则 BS 值由 ST 值确定；如果 BH 设置为1，则无论 BT 值是什么，$BS=1$。(如果 $BT=0$，进行干预并将 BH 设置为1可能看起来很奇怪。这意味着比利的石子没有投出但击中了瓶子。第3章介绍的正态性概念是为了最大程度地减少使用"不可思议"的干预)。这表明不能将 BH 包含在 **W** 中。如果 BH 在 **Z** 中，则对于(验证)AC2(b^o)或AC2(b^u)也会遇到与上述相同的问题。容易看出，SH 或 ST 至少一个必须包含在 **W** 中，并且 **w** 必须确保 **W** 中的任何一个(变量值)设置为0。

注意，在此参数中至关重要的是，在AC2(b^o)和AC2(b^u)中，允许将 **Z** − **W** 任意子集的变量设置为其初始值。这样做的原因很简单：如果将 **Z** − **W** 中的所有变量都设置为 M'_{RT} 中的初始值，那么在其他情况中，将 BS 值设置为1。如果设置 BS 为1，将永远无法表明比利的投掷不是原因，并且甚至将 **Z** − $\{BS,BT\}$ 中的所有变量都设置为其初始值的要求也不起作用。假设设置 **W** = $\{ST\}$ 并设置 **w** 使得 $ST=0$。如果 $BT=0$，则 $BS=0$，因此AC2(a)显然成立。但如果 **Z** − $\{BS,BT\}$ 中的所有变量都设置为其初始值，SH 值设置为1，那么瓶子会破碎。为了表明 $BT=1$ 不是原因，必须将 BH 设置为其初始值0，同时将 SH 保持为0。将 BH 设置为0可以捕捉这一直觉，即比利的投掷不是原因，因为现实世界中，他的石头没有击中瓶子($BH=0$)。

最后考虑改进的HP定义。在这种情况下，设置 **W** = $\{BT\}$ 不能表明 $ST=1$ 是 $BS=1$ 的原因，这里不允许将 BT 从1更改为0，但是可以采用 **W** = $\{BH\}$。将 BH 值固定为0(在实际环境中设置)时，如果 ST 值设置为0，则 $BS=0$，即 $(M,u)\models[ST\leftarrow0,BH\leftarrow0](BS=0)$。因此，根据改进的HP定义，$ST=1$ 是 $BS=1$ 的原因。(采用 **W** = $\{BH\}$ 也可以表明，根据初始和更新HP定义，$ST=1$ 是 $BS=1$ 的原因。实际上，参考定理2.2.3，根据改进的HP定义得到 $ST=1$ 是 $BS=1$ 的原因，就足以表明，根据初始和更新的HP定义，它也是 $BS=1$ 的原因。使用初始的HP定义和更新的HP定义，是因为在这种情况下，**W** 的更明显的选择是 $\{BT\}$。)但是现在也很容易检查，根据改进的HP定义，$BT=1$ 不是导致 $BS=1$ 的原因。不管除 BT 以外的哪个子集的变量都保持在 u 中的值，并且无论如何设置 BT，由 $SH=1$，可知 $BS=1$。

在上面的示例中没有完全详细说明 M'_{RT}，具体来说没有详细说明可能的情景集，在其他情景发生的情况和确定 $ST=1$ 或 $BT=1$ 是否是 (M'_{RT},u) 模型中

$BS=1$ 的原因无关。但是,一旦第3章考虑了正态性问题,它就变得很重要。情景 u 将描述为比利和苏西都投出石子的情况,暗示存在四类情景,确定比利是否投出和苏西是否投出的四种可能组合,因此在这四类情景中使用 M'_{RT} 因果模型。

M'_{RT}因果模型的定义可能存在一个问题:它暗含着事件发生的时间顺序,尤其是苏西的投石比比利的投石先击中瓶子。如果想要一个模型较笼统地描述了"苏西和比利的投石情况",并不一定要假设苏西和比利确定命中,也不一定要假设苏西总是比比利先命中。该情景能够捕获根据这些思路做出的任何假设。也就是说,可以根据文中背景确定:①苏西和比利是否投出;②他们投石的准确度(如果比利是唯一投出的人,比利会命中,对于苏西也一样);③谁的石头先击中(如果他们都投准),且允许他们同时击中。这样,这个更丰富的模型将具有48个情景:在比利和苏西投石的子集中有四个选择,有四种准确可能性(两者都是准确的,苏西是准确的而比利不是,依此类推),以及关于谁首先击中的三个选择(如果两人都投出)。如果使用这种更丰富的模型,还将希望拓展变量集以包括诸如 SA(苏西投准),BA(比利投准),SF(如果比利和苏西都投掷,苏西的石头先到达)和 BF(比利的石头先到达),可将此更丰富的模型记作 M^*_{RT}。在 M^*_{RT} 中,ST、BT、SA、BA、SF 和 BF 值由情景确定,与模型 M_{RT}和 M'_{RT}一样,不管是苏西还是比利投石击中瓶子,瓶子都会破碎,所以仍有 $BS=BH \lor SH$。但是现在 BH 和 SH 值(映射函数)取决于 ST,BT,SA,BA,SF 和 BF。当然,如果苏西不投掷(例如,$ST=0$)或投不中($SA=0$),则 $SH=0$;然而,即使在这种情况下,这些方程也需要假设苏西投掷且准确无误,因此可以确定$[ST\leftarrow 1,SA\leftarrow 1](SH=0)$等函数的正确性(真值)。如上述讨论所示,$SH$ 的函数可表示为:

$$SH=\begin{cases}1, ST=1, SA=1, \text{且任意 } BT=0, BA=0 \text{ 或者 } SF=1\\0, \text{其他}\end{cases}$$

简而言之,苏西的石头能够击中瓶子的条件(原因)是她投出石头且能命中,而且①比利没投出,②比利没投准,③比利投出且准确,但苏西的石头首先到达(或与比利同时到),三者取一;否则苏西的石头不能击中瓶子。

模型 M^*_{RT}中 u^* 的情景与模型 M'_{RT}中的情景 u 对应,表示比利和苏西都投出且投准,如果都投出则苏西的石头先击中。与前述论点一样,$ST=1$ 是(M^*_{RT},u^*)中(导致结果)的原因,而 $BT=1$ 不是。在模型 M^*_{RT}中,在因果网络中 SH 和 BH 之间边的方向取决于特定情景。在一些情景中(苏西和比利都投出且投准,如果都投出则苏西的石头先击中),BH 取决于 SH;在其他背景下,SH 取决于 BH,因此,M^*_{RT}不是强递归模型,但 M^*_{RT}仍然是递归模型,因为在该模型的每个情景 u' 中都不存在循环依赖性。在内生变量中仍然存在有向序

$\leq_{u'}$，使得除非有 $X\leq_{u'}Y$，否则在(M'_{RT},u')中 X 独立（不依赖）于 Y。特别地，尽管存在$SH\leq_{u^*}BH$，对于模型 M^*_{RT}中的情景 u''也存在 $BH\leq_{u''}SH$，仍然认为模型 M^*_{RT}是递归的。

在掷石示例分析中，关键是模型应包括变量 SH 和 BH，也就是说，比利的石子击中瓶子与苏西的石子击中瓶子是不同的事件（包含额外的变量也没有问题）。为了解 SH 和 BH（或其他类似变量）的需求，需要考虑观察者视角。为什么会苏西投石是原因，而比利投石不是原因？可能是苏西的石头击中了瓶子，而不是比利的石头。如果是原因，则必须对其进行建模，当然，使用变量 SH 和 BH 不是唯一的方法。因此要考虑要素（情景）足够丰富，从而能够区分①苏西的石头击中而比利没有；②比利的石头击中而苏西没有。考查时间信息的另一种方法是时间索引变量，例如，引入描述瓶子在时间 k 击碎的一组变量 BS_k，或者描述在时间 k 击中瓶子的一组变量 H_k。有了这些变量和适当的映射函数，就可以省去 SH 和 BH 了：只需要在时间 k 击中瓶子的变量 $H_1,H_2,\cdots$，而不需要指定谁的石头击中了瓶子的变量。例如，如果假设所有动作都在时间 1、2 和 3 发生，则方程式为 $H_1=ST$（如果苏西投石，则瓶子在时间 1 被击中），$H_2=BT\wedge H_1$（如果比利投石且瓶子在时间 1 尚未被击中，则瓶子在时间 2 被击中），$BS=H_1\vee H_2$（不管谁击中，瓶子都会碎）。同样，这些方程式模拟了苏西如果投石则必然首先命中的情形。可以假设 H_1 和 H_2 的方程式取决于特定情景，即苏西在情景 u 中先投中，而比利在情景 u'中先投中。总之，在任何苏西和比利都投石，苏西的石头先中的情景下，根据前文论述，苏西仍然是原因，而比利不是。

作为问题关键点的总结，建模方式（即选择的变量和方程式）必须足够丰富，以抓住实际问题的重要特征，目前有多种建模方法可以做到这一点。正如第 4 章即将看到的那样，建模方式的选择通常会对因果关系判断产生重大影响。

扔石头的例子强调了一种重要的理念：如果想在“争先”的情况下说明 $X=x$ 而非 $Y=y$ 是结果 φ 的原因，那么必须有一个变量（在该案例中为 BH），它根据 $X=x$ 或 $Y=y$ 是否是实际原因而取不同的值。如果模型不包含这样的变量，那么将无法确定哪个变量是真实原因。对这些变量的需求显然与直觉以及证据的方式是一致的。如果要争辩（例如，在法庭上）是由于 A 开枪杀了 C 而不是 B 开枪，那么，假设 A 的子弹从 C 的左边射入而 B 的从右边射入，就要提供诸如致命的子弹是从 C 的左边射入身体的证据。在该案例中，子弹从受害人 C 哪边射入就是相关变量。该变量可能涉及时序证据（如果 C 受枪击是致命的，那么死亡将在几秒钟后发生），但肯定非必要。

扔石头的例子还强调了实际发生情景在定义中发挥的关键作用。具体来说，可参考以下事实：在实际情况下，比利的石头没击中瓶子。在初始和更新 HP 定义中，此事实适用于 AC2(b)：为说明比利（投石）是原因，即使将 BH 设置为其实际值 0，也必须证明当比利投石时瓶子会破碎。在改进的 HP 定义中，应用 AC2(a^m) 准则，说明苏西（投石）是原因可设置 $ST=0$，同时将 BH 值固定为 0，类似的论证无法说明比利（投石）是原因。

尽管实际情况肯定会影响人们的因果关系判断，但为什么在 AC2(a^m)，AC2(b^o) 或 AC2(b^u) 等准则对因果关系的发现方式是正确的？除了证明这些定义在示例中运行良好之外，我对这个问题没有令人信服的答案。尽管这些示例并不总是现实的，我试图选择一些示例以发现因果关系的重要特征。例如，虽然扔石头的例子本身似乎并不那么重要，但它抽象地反映了法律案件中经常发生的情况。在此类情景下，一种潜在原因被另一种潜在原因所取代。大公司的垄断行为可能导致小公司破产，但由于小公司管理不善，本来还是会破产的。一名吸烟者死于车祸，但即使没有发生意外，他也将因无法通过手术治愈肺癌而很快死亡，因此明确因果关系对于在特定情景下弄清什么是（真正的）原因至关重要。本节中的许多其他示例也旨在发现法律（和日常）推理中出现的其他重要问题，在各类案例中准确理解因果关系在实际情形的作用，值得研究讨论。

例 2.3.4　这个例子考虑了所谓的双重阻止的问题。

苏西和比利刚刚长大，正巧赶上了战争。苏西正在驾驶一架轰炸机执行炸毁敌方目标的任务，而比利驾驶一架战斗机作为她护航。比利发现了一架敌方战斗机，并击毁了敌机，而苏西的任务不受干扰，轰炸按计划完成。

比利是任务成功的原因吗？毕竟，他击毁了敌机，阻止苏西执行任务中敌机的干扰企图。直觉上，答案似乎是肯定的，虽然，因果模型提供了这一点。假设有以下变量：

(1) BPT 用于表示比利是否开火：若是其值为 1，否则为 0；

(2) EE 用于表示敌机是否避开比利：若是其值为 1，否则为 0；

(3) ESS 用于表示敌机是否袭击苏西：若是其值为 1，否则为 0；

(4) SBT 用于表示苏西是否轰炸（敌方）目标：若是其值为 1，否则为 0；

(5) TD 用于表示（敌方）目标是否被摧毁：若是其值为 1，否则为 0。

对应的因果网络模型如图 2.4 所示，其中，$BPT=1$ 是 $TD=1$ 的若无原因，$SBT=1$ 也是。因此，根据 HP 三种定义，$BPT=1$ 和 $SBT=1$ 都是 $TD=1$ 的原因。

图 2.4　摧毁目标因果模型示意图

接下来，将问题稍微复杂化：增加由希拉里驾驶的第二架战斗机护航苏西。比利仍然击落敌机，但如果他不这样做，希拉里就会击落。解决此问题的自然方法是仅添加一个表示希拉里是否开火的变量 *HPT*，发生条件是当且仅当 $EE = 1$（请参见图 2.5）。通过若无准则能够得到这样的结论：不管比利做什么操作，敌方目标都会被摧毁（$TD = 1$），因此，$BPT = 1$ 不是 $TD = 1$ 的原因。根据 HP 定义，$BPT = 1$ 是 $TD = 1$ 的原因。现在定义 $\boldsymbol{W} = \{HPT\}$，并将其值固定为初始值 0。尽管比利的操作在理想条件下被认为是多余的，但它在这一情景下则变得极为关键，即希拉里开火失败（未击落敌机），这种意外场景表示不管 *EE* 取何值，*HPT* 值均为 0。

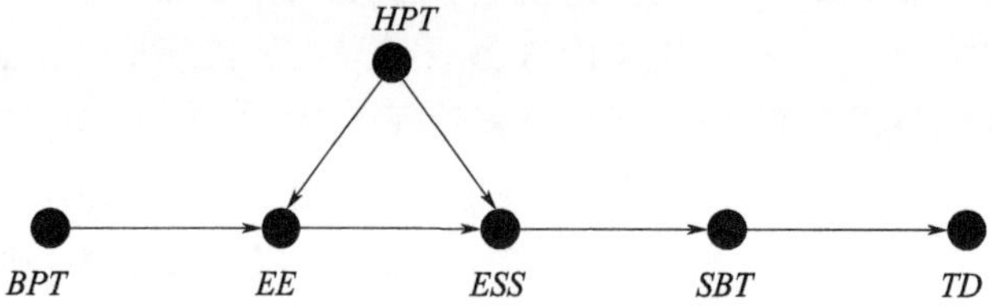

图 2.5　比利和希拉里共同攻击敌机示意图

到目前为止，这些讨论似乎都是合理的，但是，现在回到最初的情景，假设比利和苏西一同升空，但实际上并未发现敌机。比利升空是造成目标被摧毁的原因吗？显然，如果敌机出现了，比利会把它击落，它是导致目标被摧毁的一个若无原因。但是，在没有出现敌人的情况下该怎么判断？根据初始和更新的 HP 定义，即使在这种情况下，比利升空也是造成目标被摧毁的原因。因为如果考虑敌人出现的偶然性，那么如果比利不升空，目标就不会被摧毁，而由于他升空了，目标就被摧毁了。

假设已知几乎所有敌机都已被摧毁，而且几天来都没有敌机升空，这时比利升空仍然是原因吗？令人担忧的是，如果是这样，几乎所有的 A 都可以通过讲述一个可能存在 C 的故事来成为任何 B 的原因：如果没有 A，C 就会阻止 B 发生。如果比利不升空，就会出现一个阻止摧毁目标的敌机。

HP 定义是否真的认定在这种情况下比利升空是敌方目标被摧毁的原因？再仔细检查一下实际问题进行建模。如果认为比利升空是敌方目标摧毁的原因，那么需要在模型中添加一个与比利是否升空相对应的变量 *BGU*。同样，还应该对应添加一个描述敌机是否出现的变量 *ESU*。这里通过一个显而易见的映射函数说明，（在特定的情景中）$BPT = 1$（即比利开火）仅在比利升空且敌机出现时才成立，而 $EE = 0$ 仅出现在要么敌机没有出现，要么比利开火的情况下。该模型如图 2.6 所示。

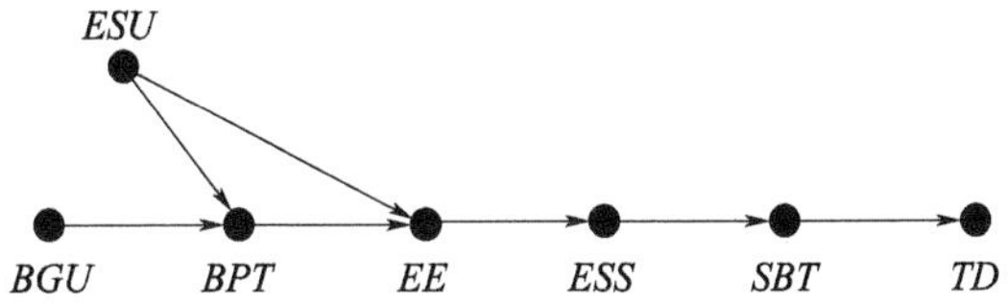

图 2.6　目标被摧毁,而敌机可能不会出现

在现实世界中,比利升空而敌机没有出现,比利不会开火(为什么要他这么做?),所以 $BPT=0$。现在很容易看到,如果敌机没有出现,比利升空($BGU=1$)将不是摧毁目标的原因。准则 AC2(b^o)不成立,准则 AC2(b^u)也不成立:如果敌人出现,即使比利升空,目标也不会被摧毁,因为在现实世界中 $BPT=0$。改进的 HP 定义甚至可以更直接地解决该问题,即无论将哪个变量固定为其实际值,即使 $BGU=0$,也有 $TD=1$。

在现实世界中,阻止和双重阻止模型表示的情况是相当典型的。通常安装火灾报警器是为了防止火灾,当火灾报警器中的电池变弱时,火灾报警器通常会发出“吡吡”声,“吡吡”失声可能是由于双重阻止而导致未检测到火灾的原因,即它会阻止火警警报响起,进而阻止检测到火情。

例 2.3.5　不能执行某项操作是不是(部分)原因? 即部分原因问题

考虑下面的情景:比利患上了严重但非致命的疾病,他在星期一住院并接受治疗,星期二早上恢复了健康。

但是现在假设医生星期一没有给比利治疗,医生没有给比利治病是不是他在星期二(仍然)生病的原因? 看来应该如此,根据 HP 定义,它的确如此。假设 $\boldsymbol{u}$ 表示所处的情景是比利在星期一生病,而医生却忘记在星期一给他治疗。该模型拥有以下两个变量似乎是合理的。

(1) MT 用于表示比利是否在周一得到治疗:若是其值为 1,否则为 0。

(2) BMC 用于表示比利是否仍然患病:若是其值为 1,否则为 0。

可以肯定的是,在因果关系中,$MT=0$ 是 $BMC=1$ 的若无原因。这一结论能够被 HP 定义所验证。

起初这似乎有些令人不安。假设医院有 100 位医生,尽管只有其中一位被分配给比利(他忘了治疗),但原则上其他 99 位医生中的任何一位都可以给比利治疗。那么医生没有给比利治疗是周二比利仍然生病的部分原因吗?

在上面的因果模型中,其他医生未能给比利治疗不是原因,因为该模型中没有变量可以模拟其他医生的行为,就像示例 2.3.1 的因果模型中没有模拟氧气是否存在的变量一样。他们缺乏行动是当时情况的一部分,将其排除在外是因为要聚焦于负责治疗比利医生的行为。

如果引入与其他医生行为对应的内生变量，那么它们也将是比利周二依然生病的原因。第 3 章将给出因果关系的更精细定义（考虑正态性），这样就提供了避免此问题的发生，即包含其他医生行为的内生变量。

由疏忽遗漏导致的诱因是法律中的一个主要问题，这里仅举众多例子中的一个，即一位外科医生可能由于在手术后未取出外科海绵，造成伤害而被起诉。下一个示例再次强调模型的选择如何影响改变对原因的判断。

例 2.3.6　工程师站在铁轨上的一个开关旁，火车从远处慢慢驶来，她拨动开关，使火车沿着右侧的轨道而不是左侧的轨道行驶。因为铁轨会在前面合拢，所以火车与她不拨动开关一样到达了目的地。

如果使用三个变量对这个场景进行建模：

①F 表示工程师会不会拨动开关，若是其值为 1，否则为 0；

②T 表示火车行驶在哪条轨道，若是左侧其值为 1，若是右侧其值为 0；

③A 表示火车会不会到达（铁轨）汇聚点，若是其值为 1，否则为 0。

HP 三种定义都能够验证，扳动开关不是火车到达的原因。现在假设用两个二值变量替换 T：

①LB，表示左轨道是否被阻塞，若是其值为 1，否则为 0；

②RB 表示右轨道是否被阻塞，若是其值为 1，否则为 0。

假设 LB，RB 和 F 都由示例场景确定，而 A 的取值显然取决于火车沿着哪条轨道前进（由是否拨动开关确定）以及它行进的轨道是否被阻塞。具体来说，$A=(F\land\neg LB)\lor(\neg F\land\neg RB)$。在实际情况下，$F=1$ 且 $LB=RB=0$。概括初始和更新的 HP 定义，$F=1$ 是 $A=1$ 的原因。对于 $LB=1$ 的情况，如果 $F=1$，则火车能够到达；而如果 $F=0$，则火车不能到达。虽然添加变量 LB 和 RB 表示我们关心轨道是否被阻塞，但是实际上若两个轨道都未被阻塞，将拨动开关称为火车到达的原因似乎很奇怪。这个问题在某种程度上可以通过引入正则序相关延拓定义来解决，但是不能完全解决（请参见示例 3.4.3）。若使用改进的 HP 定义，上述问题便会得到解决。拨动开关既不是火车到达（如果两条轨道都畅通）的原因，也不是火车不能到达（如果两条轨道均堵塞）的原因。

例 2.3.7　假设一个上尉和一个中士都站在列兵旁，大喊“冲锋”，与此同时，这个列兵发起冲锋。人们就会讨论，由于高级军官的命令胜过低级军官的命令，所以上尉的命令是冲锋的原因，中士则不是。

这一问题被证明为：到底上尉是冲锋的原因，还是中士是冲锋的原因，它一部分取决于采用哪种 HP 定义，一部分取决于上尉和中士可能的行动有哪些。

首先，假设上尉和中士都能下达前进、后退和原地待命三种命令。正式地，用 C 和 S 分别表示上尉和中士的命令：1 表示前进，0 表示待命，-1 表示后退。

P 表示列兵会怎么做。在这一类问题中，如果 $C \neq 0$，则 $P = C$，否则 $P = S$。在（上文所述）实际场景中，$C = S = P = 1$。

$C = 1$ 是 $P = 1$ 的若无原因，将 C 值设置为 -1 将导致 $P = -1$。因此，根据 HP 定义，$C = 1$ 是 $P = 1$ 的原因。根据改进版 HP 定义，$S = 1$ 并非是 $P = 1$ 的原因，因为在将 C 值固定为 1 的同时，将 S 值更改为 0 不会影响列兵的行为。但是，根据初始和更新 HP 定义，$S = 1$ 是导致 $P = 1$ 的原因，并且观测序（$\{C\}$,0,0）（即在观测世界中，$C = 0$ 且 $S = 0$）：如果上尉不下达实质命令，那么列兵的行为完全取决于中士的命令。

其次，假设上尉和中士只能命令进攻或撤退；即 C 和 S 的取值范围是$\{-1, 1\}$。现在，根据 HP 定义，很容易验证 $C = 1$ 是 $P = 1$ 的唯一原因。对于初始和更新定义，$S = 1$ 并不是原因，因为 C 值的设定不能让中士的命令对军士的行为产生影响。

最后，假设上尉和中士只能下令发动进攻或什么都不做；即 C 和 S 的取值范围是$\{0,1\}$。根据初始和更新 HP 定义，$C = 1$ 和 $S = 1$ 都是 $P = 1$ 的原因，论证过程与在允许下达撤退命令情景中说明 $S = 1$ 是相同的。根据改进版 HP 定义，$C = 1$ 和 $S = 1$ 都不是原因，只有 $C \wedge S = 1$ 是原因，因此 $C = 1$ 和 $S = 1$ 都只是部分原因。

注意，如果变量 C 和 S 的取值范围是$\{0,1\}$，则无法体现这一事实：在命令相互冲突的情况下，列兵将服从上尉的命令。在这种情况下，可以通过添加表示接受中士实际命令的新变量 SE 来获得，即如果上尉和中士都下达命令，则列兵会"实际上"执行上尉的命令。如果上尉没有发出任何命令（即 $C = 0$），则 $SE = S$。如果上尉发出了实质命令，则 $SE = 0$，即中士的命令被有效地屏蔽了。在该模型中，如果 $C \neq 0$，则 $P = C$；否则，$P = SE$。该模型的因果网络如图 2.7 所示。

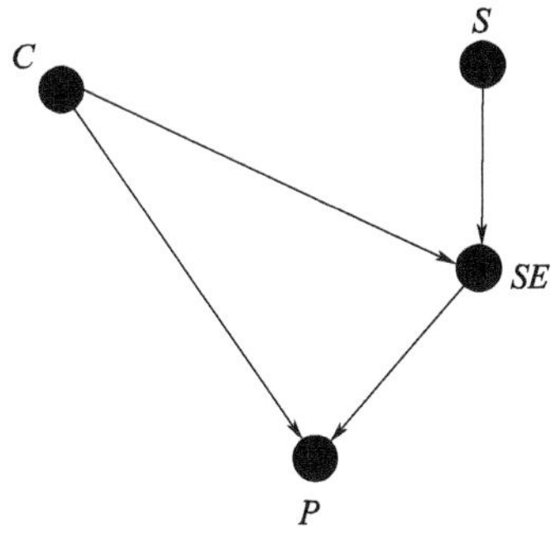

图 2.7　选择执行命令的因果模型

在此模型中，根据 HP 定义，上尉是列兵前进的原因，而中士则不是。要根据改进版 HP 定义验证上尉是真正的原因，须将 SE 值固定为0，并将 C 值设置为0，显然，此时 $P=0$。由定理2.2.3，初始和更新的 HP 定义也能验证$C=1$ 是 $P=1$ 的原因。假设想证明 $S=1$ 导致 $P=1$，显然，需要引入集合变量 $\mathbf{W}=\{C\}$ 和 $\mathbf{Z}=\{S,SE,P\}$，然而，此方案不满足准则 AC2(b°)，即如果 $C=0$，$SE=0$(其初始值)，并且 $S=1$，则 $P=0$，而不是1。关键点在于，这一精细模型允许 $C=0$，$S=1$ 和 $P=0$(因为 $SE=0$)的设置。也就是说，尽管中士下达了进攻的命令但上尉保持沉默，列兵就不会执行。

本节中的最后一个示例将探讨法律责任问题。

例2.3.8 假设两家公司都将污染物排入河流。A 公司倾倒100千克污染物，B 公司倾倒60千克，导致河里的鱼死了。生物学家认为倒入 k 千克的污染物就足以使鱼死亡。如果有三种场景，即 $k=120$，$k=80$ 和 $k=50$，导致鱼死亡的原因是哪一家公司(排放污染物)？

很容易看出，如果 $k=120$，那么根据 HP 定义，两家公司都是造成鱼类死亡的原因(每家公司都是造成这种结果的若无原因)；如果 $k=50$，那么根据初始和更新 HP 定义，每家公司仍然都是原因。例如，为评估公司 B 是否为(鱼死亡的)原因，我们考虑了公司 A 不倾倒任何污染物的场景，可以看出，如果公司 B 排放污染物，鱼就会死，而如果公司 B 没有排放污染物，鱼就会存活。使用改进版 HP 定义，两家公司都不是全部原因。没有变量可以通过固定其实际值，使得 A 公司或 B 公司成为若无原因，但是，两家公司都是导致鱼类死亡原因。

如果 $k=80$，情况将变得更加有趣。根据改进版 HP 定义，只有 A 公司是造成鱼类死亡的原因。如果 A 公司倾倒了100吨污染物，那么 B 公司所做的没有影响，如果用初始和更新 HP 定义验证，如果 $k=80$，则 A 公司是原因。B 公司是否是原因，取决于 A 倾倒污染物的可能量，如果 A 只能倾倒0或100千克的污染物，那么 B 公司不是原因，如果 A 可以倾倒20到79千克之间的污染物，那么 B 公司则是一个原因。

如果 $k=80$，目前尚不清楚什么是“正确”的答案。法律通常希望宣布 B 公司是导致鱼类死亡的原因(除了 A 公司之外)，但这是否应取决于 A 公司能够倾倒污染物数量的范围？正如将在6.2节中看到的那样，从责任和过错方面进行思考有助于澄清问题(请参见示例6.2.5)。在关于倾倒各种污染物重量的可能性最小化的假设下，根据改进版 HP 定义，B 公司会受到一定程度的处罚，即使它不是真正导致鱼类死亡的原因。

2.4　传递性

1. 因果关系不可传递性分析

例 2.4.1　现在考虑将例 2.3.5 进行以下修改。

假设星期一的医生可靠,并且早上比利就服用了药物,这样,比利就可以在星期二下午完全康复。如果周一的医生不在,周二的医生也很可靠,他会给比利治病。这里加个条件:一剂药物是无害的,二剂是致命的。

周二的医生没有给比利治疗,是比利在周三早上还活着(并且康复了)的原因吗?这个故事的因果模型 M_B 很简单。这有三个变量:

(1) *MT* 表示周一的治疗(如果比利在星期一接受治疗,则为 1;否则为 0);

(2) *TT* 表示周二的治疗(如果比利在周二得到了治疗,则为 1;否则为 0);

(3) *BMC* 表示比利的身体状况(如果比利在星期二早上和星期三早上感觉良好,则为 0;如果比利在星期二早上感觉不舒服,周三早上感觉良好,则为 1;如果星期二和星期三早上感觉不舒服,则为 2;如果比利在星期二早上感觉良好,但星期三早上死了,则为 3)。

然后,可以根据星期一和星期二治疗/未治疗的四种可能组合的函数来描述比利的状况。因果结构网络如图 2.8 所示。

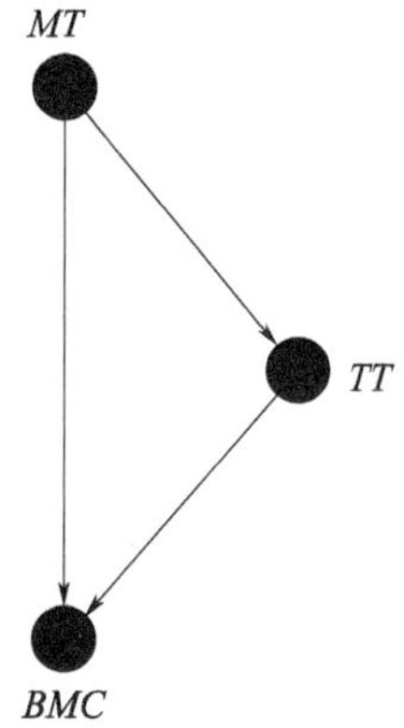

图 2.8　比利的身体状况

在比利生病且星期一医生为他治疗的情况下,$MT=1$ 是 $BMC=0$ 的若无理由;如果比利没有在星期一得到治疗,那么比利在星期二就不会感觉很好。$MT=1$ 也是 $TT=0$ 的若无原因,而 $TT=0$ 是比利还活着的若无原因($BMC\neq3$,或者等效地,$BMC=0 \vee BMC=1 \vee BMC=2$)。然而,根据 HP 定义的任何变体,$MT=1$ 并不是比利活着的部分原因,初始 HP 定义足以证明它不是一个原因,这是因为,无论如何设置 TT,当 $MT=0$ 时都不会导致比利死亡。

这表明根据 HP 定义因果关系不具有传递性。$MT=1$ 是 $TT=0$ 的原因,而 $TT=0$ 是 $BMC=0 \vee BMC=1 \vee BMC=2$ 的原因,$MT=1$ 也不是 $BMC=0 \vee BMC=1 \vee BMC=2$ 的原因。权重弱化条件下因果关系也不是封闭的,这就是说,不能用暗示的东西替代结论。如果 A 是 B 的原因,而 B 在逻辑上暗示 B',则 A 可能不是 B'的原因。在这种情况下,$MT=1$ 是 $BMC=0$ 的原因,这从逻辑上暗示 $BMC=0 \vee BMC=1 \vee BMC=2$ 不是由 $MT=1$ 引起的。

尽管此示例似乎有些强制性,但仍有许多相当现实的示例,因果关系不可传递性的一个原因是缺少具有完全相同结构。考虑一下人体的自我平衡系统,外部温度的升高会导致体内温度的短期升高,进而启动体内稳态系统的介入,并在此后不久使人体恢复正常的体内温度。但是,如果说外部温度的升高发生在时间 0,而核心体温恢复到正常的时间是 1,当然不想说时间 0 的外部温度升高导致体温在时间 1 正常!

因果关系的不可传递性还有另一个原因即权重弱化,下面的示例对此进行了说明。

例 2.4.2 假设一条狗咬了吉姆的右手,吉姆正计划引爆炸弹,通常用右手食指按下按钮即可。由于被狗咬伤,他用左手食指按下了按钮,炸弹仍然爆炸。

考虑以下因果模型:变量 DB(狗是否咬伤吉姆,值分别为 0 和 1),P(按钮是否按下,值为 0、1 和 2,具体为没按下按钮,用右手按下,或用左手按下),和 B(炸弹爆炸)。有一个显而易见的方程式:DB 由具体情况确定,$P=DB+1$,如果 P 值为 1 或 2,则 $B=1$。在 $DB=1$ 的情景中,很显然 $DB=1$ 是 $P=2$(如果狗没有咬,则 $P=1$)的一个若无原因。而 $P=2$ 是 $B=1$ 的若无原因(如果 $P=0$,则 $B=0$),但 $DB=1$ 并非是 $P=1$ 的原因。无论狗是否咬过吉姆,该按钮都会被按下,炸弹会被引爆。

回顾一下,权重弱化的失败不必惊讶。真值可同义重复,如果 A 是 B 的原因,那么我们不想说 A 是真的原因,尽管 B 在逻辑上暗示真。但是传递性的失败是非常令人惊讶的。的确,尽管存在示例 2.4.1 和 2.4.2,将因果关系视为可传递的似乎是自然的。人们通常从因果链的角度来思考:A 导致 B,B 导致 C,C 引起 D,因此 A 引起 D,传递性似乎是自然的(尽管规律并未将因果关系视为在长因果链中是可传递的,请参见 3.4.4 部分)。

毫不奇怪,有一些因果关系的定义要求因果关系是可传递的。详细信息,请参见本章末尾的注释。为什么认为因果关系是可传递的?我认为这是因为在典型情况下,因果关系确实是可传递的。我在下面给出了两个简单的条件,它们足以保证可传递性,因为这些条件在许多情况下都适用,他可解释我们为什么理所当然地认为因果关系是可传递的，并且一旦并非如此，我们会感到惊讶。

2. 因果关系可传递性的实现条件

本节我将注意力聚焦在限制若无原因上，在实践中的最为常见；当然，考虑若无因果关系这个规律相当不错。限制因果关系更大优势是 HP 定义的所有版本在什么是原因上达成了共识。因此，在本节中，我没有指定我正在考虑的定义的变体，即仅限制于若无因果关系并不能解决传递性问题，如示例 2.4.1 和 2.4.2 所示，即使 $X_1=x_1$ 是 $X_2=x_2$ 的若无原因并且 $X_2=x_2$ 是 $X_3=x_3$ 的若无原因，$X_1=x_1$ 也可能不是 $X_3=x_3$ 的原因。

首要条件集合是 X_1，X_2 和 X_3 均为默认设置。这种默认设置有许多应用。"什么也没有发生"通常可以作为默认值。例如，假设一个台球手击中了球 A，使其击中了球 B，导致其连撞两球击中球 C，然后球 C 掉进了口袋。在这种情况下，可以将击球的默认设置设为台球手不做任何事情，而将球设为不运动，用值 0 来表示。

命题 2.4.3　基于下述假设：

(a) 在 $(M,\boldsymbol{u})$ 中，$X_1=x_1$ 是 $X_2=x_2$ 的一个若无原因；

(b) 在 $(M,\boldsymbol{u})$ 中，$X_2=x_2$ 是 $X_3=x_3$ 的若无原因；

(c) $x_3\neq 0$；

(d) $(M,\boldsymbol{u})\models[X_1\leftarrow 0](X_2=0)$；

(e) $(M,\boldsymbol{u})\models[X_1\leftarrow 0,X_2\leftarrow 0](X_3=0)$。

那么 $X_1=x_1$ 在 $(M,\boldsymbol{u})$ 中是 $X_3=x_3$ 的一个若无原因。

证明：如果 $X_2=0$ 为 $\boldsymbol{u}$ 背景下因果关系模型 $M_{X_1\leftarrow 0}$ 的唯一解，并且 $X_3=0$ 为 $\boldsymbol{u}$ 背景下因果关系模型 $M_{X_1\leftarrow 0,X_2\leftarrow 0}$ 的唯一解，那么 $X_3=0$ 就为 $\boldsymbol{u}$ 背景下的因果关系模型 $M_{X_1\leftarrow 0}$ 的唯一解。也就是说，$(M,\boldsymbol{u})\models[X_1\leftarrow 0](X_3=0)$。它遵从假设(a) $(M,\boldsymbol{u})\models X_1=x_1$，因此必须有 $x_1\neq 0$；否则，$(M,\boldsymbol{u})\models X_1=0\wedge[X_1\leftarrow 0](X_3=0)$，所以 $(M,\boldsymbol{u})\mid=X_3=0$，这与假设(b)和(c)相矛盾。由于 X_3 值依赖于 X_1，因此，$X_1=x_1$ 是 $X_3=x_3$ 的一个若无原因。

尽管命题 2.4.3 的条件显然相当独特，但它们在实践中经常出现。条件(d)和(e)表示，如果 X_1 保持其默认状态，那么 X_2 也会保持默认状态，如果 X_1 和 X_2 都保持其默认状态，那么 X_3 也会如此。换句话说，这表示 X_2 未处于默认状态的原因是 X_1 未处于默认状态，而 X_3 未处于默认状态的原因是 X_1 和 X_2 均未处于默认状态。台球的例子可以看作是这些条件何时适用的范例。这里可以合理地假设，如果台球手不击球，则球 A 不动，如果台球手不击球并且 A 球不移动，那么 B 球也不会移动，依此类推。当然，命题 2.4.3 的判断准则在例 2.4.1 或例 2.4.2 中均不适用。例 2.4.1 中明显的默认值是 $MT=TT=0$，但是从等式可以看出，在因果模型 M_B 的所有场景 $\boldsymbol{u}$ 中，都有 $(M_B,\boldsymbol{u})\models[MT\leftarrow 0](TT=0)$。在 2.4.2 示例中，如果将 $DB=0$ 和 $P=0$ 设为 DB 和 P 的默认值，则有 $(M_D,\boldsymbol{u})\models[DB\leftarrow 0](P=1)$。

虽然命题 2.4.3 很有用，但在很多例子中没有明显的默认值。当考虑身体的恒温系统时，即使体温有一个默认值，外部温度的默认值是多少也不清楚。但事实证明，即使没有默认值，命题 2.4.3 的证明的核心思想也适用。假设 $X_1=x_1$ 是 $X_2=x_2$ 在 $(M,\boldsymbol{u})$ 的一个若无原因，$X_2=x_2$ 是 $X_3=x_3$ 在 $(M,\boldsymbol{u})$ 的一个若无原因。为了获得传递性，只要找到 x_1'，x_2'和 x_3'，使得 $x_3\neq x_3'$，$(M,\boldsymbol{u})\models[X_1\leftarrow x_1'](X_2=x_2')$ 和 $(M,\boldsymbol{u})\models[X_1\leftarrow x_1',X_2\leftarrow x_2'](X_3=x_3')$。命题 2.4.3 的证明过程（在引理 2.10.2 中）表明 $(M,\boldsymbol{u})\models[X_1\leftarrow x_1'](X_3=x_3')$，然后得出，$X_1=x_1$ 是 $X_3=x_3$ 在 $(M,\boldsymbol{u})$ 的一个若无原因。在命题 2.4.3 中，x_1'，x_2'和 x_3'值都是 0，但这里的 0 是默认值并没有什么特别之处。只要能找到一些值 x_1'，x_2'和 x_3'，这些条件就适用。我将其形式化为命题 2.4.4，这是对命题 2.4.3 的直接总结。

命题 2.4.4 假设存在值 x_1'，x_2'和 x_3'，使得

(a) 在 $(M,\boldsymbol{u})$ 中，$X_1=x_1$ 是 $X_2=x_2$ 的若无原因；

(b) 在 $(M,\boldsymbol{u})$ 中，$X_2=x_2$ 是 $X_3=x_3$ 的若无原因；

(c) $x_3\neq x_3'$；

(d) $(M,\boldsymbol{u})\models[X_1\leftarrow x_1'](X_2=x_2')$（如 $(X_2)_{x_1'}(\boldsymbol{u})=x_2'$）；

(e) $(M,\boldsymbol{u})\models[X_1\leftarrow x_1',X_2\leftarrow x_2'](X_3=x_3')$（也就是，$(X_3)_{x_1'x_2'}(\boldsymbol{u})=x_3'$）。

那么在 $(M,\boldsymbol{u})$ 中，$X_1=x_1$ 是 $X_3=x_3$ 的若无原因。

为展示这些设想的如何应用，假设一个学生在课程中获得 A+，她被康奈尔大学录取（当然这是她的最佳选择），这又促使她搬到了伊萨卡。进一步假设，如果她在课程中获得了 A，那么她将上大学 U_1，结果又搬到了城市 C_1，并且如果她获得了其他成绩，那么她将上大学 U_2 并移至城市 C_2。这个故事可以通过具有三个变量的因果模型来获得：G 代表她的成绩档次，U 代表她去的大学，C 代表她要去的城市。这三个变量均没有明显的默认值。不过这里有传递性：学生的成绩 A+是她被康奈尔录取的原因，而被康奈尔录取是她移居伊萨卡的原因；这似乎是一个合理的结论，认为该学生的 A+是她搬到伊萨卡的原因。实际上，可传递性源自命题 2.4.4。我们可以让得到 A 的学生为 x_1'，被大学 U_1 录取的学生为 x_2'，而移居 C_1 的学生为 x_3'（当然，假设 U_1 不是康奈尔，而 C_1 不是伊萨卡）。命题 2.4.4 中提供的条件不仅对因果关系的可传递性来说是充分条件，也是必要条件，便有以下结果。

命题 2.4.5 如果 $X_1=x_1$ 在 $(M,\boldsymbol{u})$ 中是 $X_3=x_3$ 的若无原因，则存在值 x_1'，

x_2'和 x_3'使得 $x_3 \neq x_3'$，$(M,\boldsymbol{u}) \models [X_1 \leftarrow x_1'](X_2 = x_2')$ 并且 $(M,\boldsymbol{u}) \models [X_1 \leftarrow x_1', X_2 \leftarrow x_2']$ $(X_3 = x_3')$。

证明：由于 $X_1 = x_1$ 在 $(M,\boldsymbol{u})$ 中是 $X_3 = x_3$ 的若无原因，因此必须存在一个值 $x_1' \neq x_1$ 使得 $(M,\boldsymbol{u}) \models [X_1 \leftarrow x_1'](X_3 \neq x_3')$。令 x_2'和 $x_3 \neq x_3'$使得 $(M,\boldsymbol{u}) \models [X_1 \leftarrow x_1']$ $(X_2 \leftarrow x_2' \land X_3 = x_3')$。很容易得出结论 $(M,\boldsymbol{u}) \models [X_1 \leftarrow x_1', X_2 \leftarrow x_2'](X_3 = x_3')$。

根据命题 2.4.4 和 2.4.5，可理解为什么因果关系经常被认为是可传递的，需找到足够的条件来保证命题 2.4.4 的假设。现在我给出了一组条件来保证命题 2.4.4 的假设，其推动源自例 2.4.1 和例 2.4.2 两个表明因果关系不可传递的例子。为了解决示例 2.4.2 中的问题，我要求对于 X_2 范围内的每个值 x_2'，在 X_1 范围内都有一个值 x_1'，使得 $(M,\boldsymbol{u}) \models [X_1 \leftarrow x_1'](X_2 = x_2')$。在许多情况下，此条件成立。如果 $X_1 = x_1$ 是 $X_2 = x_2$ 的一个若无原因，并且 X_2 是二进制的（因为若无因果性要求 X_1 的两个不同的取值引发 X_2 取值不同），则此条件确定成立，但是此条件在例 2.4.2 中不成立，没有 *DB* 的设置值可以强制 *P* 为 0。

施加上述要求仍然无法解决示例 2.4.1 中的问题，为此还需加一个条件，即 X_2 必须位于从 X_1 到 X_3 的每条因果路径上，这意味着 X_1 对 X_3 的所有影响都通过 X_2 来实现。此情况在示例 2.4.1 中不成立，如图 2.8 所示，存在从 *MT* 到 *BMC* 的直接因果路径。但是，这种情况在许多有趣的情况下确实成立。回到学生成绩例 2.4.2，学生成绩影响学生迁往哪个城市的唯一方法是确定接受学生的大学。

为了准确起见，我首先需要定义因果路径。因果设置 $(M,\boldsymbol{u})$ 中的因果路径是变量的序列 $Y_1, Y_2, \cdots Y_k$，使得对于 $j = 1, 2, \cdots, k-1$，Y_{j+1}在情景 $\boldsymbol{u}$ 中依赖于 Y_j。因为在因果网络模型 M 中，Y_j 和 Y_{j+1}之间存在一条边（假设固定情景 $\boldsymbol{u}$），如果 Y_{j+1}取决于 Y_j，因果路径只是因果网络中的路径。最后，如果 Y 是 $(M,\boldsymbol{u})$ 中从 X_1 到 X_2 因果路径上的一个节点（可能是 X_1 或 X_2），则 Y 位于 $(M,\boldsymbol{u})$ 中从 X_1 到 X_2 的因果路径上。

以下结果为实现传递性的第二组条件（回想一下，$R(X)$ 表示变量 X 的范围）。

命题 2.4.6　假设 $X_1 = x_1$ 是因果关系情景 $(M,\boldsymbol{u})$ 中 $X_2 = x_2$ 的一个若无原因，$X_2 = x_2$ 是 $(M,\boldsymbol{u})$ 中 $X_3 = x_3$ 的一个若无原因，并且以下两个条件成立：

(1) 对于任意 $x_2' \in R(X_2)$，存在 $x_1' \in R(X_1)$，使得 $(M,\boldsymbol{u}) \models [X_1 \leftarrow x_1'](X_2 = x_2')$（如，$(X_2)_{x_1'}(\boldsymbol{u}) = x_2'$）；

(2) X_2 在 $(M,\boldsymbol{u})$ 中从 X_1 到 X_3 的每条因果路径上。

那么 $X_1 = x_1$ 是 $X_3 = x_3$ 的一个若无原因。

命题2.4.6的证明并不难,必须把所有的细节都弄清楚。假设 $X_2=x_2$ 在 $(M,\boldsymbol{u})$ 中是 $X_3=x_3$ 的一个若无原因。存在 $x_2\neq x_2'$ 和 $x_3\neq x_3'$,使得 $(M,\boldsymbol{u})\models[X_2\leftarrow x_2'](X_3=x_3')$。根据假设,存在一个值 $x_1'\in R(X_1)$ 使得 $(M,\boldsymbol{u})\models[X_1\leftarrow x_1'](X_2=x_2')$。$X_2$ 位于从 X_1 到 X_3 的每条因果路径上,即 $[X_2\leftarrow x_2'](X_3=x_3)$,也意味着,在 $(M,\boldsymbol{u})$ 中 $[X_1\leftarrow x_1',X_2\leftarrow x_2'](X_3=x_3)$(也就是说,$(X_3)_{x_2'}(\boldsymbol{u})=x_3'$ 意味着 $(X_3)_{x_1'x_2'}(\boldsymbol{u})=x_3'$)。实际上 X_2"屏蔽"了 X_1 对 X_3 的影响,因为它在从 X_1 到 X_3 的每一个因果路径上。

这里可构造出一些例子来证明命题2.4.6的条件对于因果关系的传递性不是必须的。假设 $X_1=x_1$ 导致 $X_2=x_2$,$X_2=x_2$ 导致 $X_3=x_3$,并且有多个因果路径从 X_1 至 X_3。就是说,$X_1=x_1$ 可能不是 $X_3=x_3$ 的若无原因的理由是 X_1 对 X_3 的影响可能的各种因果路径"忽略",这就是动态平衡示例中发生的情况。如果 X_2 在从 X_1 到 X_3 的所有因果路径上,X_1 对 X_3 的所有影响都由 X_2 传导,所以不同因果路径上 X_1 对 X_3 的影响无法"忽略"。但是即使 X_2 不在从 X_1 到 X_3 的所有因果路径上,X_1 对 X_3 的影响也可能不会沿因果路径抵消,并且 $X_1=x_1$ 可能仍然是 $X_3=x_3$ 的原因。也就是说,很难找到命题2.4.6中条件的弱点,该条件易于陈述并且足以使因果关系具有传递性。

2.5 概率与因果关系

通常,人们确定A是否是B的原因可能不知道确切的模型或背景。人们可能不确定苏西和比利是否都投掷球,还是只是苏西投掷,如果苏西和比利都投掷(或者他们同时击中),他可能不确定谁会先击中。在一个也许更有趣的设定中,在某个时候,人们不确定吸烟是否会导致癌症,或者吸烟和癌症是否都是同一遗传问题的结果,这将导致吸烟和癌症相关,但两者之间没有因果关系。为了应对这种不确定性,人们可以将因果关系设置为概率,对于每个因果设置 $(M,\boldsymbol{u})$,可以确定A是否是 $(M,\boldsymbol{u})$ 中B的原因,因此可以计算A是B的原因的可能性。在因果设置中加入概率将会和在第6章中对过错问题的讨论是相关的。在这里,我关注于似乎是不确定性的另一个来源:公式中的不确定性。在因果模型中,所有方程均假定为确定性的。但是正如所观察到的,在许多情况下,将结果视为有一定概率的似乎更为合理。因此,可以认为苏西的石头击中的概率为90%而不是认为苏西的石头肯定会击中瓶子。也就是说,与其让苏西始终保持准确,不如给她设置一定的概率。

考虑如何在存在不确定结果的情况下定义因果关系,第一步是如何获取这种不确定性。早些时候,我假设对于每个内生变量 X,都有一个确定性函数 F_X,

该函数将 X 的值描述为所有其他变量的函数。现在，不是假设 F_X 返回特定值，而是假定给定所有其他变量的值，回溯 X 值的分布。也许通过例子的方式是最容易理解的。在掷石头的例子中，并没有假设苏西扔石头肯定击中了瓶子，而是假设她只以 0.9 的概率击中瓶子，以 0.1 的概率没击中瓶子。假设如果比利投掷而苏西没击中瓶子，那么比利击中的概率为 0.8，没击中的概率为 0.2。为简单起见，假设瓶子被击中后，肯定会破碎。

接下来的两节将讲述如何在结构方程框架中建模的概率版本，初读时可以跳过。回想一下，对于确定性的掷石模型 M'_{RT}，尽管之前将 SH 方程写为 $SH=ST$，但这实际上是函数 $F_{SH}(i_1,i_2,i_3,i_4,i_5)=i_2$ 的一个简写：F_{SH}是外生变量 U 值的函数（它未在因果网络中描述，但它可确定 BT 和 ST 的值）以及内生变量 ST、BT、BH 和 BS。这些值由 i_1,i_2,i_3,i_4,i_5 给出。方程 $SH=ST$ 表示 SH 值仅取决于 ST 值并且相等，这解释了输出值 i_2。在事件的概率版本中，$F_{SH}(i_1,1,i_3,i_4,i_5)$是以 0.9 概率取 1 和以 0.1 的概率取 0 上的分布。换句话说，这意味着如果苏西投掷（$ST=1$），那么无论 U、BT、BH 和 BS 的 i_1,i_3,i_4 和 i_5 值是什么，$F_{SH}(i_1,1,i_3,i_4,i_5)$是以 0.9 概率发生事件 $SH=1$，以 0.1 概率发生事件 $SH=0$ 的分布。事实是如果苏西投掷，则她击中瓶子的概率为 0.9（无论比利做什么）。类似地，$F_{SH}(i_1,0,i_3,i_4,i_5)$是以 1 概率取值为 0 的分布，如果苏西不投掷，则她当然不会击中瓶子，因此事件 $SH=0$ 的概率为 1。

类似地，在掷石示例的确定性模型中，如果$(i_3,i_4)=(1,0)$，函数 F_{BH}使得 $F_{BH}(i_1,i_2,i_3,i_4,i_5)=1$，否则为 0。也就是说，将 i_1,i_2,i_3,i_4,i_5 分别设为 U、ST、BT、SH 和 BS 值，事件的概率版本中，$F_{BH}(i_1,i_2,i_3,i_4,i_5)$是概率 0.8 值为 1 和概率 0.2 值为 0 的分布；对于 i_3 和 i_4 的所有其他值，$F_{BH}(i_1,i_2,1,0,i_5)$将概率 1 设为 0。

到目前为止，这些概率的解释类似于使用的确定性方程式的解释。例如，苏西的石头以 0.9 的概率击中目标并不意味着苏西的石头以投掷为条件而击中目标的概率为 0.9；相反，这意味着，如果对苏西投掷进行干预，那么她击中目标的概率为 0.9。在气压计读数低的条件下下雨的可能性很高，但是可干预气压表的读数，例如，通过设定指针指向较低的读数不会影响下雨的可能性。

我们已经进行多次尝试，用概率来定义因果关系。如果 A 增加了 B 的可能性，他们通常会认为 A 是导致 B 的原因。在这里，我将采取另一种方法，我采用计算机科学中的标准技术来“抽取概率”，即将方程式为概率的单个因果设置转换为因果设置的概率，其中在每个因果设置中，方程式都是确定性的，避免单独定义概率的因果关系，以便能够使用确定性模型提供的因果关系的定义，并讨论因果关系的可能性，即 A 成为 B 的原因的可能性。这种方法似乎可以自然地解决文献中提出的众多概率因果关系问题。

假设方程式就是确定性的,这个假设在量子水平上可能是错误的。大多数物理学家认为,在量子水平上才是真正的概率。但是对于我在本书中关注的宏观事件(以及大多数人在应用因果关系判断时感兴趣的事件),将视为确定性的似乎更加合理。以这种观点,如果苏西以 0.9 的概率撞上瓶子,那么肯定有(可能是人们不太了解)原因导致她错过了她的目标,即意外的阵风或短暂的注意力分散,这时可以"打包"这些因素并使它们外生。也就是说,根据是否存在导致苏西错过目标,可以有一个值为 0 或 1 的外生变量 U',其中 $U'=0$ 的概率为 0.1,$U'=1$ 的概率为 0.9。通过引入这样的变量 U'(以及比利的相应变量),从本质上将概率从等式中移出。

现在,详细地说明这种方法在上述投掷示例的概率问题中如何发挥作用。考虑一下苏西和比利都抛出的因果设置,如果不知道瓶子实际上是否会破碎,大家可能有兴趣了解苏西或比利成为瓶子破碎的原因的可能性,或者如果知道瓶子实际上碎了,大家可能会关注苏西或比利是造成瓶子破裂的原因的可能性(注意,前者我们会询问原因的影响,后者我们会询问影响的原因)。抽取概率时,有四个因果模型出现:苏西的石头是否击中了瓶子,以及当苏西的石头没有击中时,是否比利的石头击中了瓶子。具体来说,在苏西和比利都投石的情况下,有以下四个模型:

(1) M_1:苏西的石头击中目标,如果苏西错过了,比利的石头就会击中。

(2) M_2:苏西的石头击中目标,如果苏西错过了,比利的石头就不会命中。

(3) M_3:苏西的石头未击中,比利的石头击中。

(4) M_4:两者均未击中。

请注意,尽管这些模型涉及相同的外生变量和内生变量,但它们的结构方程式却有所不同。M_1 只是前面考虑的模型,如图 2.3 所示。苏西的投掷是 M_1 或 M_2 的原因,比利的投掷是 M_3 的原因。

如果知道瓶子碎了,苏西的石头击中了,而比利没有击中,那么苏西是原因的可能性是 1。将模型设为 M_1 或 M_2,因为这些是苏西的石头击中的模型,苏西是瓶子破碎的原因。但假设已知瓶子破碎了,就要确定苏西是原因的可能性。现在可以将模型设为 M_1、M_2 或 M_3,因此,如果 M_4 的先验概率为 p,那么苏西是瓶子破碎原因的概率是 $0.9/(1-p)$:只要苏西击中瓶子并击碎(例如,在 M_1 和 M_2 中),苏西就会导致瓶子碎裂。不幸的是,这个故事并没有提供 M_4 的概率,它是 $0.1-q$,其中 q 是 M_3 的先验概率。如果做出一个合理的附加假设,我们可以说,苏西的石头是否击中独立于比利的石头在苏西错过情况下是否会击中,那么 M_1 的概率为 0.72($=0.9\times0.8$),M_2 的概率为 0.18,M_3 的概率为 0.08,M_4 的概率为 0.02。在此假设下，没有进一步的信息，苏西造成瓶子破碎的可能性为 0.9/0.98 = 45/49。

尽管将结果“苏西的石头击中瓶子”和“如果苏西没有，比利的石头就会击中瓶子”视为独立是合理的，但它们肯定不必要。例如，可以假设当没有阵风时，比利和苏西完全准确，而当有阵风时，它会错过，并且阵风的发生概率为 0.7。这样一来，那便是苏西的石头命中率是 0.7，而如果苏西错过了，比利的石头将会以 0.7 的概率击中。但是只有两个因果模型：一个是考虑确定性案例中的因果模型，这是概率为 0.7 的实际模型，另一个是两者均未击中的模型。（该模型可能具有一个外生变量 U'，如果有阵风，则为 $U' = 1$，否则为 $U' = 0$，得到 SH 和 BH 的确定性方程式。）这里关键信息是：通常，在上面定义的概率结构方程式所提供的信息之外，可能需要更多信息来确定因果关系的概率。

还有更多示例可以说明这种方法的工作原理。

例 2.5.1　假设医生在星期一治疗比利，该处理将导致比利以 0.9 的概率在星期二恢复正常，但是比利也可能由于其他一些因素而没有得到任何治疗而康复，其独立概率为 0.1。这里的“独立概率”是指以周一对比利进行治疗为条件，“比利因治疗而恢复”和“比利因其他因素而恢复”事件是独立的。因此，如果比利在星期一接受治疗，他在星期二将无法恢复的概率为 (0.1) × (0.9)。现在，实际上比利在星期一接受治疗，在星期二康复，这种治疗方法使比利的病情好转了吗？标准答案是肯定的，因为这种治疗大大增加了比利病愈好的可能性，但是，人们仍然担心比利的康复不是治疗而引起的，如果他一个人待着，可能会变得更好。

假设有一个规范因果模型，其中包含三个内生的二元变量：MT（医生在周一对比利进行治疗），OF（使比利病情好转的其他因素）和 BMC（比利的身体状况，可以认为如果他好转则为 1，否则为 0），外生变量为 MT 和 OF，$MT = 1$ 的概率对此分析无关紧要。假设 $MT = 1$ 的概率为 0.8，根据实际情况，$OF = 1$ 概率为 0.9。如果 $OF = 1$，则 $BMC = 1$；如果 $MT = OF = 0$，则 $BMC = 0$；如果 $MT = 1$ 并且 $OF = 0$，则 $BMC = 1$，概率为 0.9。

同样在抽取概率之后，这有八个模型，其不同之处在于 MT 是否设置为 0 或 1，OF 是否设置为 0 或 1，以及当 $MT = 1$ 和 $OF = 1$ 时是否 $BMC = 1$。将这些选择视为独立事件（如故事所述），可以很容易地计算出这八个模型中的每一个模型的概率。由于我们知道比利实际上已由他的医生治疗病情有所好转，因此忽略了 $MT = 0$ 的四个模型和 $MT = 1$，$OF = 0$ 以及如果 $MT = 1$ 和 $OF = 0$，$BMC = 0$ 的模型，其余三个模型的概率为 $0.8 \times (1 - (0.9) \times (0.1)) = 0.728$。在三个模型中，有两个模型 $MT = 1$ 是 $BMC = 0$ 的原因。它不是仅在 $OF = 1$，$MT = 1$ 的模型中的原因，除非

$OF=0$,则 $BMC=0$。后一种模型的先验概率为 $0.8\times(0.1)\times(0.1)=0.008$。简单的计算表明,比利康复是由治疗原因是概率为 $0.9/(1-(0.9)\times(0.1))=90/91$,类似地,比利康复是由其他因素引起的概率为 $0.1/(1-(0.1)\times(0.9))=10/91$,这些概率的总和大于1,比利康复由多种因素决定。

现在假设可以进行一项(稍微昂贵的)检查,以确定医生的治疗是否使比利变得更好,医生治疗了比利并且比利康复了,但是通过检查,表明治疗不是原因。这里仍然存在这种情况,那就是这种治疗大大提高了比利康复的可能性,但是现在我们当然不希望将这种治疗称为原因,而且它的确不是原因。根据信息,可以丢弃四个模型中的三个,剩下的唯一是比利的康复是由于其他因素(概率为1)所致。此外,该结论不依赖于独立性假设。

例 2.5.2 现在,假设还有另一位医生可以在星期一用不同的药物治疗比利。两种治疗方法各自有效,概率为0.9。不幸的是,如果比利接受了两种治疗并且都有效,那么很可能会发生概率为 0.8 的不良交互作用,导致比利将会死亡。对于此版本的故事,假设没有其他因素参与,如果比利没有得到任何治疗,他将无法康复。进一步假设可以通过测试,查看治疗是否有效。假设事实上,两位医生都对比利进行了治疗,尽管如此,比利还是在周二康复了。在没有更多信息情况下,此时存在三种相关模型:首先,只有第一位医生的药物有效;第二,只有第二位医生的药物有效;第三,两者都是有效的。如果进一步的测试表明这两种治疗方法均有效,则没有不确定性。我们只讨论第三种模型。根据初始和更新 HP 定义,这两种方法都是比利恢复的原因,可能性为1(根据改进 HP 定义,它们都是原因的一部分)。尽管鉴于第一位医生治疗比利,第二位医生治疗比利则大大降低了比利恢复的可能性(并且在医生的角色对换下是对称的),但这是事实。

例 2.5.3 现在假设一名医生已经治疗了1,000 名患者,即使不进行治疗,他们每个人也有可能以 0.9 的概率恢复。通过这种治疗,他们会以概率 0.1 恢复。实际上,有 908 名患者康复,比利就是其中之一。这种治疗是比利恢复的原因的可能性有多大?与示例2.5.1 中的计算相似,该结果为10/91。标准概率计算表明,该治疗极有可能是至少一名患者恢复的原因,确实,这种治疗很有可能是至少一个病人恢复的唯一原因,但是不知道是哪个病人。

例 2.5.4 同样,比利和苏西向瓶子扔石头。如果比利或苏西扔石头,它将击中瓶子。但是现在瓶子很重而且稳固,如果瓶子被击中,通常不会翻倒。如果只有比利击中瓶子,它将以 0.2 概率翻倒;同样,如果只有苏西击中瓶子,它将以 0.2 的概率翻倒。如果他们同时击中瓶子,它将以 0.7 的概率翻倒。实际上,比利和苏西都向瓶子扔石头,然后瓶子翻倒了。我们关注苏西和比利在多大程度上导致瓶子翻倒。

为简单起见，将注意力集中在比利和苏西都扔石头并且都击中，瓶子翻倒的情况下。抽取可能性之后，有四个有趣的因果模型，这取决于如果只是苏西击中瓶子和如果只是比利击中瓶子会发生什么。

(1) M_1：如果只有苏西的石头击中瓶子，或者如果只有比利的石头击中瓶子，瓶子翻倒了。

(2) M_2：如果只有苏西的石头击中瓶子，瓶子翻倒了，而只有比利的石头击中了瓶子，瓶子没有翻倒。

(3) M_3：如果只有比利的石头击中瓶子，瓶子翻倒了，而只有苏西的石头击中瓶子，瓶子没有翻倒。

(4) M_4：如果只有比利的石头或只有苏西的石头击中瓶子，瓶子没有翻倒。

通过处理可简化："只有苏西的石头击中瓶子，瓶子就会翻倒"和"只有比利的石头击中瓶子，瓶子才翻倒"是独立的（即使它们都可能不独立于结果，结果为"如果比利和苏西的石头都击中了瓶子，瓶子就会翻倒"）。在此假设下，M_1 的概率（以瓶子翻倒为条件，如果苏西和比利的石头都撞到它）的概率为 0.04，M_2 的条件概率为 0.16，M_3 的条件概率为 0.16，而 M_4 的条件概率为 0.64。

在模型 M_1、M_2 和 M_4 中，很容易检查苏西的投掷是瓶子翻倒的原因，而在 M_3 中则不是。类似地，比利的掷球是 M_1、M_3 和 M_4 模型的原因。原因根据在模型 M_1 和 M_4 中初始和更新 HP 定义以及在 M_4 中根据改进版 HP 定义。在 M_1 中，根据改进版 HP 定义，合取 $ST=1 \wedge BT=1$ 是一个原因。因此，苏西掷球是造成瓶子破碎的部分原因的概率为 0.84，比利也是如此。两者都是原因的概率为 0.68（因为在模型 M_1 和 M_4 中就是这种情况）。

如这些示例所示，HP 定义使我们能够对因果关系的概率做出完全明智的陈述。这些例子没有什么特别的，其他所有示例都可以得到很好的处理。也许这里的关键是，至少在宏观层面上，无需努力研究概率因果关系的定义。但是，如果想在量子水平上处理事件，那似乎是本原概率，那该怎么办呢？仍然可以证明，确定性思考在心理上是有用的。HP 定义是否可以成功地拓展到本原概率框架仍然是开放性的问题。

即使在微观层面上忽略了问题，仍然有一个重要的问题需要解决，即从什么意义上说，具有概率方程模型与具有概率的确定性因果模型集合等效？从简单的角度来看，答案是否定的。上面的示例表明，概率方程通常不足以确定确定性因果模型的概率。因此，从某种意义上说，具有概率的确定性的因果模型比纯概率模型具有更多的信息，而且，这些额外的信息是有用的。正如所看到的确定问题的答案,当看到的只是一个破碎的瓶子,并且知道比利和苏西都投掷了。例如"多大的可能比利是瓶子破碎的原因?"这种确定在一些领域可能非常重要,比如法律案件。尽管打碎瓶子可能没有太大的法律意义,但我们很可能想知道在存在多种潜在原因的情况下,鲍勃造成查理死亡的概率。

如果做出合理的独立性假设,则概率模型将决定确定性模型的概率。此外,在因果模型与概率方程假设下,在第 2.2.1 节描述中,公式在两种方法下都具有相同的概率。再次考虑示例 2.5.4,像[ST←0](BS=1)这样的公式的概率有多大(如果苏西没有投掷,瓶子就破碎了)? 显然,在此示例四个确定性模型中,该公式仅在 M_1 和 M_3 中成立,因此,它的概率为 0.2。尽管没有在概率因果模型(即等式是概率模型)中用这种语言给出公式,但是如果假设结果"只有苏西的石头击中瓶子,瓶子就会翻倒"和"只有比利的石头击中瓶子,瓶子就会翻倒"是独立的,正如确定性模型分配概率时的假设,我们希望这个陈述在概率模型中也是真的,反之亦成立:如果关于因果关系的概率陈述在概率模型中成立,那么它在相应的确定性模型中也成立。

这意味着(在独立性假设下)就定义 2.2.1 因果描述而言,这两种方法是等效的。换句话说,要区分这两种方法,需要一种更丰富的语言。更笼统地说,尽管可以争论是否抽取概率"真正地"给出等情形一种等效表述,但在某种程度上,概率因果关系的概念可以用定义 2.2.1 的语言表达,这两种方法是等效的。从这个意义上讲,简化为确定性模型是安全的。

这一观察得出了新的问题:假设不做独立性假设,是否存在一种自然的方法来增强概率因果模型来表示此信息(不仅是直接推论确定性因果模型的概率)?有关这一点的进一步讨论,请参见第 5.1 节。

当然不一定要使用概率来表示不确定性,也可以使用不确定性的其他表示方法。事实上,使用包含概率集合的表示是有好处的,通常来说,概率结构方程式不能确定抽取概率时出现的确定性概率,因此在确定性模型上只有一组可能的概率。鉴于此,以等式上的几组概率似乎也是合理的。例如如果不知道苏西的石头击中瓶子的确切概率,但是知道它将以 0.6 至 0.8 之间的概率击中瓶子,如果使用几组概率表示不确定性,提取概率方法看起来也行得通,但是我们没有详细探讨。

2.6 充分因果关系

尽管反事实是因果关系依赖性的关键特征,大家对因果关系的判断显然受到另一个完全不同的特征的影响:因果归因对各种其他因素的变化有多敏感。

如果假设苏西非常准确,那么她扔石头是造成瓶子破碎的有力原因,即使瓶子的位置稍有不同,即使略有风,不管比利是否扔,瓶子都会破碎。另一方面,假设考虑因果链:苏西将一块石头扔向一个锁使其打开,从而使锁在笼子里的狮子逃脱,惊吓了那只猫,这只猫跳到桌子上撞倒了瓶子,然后瓶子破碎了。尽管苏西的投掷仍然是造成瓶子打碎的若无原因,但瓶子打碎显然也对许多其他因素敏感。如果苏西的投掷没有打破锁,如果狮子朝不同的方向奔跑,或者如果猫没有跳到桌子上,那么瓶子就不会破碎。在这种情况下,人们似乎倾向于将更少的责任归咎于苏西的投掷。我将在第3.4.4节中讨论因果链的问题,并用第6.2节中的概念来解决这个问题。在这里,我定义了充分因果关系的概念,该概念捕捉了不敏感因果关系背后的一些直觉,充分因果关系也与第7章中定义的解释概念有关,因此尽管它不是本书的重点,但值得考虑。

充分因果关系定义背后的关键是,不仅 $\boldsymbol{X}=\boldsymbol{x}$ 足以在实际背景中带来 φ(这是因果关系的初始的HP定义和因果关系的更新的HP定义试图捕获的直觉),也可以在其他"邻近"背景中实现。由于框架没有提供有关背景的度量标准,因此没有明显的方法来定义邻近的背景,因此,在下面的定义中,我首先考虑背景。由于合取在此定义中的作用与其在实际因果关系的定义中(特别是在改进版HP定义中)的作用有所不同,因此直觉关注的往往是原因而非原因的一部分。

同样,根据使用哪个版本的AC2(事实因果关系的第2条充分条件),充分因果关系概念存在三种版本,这些版本之间的差异在讨论中不起作用,因此我在下面仅会编写AC2。当然,如果要区分,可以将下面的AC2替换为AC2(a)(事实因果关系的必要条件)和AC2(b^o)(因果关系初始HP定义),AC2(a)和AC2(b^u)(因果关系更新HP定义),或AC2(a^m)(事实因果关系改进的充分条件),具体取决于所考虑的HP定义版本。

定义2.6.1 如果以下条件成立,则在因果设置$(M,\boldsymbol{u})$中 $\boldsymbol{X}=\boldsymbol{x}$ 是 φ 的充分原因:

SC1. $(M,\boldsymbol{u})\models \boldsymbol{X}=\boldsymbol{x}$ 和 $(M,\boldsymbol{u})\models\varphi$。

SC2. $\boldsymbol{X}=\boldsymbol{x}$ 的某些"与"逻辑合取是 φ 在$(M,\boldsymbol{u})$中的部分原因。更确切地说,存在 $\boldsymbol{X}=\boldsymbol{x}$"与"逻辑合取 $X=x$ 和另一个命题集合(可能为空)"与"逻辑合取 $\boldsymbol{Y}=\boldsymbol{y}$,使得 $X=x\land \boldsymbol{Y}=\boldsymbol{y}$ 在$(M,\boldsymbol{u})$中是 φ 的原因。即,对于 $X=x\land\boldsymbol{Y}=\boldsymbol{y}$,AC1、AC2和AC3成立。

SC3. 对于所有情景 $\boldsymbol{u}'$,$(M,\boldsymbol{u}')\models[\boldsymbol{X}\leftarrow\boldsymbol{x}]\varphi$。

SC4. $\boldsymbol{x}$ 是最小化集合,不存在 $\boldsymbol{X}$ 的严格子集$\boldsymbol{X}'$,使得 $\boldsymbol{X}=\boldsymbol{x}$ 满足条件SC1,SC2和SC3,对于变量 $\boldsymbol{X},\boldsymbol{x}'$受限于 $\boldsymbol{x}$。

SC3是关键条件,即 $\boldsymbol{X}=\boldsymbol{x}$ 在所有情况下都足以导致 φ,因此,假设存在与所有可能投票的情况，那么在 11∶0 胜利的情况下，6 名选民中的任何一组都将成为充分理由（无论使用哪种 HP 定义）。这说明充分的因果关系与改进 HP 定义有关，这种情况下，将导致 6 名选民的任何子集成为原因。但是，这是令人误解的，如下面的示例所示。

再次考虑森林火灾的例子。在析取模型中，$L=1$ 和 $MD=1$ 中每一个都是火灾的充分原因；在合取模型中，假设存在一个没有雷电的环境和另一个纵火犯不丢弃火柴的环境，则 $L=1 \wedge MD=1$ 是充分原因，HP 定义的所有三个版本都验证这种情况。回想一下，这与改进的 HP 定义对实际因果关系的处理相反，说明 $L=1 \wedge MD=1$ 是析取模型中的原因，而 $L=1$ 和 $MD=1$ 都分别是合取模型中的原因。

我这样定义条件 SC2，是为了认真对待这样一个观念：当使用改进（或更新）HP 定义时，真正关心的只是原因的一部分。因此，在森林火灾示例的析取模型中，$L=1$ 和 $MD=1$ 都是在有雷击和纵火的（1,1）情景下的森林火灾的充分原因，即使在 SC2 中使用事实因果关系改进的充分条件。通过如下假设，条件 SC3 成立：$[L\leftarrow 1](FF=1)$ 和 $[MD\leftarrow 1](FF=1)$ 在所有情景中均成立，此外，$L=1$ 和 $MD=1$ 都是 $FF=1$（即 $L=1 \wedge MD=1$）的部分原因，因此 SC2 成立。

森林大火的例子表明，充分的因果关系能够将所谓的共同原因与独立原因区分开。在森林火灾析取模型中，闪电和掉落的火柴可分别视为起火的独立原因，每个都足以造成火灾。在合取模型中，雷电和点燃的火柴是共同原因，需要他们的共同行动来造成森林大火。联合因果关系和独立因果关系之间的区别似乎是人们非常敏感的，毫不奇怪，它在法律判决中起重要作用。

再考虑示例 2.3.3 中复杂的抛石模型 M'_{RT}。假设苏西总是准确的，就是说，她在所有可能引发掷球的情况下都是准确的，即使在她不会掷球的情况下，如果她掷球（反事实），她也会很准确，也就是说，即使苏西并未实际抛出，也要假设 $[ST\leftarrow 1](BS=1)$ 在所有情况下都成立。比利和苏西都掷球并且苏西的掷球实际击中了瓶子，那么苏西的掷球是瓶子破碎的一个充分原因。在这种情况下，比利的掷球不是一个充分原因，因为它甚至不是原因的一部分。但是，如果考虑模型 M^*_{RT}，它具有较大的潜在场境集，包括苏西可能会抛出和错过的场境，那么在苏西准确且石头在比利之前命中的 u^* 的情况中，$ST=1$ 不是 $BS=1$ 的充分的原因，但 $SH=1$ 是原因。回想一下，在模型 (M^*_{RT}, u^*) 中，$ST=1$ 仍然是 $BS=1$ 的原因。这表明，部分原因不一定是充分原因的一部分。

在双重阻止示例（示例 2.3.4）中，假设苏西准确无误，则 $SBT=1$（苏西轰炸目标）是 $TD=1$（目标被摧毁）的充分原因。相反，如果在某些情况下苏西不升空，则比利不会开火并击落敌机，因此不会摧毁目标。更一般地，在长因果链发起时的一个若无原因中,不太可能是充分原因。

事实因果关系的定义(定义 2.2.1)侧重于实际场景,可能的场景集不一定起作用。相比之下,场景集在充分因果关系的定义中起着重要作用。SC3 使充分的因果关系对一组可能场景的选择非常敏感。在某些情况下,这也可能成为强烈的不合理要求。我们是否想要要求 SC3 即使在某些极不可能的情况下也要成立?弱化 SC3 的方法是在场景中增加概率,特别是有关于背景的概率,如 2.5 节所述。可以考虑它出现在场景集的概率,而不是要求 SC3 在所有场景中出现。也就是说,如果 SC1、SC2 和 SC4 成立,且 SC3 在场景集的概率至少为 a,则可以使 $\boldsymbol{X}=\boldsymbol{x}$ 以概率 a 成为$(M,\boldsymbol{u})$中的 φ 的充分原因。

请注意,对于此改变,需要在最小化和充分性的概率之间权衡。考虑苏西扔石头,假设苏西非常准确,但是在大风的情况下(非常不可能),苏西错过了瓶子。在此模型中,造成瓶子破碎的一个充分原因是"苏西投掷,并且这里没有大风"。苏西投掷本身是不够的,但是,除了在有大风的情况下,它在所有情况下都是充分的。如果大风环境的概率为 0.1,那么苏西的投掷是瓶子以 0.9 的概率破碎的充分原因。

在第 7.1 节中,再次出现了最小化与充分性概率之间的折衷,在此不再赘述。根据概率进行思考,可将某项操作视为充分原因。考虑例 2.3.5,比利住院示例,除了比利的医生之外,原则上医院里还有其他医生可以治疗比利,但是他们不太可能这样做。实际上除非被告知,否则他们甚至不会检查比利,因为他们还有其他优先事要做。现在考虑没有医生治疗比利的情况。在这种情况下,比利星期一不治疗是比利在星期二感到不适的充分原因,因为很有可能,其他医生也不会给他治疗。但是,另一位医生未对比利进行治疗,这种低概率情况成为比利在星期二感到不适的充分原因,因为比利的医生大概率会对他进行治疗。这种直觉在本质上与在第 3 章中对示例考虑的方式类似(请参见示例 3.2.2)。

在大多数情况下,本书中没有专注于充分因果关系,因为生活工作中诸如常态、责备和解释之类的概念可捕获许多相同的直觉,作为充分因果关系,但是当考虑其他概念时,有必要记住充分因果关系。

2.7 非递归因果模型

到目前为止,仅在递归(即非循环)因果模型中考虑了因果关系。在本书的其余部分中,递归模型也是重点。但是,有些示例可涉及非递归模型。例如,压力与体积之间的联系由玻意耳定律给出,该定律表示 $PV=k$:压力与体积的乘积是恒定的(如果温度保持恒定)。因此,增加压力使体积减小,而体积减小则压力增大。该方程式没有因果关系的方向,但是在任何特定场景设置中,一般都在操纵压力或体积,因此在该设置中,存在因果关系的"方向"。

也许更有趣的例子是合谋,想象有两名纵火者同意烧毁森林,而只要一根火柴就足以烧毁森林,因此基本上为析取模型。但是,纵火犯彼此清楚,除非对方这样做,否则任何一人不会丢掉点燃的火柴。在关键时刻,他们看着对方的眼睛,都丢下点燃的火柴,导致森林被烧毁。在这种情况下,每个纵火犯都引起对方扔火柴,并一起造成森林烧毁,这是合理的。也就是说,如果 MD_i 代表"纵火犯 i 丢下点燃的火柴",对于 $i=1,2$,U 是确定纵火犯最初是否打算放弃火柴的外生变量,可以将等式用于 MD_1,使得当且仅当 $U=1$ 且$MD_2=1$ 时,$MD_1=1$,对于 MD_2 同样如此。该模型非递归,在所有情况下,MD_1 取决于 MD_2,且 MD_2 取决于 MD_1。在本节中,我将说明如何拓展 HP 定义以处理此类非递归模型。

在非递归模型中,在给定的背景下,一个方程式可能有多个解决方案,或者可能一个都没有,这意味着背景内生变量的值不必确定。之前,我们认为一个初始事件,例如 $X=x$,和基本因果公式$[\ ](X=x)$等同,也就是形式为$[Y_1 \leftarrow y_1,\cdots,Y_k \leftarrow y_k](X=x)$的公式,其中 $k=0$。在递归因果模型中,给定的背景中有方程的唯一解,可以将在模型$(M,\boldsymbol{u})$中定义$[\ ](X=x)$为真,如果 $X=x$ 是背景 $\boldsymbol{u}$ 中方程的唯一解,则认为$[\ ](X=x)$和 $X=x$ 等同似乎是合理的,但是如果方程有多个解或没有解,那就不合理了。

在特定变量设置下,$X=x$ 之类的初始事件的真实性不仅与背景相关,而且与所有赋值相关:对外生变量和内生变量值的完整描述$(\boldsymbol{u},\boldsymbol{v})$。背景 $\boldsymbol{u}$ 为所有外生变量分配一个值,$\boldsymbol{v}$ 为所有内生变量分配一个值。现在如果 X 在 $\boldsymbol{v}$ 中存在值 $\boldsymbol{x}$,则定义$(M,\boldsymbol{u},\boldsymbol{v}) \models X=x$。由于 $X=x$ 的布尔值仅取决于 $\boldsymbol{v}$,而不取决于 $\boldsymbol{u}$,因此有时会写$(M,\boldsymbol{u}) \models X=x$。

该定义可拓展为初始事件的布尔组合$(M,\boldsymbol{u},\boldsymbol{v})=(\boldsymbol{Y} \leftarrow \boldsymbol{y})\varphi$,当且仅当方程在$M_{\boldsymbol{Y} \leftarrow \boldsymbol{y}}$的所有解$(\boldsymbol{u},\boldsymbol{v}')$,$(M,\boldsymbol{v}') \models \varphi$ 成立,由于$[\boldsymbol{Y} \leftarrow \boldsymbol{y}](X=x)$的布尔值仅取决于外生元素的设置 $\boldsymbol{u}$ 变量,因此可用表达式$(M,\boldsymbol{u}) \models [\boldsymbol{Y} \leftarrow \boldsymbol{y}](X=x)$来强调这一点。

有了这些定义,可以很容易将因果关系的 HP 定义拓展到任意模型。关于元组$(M,\boldsymbol{u},\boldsymbol{v})$定义因果关系,因为需要知道内生变量的值来确定某些公式的真实性。也就是说,$\boldsymbol{X}=\boldsymbol{x}$ 是$(M,\boldsymbol{u},\boldsymbol{v})$中 φ 的实际原因。因果关系在此前 2.22 节,满足条件 AC1 ~ AC3,AC1 和 AC3 仍保持不变,AC2 取决于是否要考虑初始、更新或改进的定义。对于更新的定义有:

事实因果关系的第 2 条充分条件:对于集合 $\boldsymbol{X} \subseteq \boldsymbol{Z}$,存在 V 的划分$(\boldsymbol{Z},\boldsymbol{W})$,以及$(\boldsymbol{X},\boldsymbol{W})$中变量值$(\boldsymbol{x}',\boldsymbol{w}')$,使得

(a) $(M,\boldsymbol{u})\models\neg[\boldsymbol{X}\leftarrow\boldsymbol{x}',\boldsymbol{W}\leftarrow\boldsymbol{w}']\varphi$;

(b^{u}) 如果 $\boldsymbol{z}^*$ 使得 $(M,\boldsymbol{u},\boldsymbol{v})\models\boldsymbol{Z}=\boldsymbol{z}^*$,则对于 $\boldsymbol{W}$ 的所有子集 $\boldsymbol{W}'$ 和 $\boldsymbol{Z}-\boldsymbol{X}$ 的子集 $\boldsymbol{Z}'$,使得 $(M,\boldsymbol{u})\models\neg[\boldsymbol{X}\leftarrow\boldsymbol{x},\boldsymbol{W}\leftarrow\boldsymbol{w}',\boldsymbol{Z}'\leftarrow\boldsymbol{z}^*]\varphi$。

在递归模型中,上述真实因果关系的必要条件 AC2 版本中的公式 $\neg[\boldsymbol{X}\leftarrow\boldsymbol{x}',\boldsymbol{W}\leftarrow\boldsymbol{w}']\varphi$ 相当于真实因果关系的必要条件的初始公式 AC2(a)中使用的公式 $[\boldsymbol{X}\leftarrow\boldsymbol{x}',\boldsymbol{W}\leftarrow\boldsymbol{w}']\neg\varphi$。给定一个递归模型 M,则 $M_{\boldsymbol{X}\leftarrow\boldsymbol{x}',\boldsymbol{W}\leftarrow\boldsymbol{w}'}$ 方程有唯一解,当且仅当 φ 不成立时 $\neg\varphi$ 成立。然而,对于非递归模型,可能会有几种解,如果 φ 至少一种解不成立,则事实因果关系的必要条件 AC2(a)成立。相比之下,为了因果关系的更新 HP 定义 AC2(b^{u})成立,φ 必须在 $\boldsymbol{u}$ 背景下 $M_{\boldsymbol{X}\leftarrow\boldsymbol{x}',\boldsymbol{W}\leftarrow\boldsymbol{w}',\boldsymbol{Z}\leftarrow\boldsymbol{z}^*}$ 所有解中保持真值。事实因果关系的必要条件 AC2(a)已经表明:有一些设置 $\boldsymbol{X}$ 到 $\boldsymbol{x}$ 是产生 φ 的必要条件(因为在偶然情况下设置 $\boldsymbol{X}$ 为其他值导致 φ 不再成立)。$\neg\varphi$ 在方程的一个解中成立非常必要。然而,根据因果关系的更新版 HP 定义,设置 $\boldsymbol{X}$ 为 $\boldsymbol{x}$ 足以产生所有相关设置 φ,所以 φ 在所有解中成立是有意义的,这是充分性的直觉的一部分。显然,在递归情况下只有一种解,该定义与前面给出的定义一致。

需要进行类似的更改才能将初始版和改进版 HP 定义拓展到非递归情况。对于初始版 HP 定义条件 AC2(b^{o}),只要求对于 $\boldsymbol{Z}-\boldsymbol{X}$ 的所有子集 $\boldsymbol{Z}'$,有 $(M,\boldsymbol{u})\models\neg[\boldsymbol{X}\leftarrow\boldsymbol{x},\boldsymbol{W}\leftarrow\boldsymbol{w}',\boldsymbol{Z}'\leftarrow\boldsymbol{z}^*]\varphi$,并且不需要 $\boldsymbol{W}$ 的所有子集 $\boldsymbol{w}'$ 成立;对于改进充分条件 AC2(a^{m}),要求 $\boldsymbol{w}$ 包含实际背景中 $\boldsymbol{W}$ 中变量的值。同样,这些定义与递归情况下的早期定义一致。

请注意,使用这些定义,$MD_1=1$ 和 $MD_2=1$ 是上述两人合谋析取情景中起火的原因。在改进版 HP 定义的情况下,在最初的析取场景中,原因是合取 $MD=1\wedge L=1$。但是,在这种情况下,每个纵火犯都是引发火灾的若无原因。尽管只需要一根火柴就可以引起火灾,但是纵火犯 1 不会丢火柴,纵火犯 2 也不会丢火柴,因此不会有火灾,关键是纵火犯在这里并非独立行动,纵火犯和闪电被视为独立的。

有趣的是,大家甚至可以使这个合谋故事具有递归性。假设为眼神交流添加了一个变量 EC(允许纵火犯避开对方眼睛的可能性),其中只有当他们确实有眼神交流时,它们才会丢掉火柴。现在回到该模型中去,根据初始和更新版 HP 定义,每个纵火犯是(单独地)引起火灾(与目光接触相同)的原因,而根据修改版 HP 定义,$MD_1=1\wedge MD_2=1$ 是一个部分原因。这里可以讨论哪个是"更好"的模型,用递归模型代替非递归模型并非最好。

在非递归模型中,因果关系不一定是不对称的,即 $X=x$ 是 $Y=y$ 的原因,并且 $Y=y$ 是 $X=x$ 的原因。例如,在上述合谋故事模型中(没有变量 EC),$MD_1=1$ 是 $MD_2=1$ 的原因,而 $MD_2=1$ 是 $MD_1=1$ 的原因。在非递归模型中拥有如此对称的因果关系很正常，但是根据 HP 定义的所有版本，很容易看出因果关系在递归模型中是不对称的。按照所有 HP 定义版本，AC2(a) 和 AC2(a^m)条件确保如果 $X=x$ 在(M,u)中是 $Y=y$ 的原因，则 Y 在 u 中取决于 X。同样，如果 $Y=y$ 是(M,u)中 $X=x$ 的原因，则 X 必须依赖 Y，而在递归模型中不可能出现这种情况。

尽管此处给出的非递归因果模型定义，似乎是对递归模型定义最合适的概括，但没有示例表明定义的“正确”，也没有示例显示该定义某些方面有问题，因为所有标准示例都是用递归模型建模。拥有更多与非递归模型匹配的情景实例很有用，因为这样才能对因果关系的归因直接解释。

2.8 HP 定义初始条件与更新条件的比较

在本节中，将深入考虑因果关系初始 HP 定义和因果关系的更新版 HP 定义，以使读者了解二者之间的细微差别。我首先从因果关系的更新的 HP 定义替换因果关系的初始版 HP 定义的示例开始。

例 2.8.1 假设一名囚犯会死于 A 把 B 的枪上膛并由 B 射击或者 C 用自己的枪上膛并射击这两种情况之一，以 D 代表囚犯的死亡并对变量的含义做出假设，得出 $D=(A\wedge B)\vee C$(请注意，这里将二进制变量 A,B,C 和 D 在命题逻辑上等同于初始命题，也可以将其写成 $D=\max(\min(A,B),C)$)。假设在实际情景 u 中，A 上膛了 B 的枪，B 没有开枪，但 C 确实装了子弹然后开枪，所以囚犯死了，也就是说，$A=1,B=0,C=1$，显然，$C=1$ 是 $D=1$ 的原因。鉴于 B 不射击(即假设 $B=0$)，不能说 $A=1$ 是 $D=1$ 的原因。

假设采用 A,B,C,D 的因果模型，根据因果关系的初始 HP 定义条件 AC2(b^o)，$A=1$ 是 $D=1$ 的原因，因为可以取 $\mathbf{W}=\{B,C\}$ 并且考虑其中 $B=1$ 和 $C=0$ 的偶然情况。很容易检查事实因果关系的必要条件 AC2(a)和因果关系的初始版 HP 定义条件 AC2(b^o)对此偶然情况是否成立，因为$(M,u)\models[A\leftarrow 0,B\leftarrow 1,C\leftarrow 0](D=0)$且$(M,u)\models[A\leftarrow 1,B\leftarrow 1,C\leftarrow 0](D=1)$。根据初始版 HP 定义，$A=1$ 是$D=1$ 的原因，但是因果关系的更新版 HP 定义条件 AC2(b^u)在这种情况下会失败，因为$(M,u)\models[A\leftarrow 1,C\leftarrow 0](D=0)$。关键是因果关系的更新版 HP 定义条件 AC2(b^u)表示对于 $A=1$ 成为 $D=1$ 的原因，即使 $\mathbf{W}$ 中只有某些值被设为 $\boldsymbol{w}$，也必须是 $D=1$。在这种情况下，通过仅将 A 值设置为 1 而使 B 未设置，B 会保持其初始值 0，在这种情况下 $D=0$，而因果关系的初始 HP 定义条件 AC2(a)不考虑这种情况。

请注意，改进版 HP 定义也不会将 $A=1$ 称为 $D=1$ 的原因，这是通过上述观察和由定理 2.2.3 得出的，如果在情景 u 中将变量的任何子集的值固定为它们的实际值，设置 $A=0$ 不会使 $D=0$。

尽管不希望 $A=1$ 成为 $D=1$ 的原因，但是初始版 HP 定义的情况并不差，如果添加额外的变量，则可以使用初始版 HP 定义来处理此示例，就像处理比利和苏西掷石示例一样。具体来说，假设为“B 射击了已装子弹的枪”添加了变量 B'，这里 $B'=A\wedge B$ 并且 $D=B'\vee C$。即使按照初始 HP 定义，这种轻微的变化可以防止 $A=1$ 成为 $D=1$ 的原因，读者可以检查验证。现在任何按照初始 HP 定义将出现 $A=1$ 成为 $D=1$ 原因的尝试，都必须将 B' 放入 $\mathbf{Z}$。但是，因为在现实世界中 $B'=0$，因果关系的初始 HP 定义条件 AC2(b^o)不成立。正如我在第 4.3 节中所展示的解决问题的方法具有普遍性。从某种意义上说，通过添加额外变量，可使用因果关系的初始 HP 定义条件 AC2(b^o)代替更新 HP 定义条件 AC2(b^u)来获得相同的因果关系。

使用因果关系的初始 HP 定义 AC2(b^o)有很多优点。一方面，根据定理 2.2.3(d)得出，对于因果关系的初始 HP 定义 AC2(b^o)，原因始终是单个逻辑合取。如下面的示例表明，因果关系的更新 HP 定义条件 AC2(b^u)并非如此。

例 2.8.2　A 为候选人投票，A 的投票记录在两个光学扫描仪 B 和 C 中。D 记录扫描仪的结果，D'记录是否只有扫描仪 B 记录候选人的投票。如果 A、D 或 D'中的任何一个为 1，则候选者获胜（即 $WIN=1$）。A 的值由外生变量确定。以下结构方程式描述了变量的值：

(1) $B=A$;

(2) $C=A$;

(3) $D=B\wedge C$;

(4) $D'=B\wedge\neg A$;

(5) $WIN=A\vee D\vee D'$。

将此因果模型称为 M_V。正如掷石模型，D'在掷石示例中类似于 BH，M_V 的因果网络如图 2.9 所示。

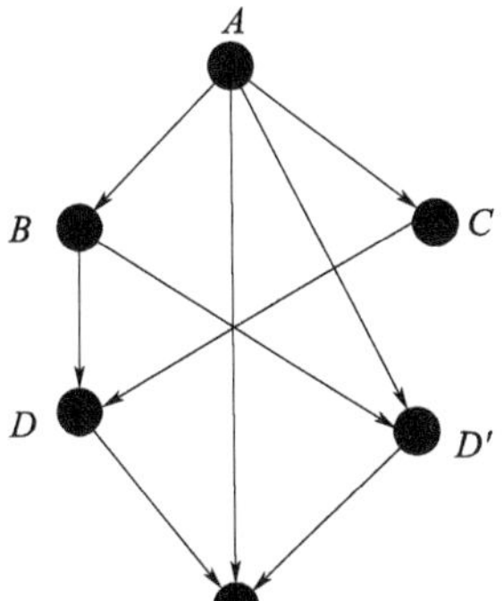

图 2.9　想定因果网络图

在实际背景 u 下，$A=1$，因此 $B=C=D=WIN=1$ 且 $D'=0$。根据更新版 HP 定义，$B=1 \wedge C=1$ 是模型(M_V,u)中 $WIN=1$ 的原因（这意味着，根据事实因果关系的 AC3 条件，$B=1$ 和 $C=1$ 都不是模型(M_V,u)中 $WIN=1$ 的原因）。要看到这一点，首先观察到事实因果关系的第 1 条充分条件 AC1 明显成立。对于事实因果关系的第 2 条充分条件 AC2，考虑以下证据：$\mathbf{W}=\{A\}$（所以 $\mathbf{Z}=\{B,C,D,D',WIN\}$）并且 $w=0$（所以考虑 $A=0$ 的偶然情况）。显然，$(M_V,u)\models[A\leftarrow0,B\leftarrow0,C\leftarrow0](WIN=0)$成立，所以事实因果关系的必要条件 AC2(a)成立，并且$(M_V,u)\models[A\leftarrow0,B\leftarrow1,C\leftarrow1](WIN=1)$。此外，$(M_V,u)\models[B\leftarrow1,C\leftarrow1](WIN=1)$，并且即使 D 设置为 1 或 D'设置为 0（它们的值在模型(M_V,u)中），$WIN=1$ 仍继续成立。因此，事实因果关系的第 2 条件 AC2 成立。

根据更新版 HP 定义，仍然表明事实因果关系的第 3 条件 AC3 成立，特别是 $B=1$ 和 $C=1$ 都不是(M_V,u)中 $WIN=1$ 的原因。对于 $B=1$ 和 $C=1$，该表述本质上是相同的，因此仅用 $B=1$ 说明。一般而言 $B=1$ 不满足判断事实因果关系的必要条件 AC2(a)和因果关系的更新 HP 定义条件 AC2(b^u)的要求，和掷石示例 $BT=1$ 不能满足原因一样。假设 $B=1$ 满足事实因果关系的必要条件 AC2(a)和因果关系的更新 HP 定义条件 AC2(b^u)，然后就有 $A\in\mathbf{W}$，并且要考虑 $A=0$ 的偶然情况（否则无论如何设置 B，都有 $WIN=1$）。现在要考虑两种情况：$D'\in\mathbf{W}$ 和 $D'\in\mathbf{Z}$，如果 $D'\in\mathbf{W}$，那么如果设置 $D'=0$，有$(M_V,u)\models[A\leftarrow0,B\leftarrow1,D'\leftarrow0](WIN=0)$，所以因果关系的更新 HP 定义条件 AC2($b^u$)不成立（无论 C 和 D 是否在 $\mathbf{W}$ 或 $\mathbf{Z}$ 中）。如果设置 $D'=1$，则事实因果关系的必要条件 AC2 不成立，因为有$(M_V,u)\models[A\leftarrow0,B\leftarrow0,D'\leftarrow1](WIN=1)$。如果 $D'\in\mathbf{Z}$，请注意，存在$(M_V,u)\models D'=0$。由于$(M_V,u)\models[A\leftarrow0,B\leftarrow1,D'\leftarrow0](WIN=0)$，因果关系的更新 HP 定义条件 AC2($b^u$)再次不成立（无论 C 和 D 是否在 $\mathbf{W}$ 或 $\mathbf{Z}$ 中）。因此，根据更新 HP 定义，$B=1$ 在模型(M_V,u)中不是 $WIN=1$ 的原因。

相比之下，根据初始 HP 定义（如定理 2.2.3 中预期的那样），$B=1$ 和 $C=1$ 在模型(M_V,u)中是 $WIN=1$ 的原因。尽管 $B=1$ 和 $C=1$ 不满足因果关系的更新 HP 定义条件 AC2(b^u)，但它们确实满足因果关系的初始 HP 定义条件 AC2(b^o)。要验证 $B=1$ 是否满足因果关系的初始 HP 定义条件 AC2(b^o)，则取 $\mathbf{Z}=\{B,D,WIN\}$，并且考虑 $A=0$，$C=1$ 和 $D'=0$ 的证据。显然，有$(M_V,u)\models[B\leftarrow0,A\leftarrow0,C\leftarrow1,D'\leftarrow0](WIN=0)$和$(M_V,u)\models[B\leftarrow1,A\leftarrow0,C\leftarrow1,D'\leftarrow0](WIN=1)$，并且如果 D 设置为 1（其初始值），这个将继续成立。类似推理表明 $C=1$ 是一个部分原因。

有趣的是，根据改进的 HP 定义，$B=1$，$C=1$ 或 $B=1 \wedge C=1$ 都不是模型(M_V,u)中 $WIN=1$ 的原因。这依照了定理 2.2.3，根据改进的 HP 定义，如果

$B=1$ 是部分原因，那么根据更新的 HP 定义，则它将成为原因，对于 $C=1$ 同样如此。也可以直接看出：如果 $A=1$，设置 $B=C=0$ 对 WIN 无影响。根据改进的 HP 定义，模型(M_V,u)中 $WIN=1$ 的唯一原因是 $A=1$（当然，这也是根据初始和更新版 HP 定义能够验证的原因）。

事实上，原因可能不是单例，这对确定 A 是否为 B 的实际原因的难度产生了影响（请参阅第 5.3 节）。尽管当时应该使用初始 HP 定义，并在需要时添加其他变量，也不一定得出此结论。一方面，需要添加额外的变量，这件事在对问题建模时可能并不明显。此外，如果需要添加足够多的其他变量，则可能会失去较低复杂性的优点。改进版 HP 定义具有以下优点：既可以给出正确的答案，又不需要额外的变量（请参见第 4.3 节），同时其复杂性低于初始和改进 HP 定义中的任何一个（请参见第 5.3 节）。

在本节结束时，将再举一例，希望它能阐明因果关系的更新 HP 定义条件 AC2(b^u)和初始 HP 定义条件 AC2(b^o)的一些细节。回想更新 HP 条件 AC2(b^u)定义要求，如果 $\boldsymbol{X}$ 设置为 $\boldsymbol{x}$，则 φ 保持为真，即使 $\boldsymbol{W}$ 中的变量中只有一个子集设置为 $\boldsymbol{w}$ 中的值，而 $\boldsymbol{Z}$ 所有变量的任意子集 $\boldsymbol{z}'$ 中的设置为其初始值 $\boldsymbol{z}^*$（即在初始上下文的值，其中 $\boldsymbol{X}=\boldsymbol{x}$）。由于可将 $\boldsymbol{Z}$ 中的变量视为在 φ 的因果路径上（尽管不是很正确；请参见 2.9 节），所以希望将 $\boldsymbol{X}$ 设置为 $\boldsymbol{x}$，不仅足以使 φ 为真，而且还足以将 $\boldsymbol{Z}$ 中的所有变量赋予其初始值。确实，有一个事实因果关系的定义提出了这个要求（请参阅书目注释）如果$(M,\boldsymbol{u})\models \boldsymbol{Z}=\boldsymbol{z}^*$，则：

$$(M,\boldsymbol{u})\models[\boldsymbol{X}\leftarrow\boldsymbol{x},\boldsymbol{W}'\leftarrow\boldsymbol{w}](Z=z^*) \quad 对于所有 Z\in\boldsymbol{Z},\boldsymbol{W}'\subseteq\boldsymbol{W} \quad (2-1)$$

不难证明（参见引理 2.10.2），在存在式(2-1)的情况下，因果关系的更新 HP 定义条件 AC2(b^u)可以简化为

$$(M,\boldsymbol{u})\models[\boldsymbol{X}\leftarrow\boldsymbol{x},\boldsymbol{W}'\leftarrow\boldsymbol{w}]\varphi$$

这里不需要包含子集 Z'。尽管在许多示例中式(2-1)成立，但总体上要求它是不合理的，如以下示例所示。

例 2.8.3 想象有一场投票场景发生。为简单起见，有两个人投票。如果其中至少有一位投票赞成，则该方案可以获得通过。实际上，他们两个都投了赞成票，该方案获得通过。这个故事的版本几乎与火柴或雷击足以引起森林火灾的情况相同。如果使用 V_1 和 V_2 表示选民如何投票（如果选民 i 投票反对，则 $V_i=0$，如果投票赞成，则 $V_i=1$），而 P 表示是否这个方案通过（如果通过则为 $P=1$，如果未通过则为 $P=0$），那么在 $V_1=V_2=1$ 的情况下，根据初始和更新 HP 定义，很容易看到 $V_1=1$ 和 $V_2=1$ 中的任一个是 $P=1$ 的部分原因。但是，假设故事已稍作修改，现在假设有一个投票机将投票制表。令 T 代表机器记录的总票数，显然，当且仅当 $T\geqslant1$ 时，$T=V_1+V_2$ 且 $P=1$。图 2.10 中的因果关系网络图代表了这个故事的精

炼版本。

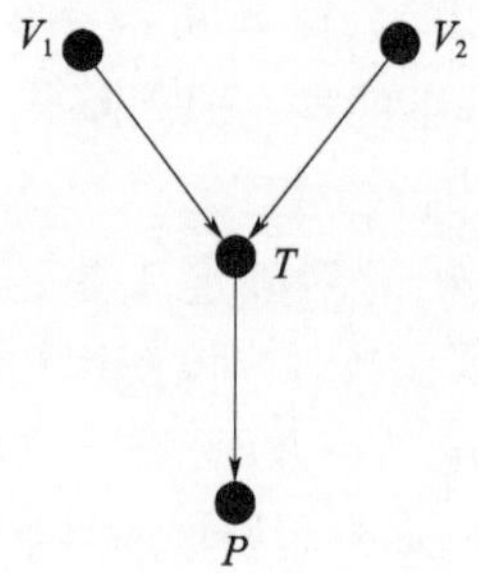

图 2.10　投票想定因果关系图

该方案中，根据初始和更新 HP 定义，$V_1=1$ 和 $V_2=1$ 仍然都是 $P=1$ 的原因。考虑 $V_1=1$，取 $\boldsymbol{Z}=\{V_1,T,P\}$ 和 $\boldsymbol{W}=V_2$，并考虑偶然性 $V_2=0$。有了这个证据，P 反事实取决于 V_1，因此事实因果关系的必要条件 AC2(a) 成立。为了检查此偶然性是否满足更新 HP 定义条件 AC2(b^{u})（因此也满足因果关系的初始 HP 定义条件 AC2(b^{o})），请注意，即使 T 设置为 2（当前值），将 V_1 设置为 1 并将 V_2 设置为 0，也会导致 $P=1$，但是(2-1)在这里不成立，因为当 $V_1=1$ 和 $V_2=0$ 时，T 不会保留其初始值 2。

一般而言，人们总是想象一个变量的变化会产生另一个变量的微弱变化，将 $\boldsymbol{Z}$ 中变量保持固定似乎不合理，而因果关系的初始 HP 定义和因果关系的更新 HP 定义仅要求 $\boldsymbol{Z}$ 的变化不影响 φ。

2.9　因果路径

有一种直觉，因果关系沿着一条路径传播：A 导致 B，这将导致 C，然后又将导致 D，因此存在从 A 到 B 到 C 再到 D 的路径。实际上，许多因果关系明确地使用了因果关系路径。在初始和更新 HP 定义中，事实因果关系的第 2 条件 AC2 将内生变量分为两组 $\boldsymbol{Z}$ 和 $\boldsymbol{W}$。在介绍事实因果关系的必要条件 AC2(a) 时，$\boldsymbol{Z}$ 可由从 $\boldsymbol{X}$ 到 φ 的因果路径上的变量组成。（回想起因果路径的概念已在第 2.4 节中正式定义。）这种直觉对于更新 HP 定义并不完全正确，但是对于初始 HP 定义是正确的。本节我将探讨事实因果关系的第 2 条件 AC2 中因果路径的作用。在说明 $\boldsymbol{X}$ 是 φ 原因方面，可以使 $\boldsymbol{Z}$（或在改进 HP 定义情况下 $\mathcal{V}-\boldsymbol{W}$）仅由从 $\boldsymbol{X}$ 的某些变量到 φ 的某些变量的因果路径中的变量组成。以下示例表明，更新 HP 定义通常不支持这种情况。

例 2.9.1　考虑以下森林火灾析取方案的变体，现在有第二个纵火犯，如果第一个人丢掉点燃的火柴，那他也将丢掉点燃的火柴，因此用等式 $MD' = MD$ 添加了一个新变量 MD'，而 FF 不再是二进制变量，它具有三个可能的值：0、1 和 2。如果 $L = MD = MD' = 0$，则 $FF = 0$；如果 $L = 1$ 且 $MD' = MD$ 或 $MD = MD' = 1$，则 $FF = 1$；如果 $MD \neq MD'$，则 $FF = 2$。如果正好有一名纵火犯丢掉点燃的火柴，可以假设森林会不对称地燃烧（$FF = 2$）（这在正常情况下不会发生）；森林的一侧比另一侧受到更大的破坏（即使有雷击），将该模型称为 M'_{FF}，图 2.11 表示与模型 M'_{FF} 对应的因果网络。

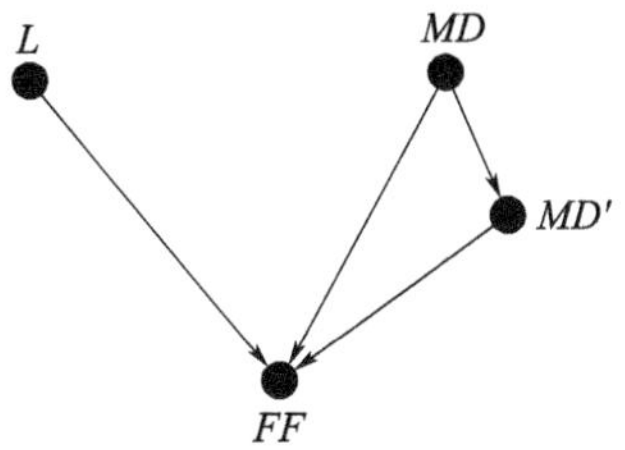

图 2.11　有两名纵火犯的森林火灾因果模型图

根据更新 HP 定义，在 $L = MD = 1$ 的情景 u 中，$L = 1$ 是 $FF = 1$ 的原因。请注意，从 L 到 FF 只有一条因果路径，该路径仅由变量 L 和 FF 组成，但是根据更新 HP 定义表明 $L = 1$ 是 $FF = 1$ 的原因，因此需要将观察序设为（$\{MD\}$，0，0），这里 MD' 是 $\mathbf{Z}$ 的一部分，而不是 $\mathbf{W}$。

该观察序起作用有 $(M'_{FF}, u) \models [L \leftarrow 0, MD \leftarrow 0](FF = 0)$，因此事实因果关系的必要条件成立。由于 $(M'_{FF}, u) \models [L \leftarrow 1, MD \leftarrow 0](FF = 1)$，且 $(M'_{FF}, u) \models [L \leftarrow 1](FF = 1)$，所以更新 HP 定义也成立。但是，假设想找到一个目击者，其中集合 $\mathbf{W} = \{MD, MD'\}$（这样 $\mathbf{Z}$ 是从 L 到 FF 唯一的因果路径）。在目击者中为什么将 MD 和 MD' 设置其中至少一个必须为 0，使得在 L 设置为 0 时，$FF \neq 1$。设置 $MD' = 0$ 不起作用：$(M'_{FF}, u) \models [L \leftarrow 1, MD' \leftarrow 0](FF = 2)$，因此更新 HP 定义不成立；设置 $MD = 0$ 和 $MD' = 1$ 也不起作用，因为 $FF = 2$，与 L 的值无关，因此更新 HP 定义也不成立。

相比之下，根据初始 HP 定义，可以取（$\{MD, MD'\}$，0，0）作为 $L = 1$ 成为原因，此时因果关系的初始 HP 定义在一定条件下成立，因为 $(M'_{FF}, u) \models [L \leftarrow 1, MD \leftarrow 0, MD' \leftarrow 0](FF = 1)$ 成立。

最后，或许令人窘迫的是，根据改进 HP 定义，$L = 1$ 甚至不是 (M, u) 中 $FF = 1$ 的部分原因。这是因为现在 $MD = 1$ 是一个原因。将 MD' 固定为 1 时将 MD 设置为 0 会导致 FF 为 2。因此，不像原来的森林火灾示例，根据改进 HP 定义，$L = 1 \wedge MD = 1$ 不再是 $FF = 1$ 的原因。一旦考虑到这种情况，这个问题就不存在了（请参见示例 3.2.5）。

对于初始 HP 定义,可以使用事实因果关系的第 2 条充分条件中的 $\boldsymbol{Z}$ 集,不仅限于本例中,而是在一般意义上包含从 $\boldsymbol{X}$ 中的变量到 φ 中变量的因果路径上的变量。有趣的是,改进 HP 定义也是如此,除非在这种情况下,必须谈论 $V-\boldsymbol{W}$ 而不是 $\boldsymbol{Z}$,因为在改进 HP 定义中 $V-\boldsymbol{W}$ 与 $\boldsymbol{Z}$ 类似。

命题 2.9.2 如果根据初始或改进 HP 定义,$\boldsymbol{X}=\boldsymbol{x}$ 在模型$(M,\boldsymbol{u})$中是 φ 的原因,则存在一个观测序$(\boldsymbol{W},\boldsymbol{w},\boldsymbol{x}')$,使得每个变量 $Z\in V-\boldsymbol{W}$ 位于$(M,\boldsymbol{u})$中从 $\boldsymbol{X}$ 中的某个变量到 φ 中的某个变量的因果路径上。

为了确定起见,即使 φ 不包含 X,如果 X 出现在 φ 中,可将 X 看作是在 φ 中的变量。例如,如果 Y 是二进制变量,可以认为 Y 出现在 $X=1\wedge(Y=1\vee Y=1)$中,尽管此公式等价于 $X=1$(即使假设 Y 不在 $X=1\wedge(Y=1\vee Y=1)$中,该命题实际上也是正确的)。该命题的证明过程见第 2.10.3 节。

2.10 相关证明

在本节中,将证明前面提到的一些结果,读者可以跳过此部分阅读。

2.10.1 定理 2.2.3 的证明

为了方便读者,在这里重述和证明一下该定理。

定理 2.2.3

(a) 根据事实因果关系的改进 HP 定义,如果 $X=x$ 在模型$(M,\boldsymbol{u})$中是 φ 的部分原因,则根据初始 HP 定义,$X=x$ 在模型$(M,\boldsymbol{u})$中是 φ 的原因。

(b) 根据事实因果关系的改进 HP 定义,如果 $X=x$ 在模型$(M,\boldsymbol{u})$中是 φ 的部分原因,则根据更新 HP 定义,$X=x$ 在模型$(M,\boldsymbol{u})$中是 φ 的原因。

(c) 根据因果关系的更新 HP 定义,如果 $X=x$ 在模型$(M,\boldsymbol{u})$中是 φ 的部分原因,则根据初始 HP 定义,$X=x$ 在模型$(M,\boldsymbol{u})$中是 φ 的原因。

(d) 根据因果关系的初始 HP 定义,如果 $X=x$ 在模型$(M,\boldsymbol{u})$中是 φ 的原因,那么$|\boldsymbol{X}|=1$(即 $\boldsymbol{X}$ 是单元素集合)。

证明:对于(a)部分,根据因果关系的更新 HP 定义,假设 $X=x$ 在模型$(M,\boldsymbol{u})$中是 φ 的部分原因,因此存在原因 $\boldsymbol{X}=\boldsymbol{x}$,使得 $X=x$ 是"与"逻辑合取的子项之一。根据因果关系的初始 HP 定义 $X=x$ 是 φ 的原因,必须存在一个值$\boldsymbol{x}'\in\boldsymbol{R}(\boldsymbol{X})$和一个集合 $\boldsymbol{W}\subseteq V-\boldsymbol{Z}$ 使得,如果$(M,\boldsymbol{u})\models\boldsymbol{W}=\boldsymbol{w}^*$成立,则$(M,\boldsymbol{u})\models[\boldsymbol{X}\leftarrow\boldsymbol{x}',\boldsymbol{W}\leftarrow\boldsymbol{w}^*]\neg\varphi$,而且 $\boldsymbol{X}$ 为最小化集合。

为了证明 $X=x$ 是根据初始 HP 定义的原因,必须找到合适的证据。如果 $\boldsymbol{X}=\{X\}$,那么$(\boldsymbol{W},\boldsymbol{w}^*,x')$即是观测序。如果$|\boldsymbol{X}|>1$,则在不失一般性的前提下,假设

$\boldsymbol{X}=(X_1,X_2,\cdots,X_n)$,并且 $X=X_1$。通常,如果 $\boldsymbol{Y}$ 是向量,则我将用 $\boldsymbol{Y}_{-1}$ 表示除了第一个之外的向量的所有分量,所以 $\boldsymbol{X}_{-1}=(X_2,X_3,\cdots,X_n)$。按照初始 HP 定义,$X_1=x_1$ 在模型 $(M,\boldsymbol{u})$ 中是 φ 的原因。显然,$(M,\boldsymbol{u})\models(X_1=x_1)\wedge\varphi$ 成立,因为根据改进 HP 定义,$\boldsymbol{X}=\boldsymbol{x}$ 在模型 $(M,\boldsymbol{u})$ 中是 φ 的原因,因此事实因果关系的第 1 条件 AC1 成立。事实因果关系的必要条件 AC2(a)潜在观测集是 $(\boldsymbol{X}_{-1}\cdot\boldsymbol{W},\boldsymbol{x}_{-1}\cdot\boldsymbol{w}^*,x'_1)$,其中 · 是表示连接两个向量的运算符,例如 $(1,3)\cdot(2)=(1,3,2)$;也就是说,移动 $X_2,X_3,\cdots,X_n$ 到 $\boldsymbol{W}$,由假设 $(M,\boldsymbol{u})\models[X_1\leftarrow x'_1,\boldsymbol{X}_{-1}\leftarrow\boldsymbol{x}'_{-1},\boldsymbol{W}\leftarrow\boldsymbol{w}^*]\neg\varphi$ 成立,满足事实因果关系的必要条件 AC2(a)。对于 $X_1=x_1$,事实因果关系的第 3 条件 AC3 基本成立,因此仍需涉及因果关系的初始 HP 定义条件 AC2(b°)。假设存在 $(M,\boldsymbol{u})\models[X_1\leftarrow x_1,\boldsymbol{X}_{-1}\leftarrow\boldsymbol{x}'_{-1},\boldsymbol{W}\leftarrow\boldsymbol{w}^*]\neg\varphi$,这表示 $\boldsymbol{X}_{-1}\leftarrow\boldsymbol{x}_{-1}$ 满足事实因果关系改进 HP 条件 AC2(a^{m}),表明事实因果关系的第 3 条件 AC3。更准确地说,违反事实因果关系的第 3 条件 AC3(适用于更新 HP 定义,$((X_1)\cdot\boldsymbol{W},(x_1)\cdot\boldsymbol{W}^*,\boldsymbol{x}'_{-1})$ 作为观测序),并且根据更新 HP 定义,$\boldsymbol{X}\leftarrow\boldsymbol{x}$ 并非是 $(M,\boldsymbol{u})$ 中 φ 的原因,这存在矛盾。因此,$(M,\boldsymbol{u})\models[X_1\leftarrow x_1,\boldsymbol{X}_{-1}\leftarrow\boldsymbol{x}'_{-1},\boldsymbol{W}\leftarrow\boldsymbol{w}^*]\varphi$ 成立。

这尚未表明初始 HP 条件 AC2(b°)成立:$\mathcal{V}-\boldsymbol{X}_{-1}\cup\boldsymbol{W}$ 中可能存在一些变量子集 $\boldsymbol{Z}'$,当 $\boldsymbol{W}$ 为 $\boldsymbol{w}^*$ 且 $\boldsymbol{X}_{-1}$ 为 $\boldsymbol{x}_{-1}$ 时,其值会改变,当这些变量在 $(M,\boldsymbol{u})$ 中为其初始值时,φ 不成立,因此破坏了更新 HP 条件 AC2(b^{u})。更详细地,假设存在集合 $\boldsymbol{Z}'=(Z_1,Z_2,\cdots,Z_k)\subseteq\boldsymbol{Z}$,对于每个变量 $Z_j\in\boldsymbol{Z}'$ 的值 z_j^* 使得:①$(M,\boldsymbol{u})\models Z_j=z_j^*$,②$(M,\boldsymbol{u})\models[X_1\leftarrow x_1,\boldsymbol{X}_{-1}\leftarrow\boldsymbol{x}'_{-1},\boldsymbol{W}\leftarrow\boldsymbol{w}^*,\boldsymbol{Z}'\leftarrow\boldsymbol{z}^*]\neg\varphi$,根据更新 HP 定义,$\boldsymbol{X}=\boldsymbol{x}$ 不是 $(M,\boldsymbol{u})$ 中 φ 的原因。条件②表明为使 $\boldsymbol{X}_{-1}$ 满足事实因果关系改进条件 AC2(b^{u}),以 $((X_1)\cdot\boldsymbol{W}\cdot\boldsymbol{Z}',(x_1)\cdot\boldsymbol{w}^*,\boldsymbol{x}'_{-1})$ 作为观测序,因此再次违反了事实因果关系的第 3 条件 AC3。因此因果关系的更新 HP 条件 AC2(b^{u})成立,证毕。

对于(b)部分的证明在本质上是相似的。事实上,对于因果关系的更新 HP 条件 AC2(b^{u}),必须证明如果 $\boldsymbol{X}'\subseteq\boldsymbol{X}_{-1}$,$\boldsymbol{W}'\subseteq\boldsymbol{W}$ 和 $\boldsymbol{Z}'\subseteq\boldsymbol{Z}$,然后有

$$(M,\boldsymbol{u})\models[X_1\leftarrow x_1,\boldsymbol{X}_{-1}\leftarrow\boldsymbol{x}'_{-1},\boldsymbol{W}'\leftarrow\boldsymbol{w}^*,\boldsymbol{Z}'\leftarrow\boldsymbol{z}^*]\varphi \qquad (2-2)$$

(这里拓展使用了 2.2.2 节中提到的表示法,如果 $\boldsymbol{X}'\subseteq\boldsymbol{X}$ 和 $\boldsymbol{x}\subseteq\boldsymbol{R}(\boldsymbol{X})$,则写 $\boldsymbol{X}'\leftarrow\boldsymbol{x}$,目的是忽略 $\boldsymbol{x}'_1$ 的不包括在 $\boldsymbol{X}'$ 中的部分)。从事实因果关系的第 1 条件 AC2(a)可以很容易地得出,如果 $\boldsymbol{X}'=\varnothing$,式(2-2)成立。如果对于 $\boldsymbol{X}_{-1}$ 的某些严格的非空子集 $\boldsymbol{X}'$,式(2-2)不成立,则根据改进 HP 定义,$\boldsymbol{X}=\boldsymbol{x}$ 不是 φ 的原因,因为事实因果关系的第 3 条件 AC3 不成立;$\boldsymbol{X}'$ 满足事实因果关系改进条件 AC2(b^{u})。

对于(c)部分证明,本质上类似(a)和(b),事实上,直到证明因果关系的初始 HP 条件 AC2(a)成立为止,证明都是相同的。现在如果 $\boldsymbol{Z}'\subseteq\boldsymbol{Z}$ 和 $(M,\boldsymbol{u})\models[X_1\leftarrow x_1,\boldsymbol{X}_{-1}\leftarrow\boldsymbol{x}'_{-1},\boldsymbol{W}'\leftarrow\boldsymbol{w}^*,\boldsymbol{Z}'\leftarrow\boldsymbol{z}^*]\neg\varphi$ 成立,则 $\boldsymbol{X}_{-1}\leftarrow\boldsymbol{x}_{-1}$ 满足事实因果关系条件 AC2(a)(以

$((X_1)\cdot \boldsymbol{W}\cdot \boldsymbol{Z}',(\boldsymbol{x}_1)\cdot \boldsymbol{w}^*\cdot \boldsymbol{Z}^*,\boldsymbol{x}'_{-1})$作为观测序)。通过假设,由于 $\boldsymbol{X}=\boldsymbol{x}$ 满足因果关系的更新 HP 定义条件 AC2(b^u),它也满足因果关系的初始 HP 定义条件 AC3。因此,适用于更新 HP 定义中的事实因果关系的第 3 条件 AC3 不成立。

最后,对于(d)部分证明,在本质上与上述相似。根据初始 HP 定义和 $|\boldsymbol{X}|>1$,假设 $\boldsymbol{X}=\boldsymbol{x}$ 在 $(M,\boldsymbol{u})$ 中是 φ 的原因。令 $X=x$ 是 $\boldsymbol{X}=\boldsymbol{x}$ 的逻辑合取子项,再次,根据因果关系的初始 HP 定义,可以证明 $X=x$ 在 $(M,\boldsymbol{u})$ 中是 φ 的原因。

2.10.2 命题 2.4.6 的证明

在本节中,将证明命题 2.4.6。从一个简单的引理开始,其阐明了因果路径的关键属性:如果没有从 X 到 Y 的因果路径,那么改变 X 值就不会改变 Y 值。事实将有以下引理更加清楚,尽管从直观上讲它是显而易见的,但仔细地证明仍需要做一些工作。

引理 2.10.1 如果 Y 和 $\boldsymbol{X}$ 中的所有变量都是内生的,$Y\notin \boldsymbol{X}$,并且在 $(M,\boldsymbol{u})$ 中没有 $\boldsymbol{X}$ 中的变量到 Y 的因果路径,那么对于所有 $\boldsymbol{X}$ 和 Y 无交集变量集合 $\boldsymbol{W}$,对于 $\boldsymbol{X}$ 的所有 $\boldsymbol{x}$ 和 $\boldsymbol{x}'$,对于 Y 值 y 和对于 $\boldsymbol{W}$ 的所有值 $\boldsymbol{w}$,有

当且仅当 $(M,\boldsymbol{u})\models[\boldsymbol{X}\leftarrow \boldsymbol{x}',\boldsymbol{W}\leftarrow \boldsymbol{w}](Y=y)$,则 $(M,\boldsymbol{u})\models[\boldsymbol{X}\leftarrow \boldsymbol{x},\boldsymbol{W}\leftarrow \boldsymbol{w}](Y=y)$

和

当且仅当 $(M,\boldsymbol{u})\models[\boldsymbol{W}\leftarrow \boldsymbol{w}](Y=y)$,则 $(M,\boldsymbol{u})\models[\boldsymbol{X}\leftarrow \boldsymbol{x},\boldsymbol{W}\leftarrow \boldsymbol{w}](Y=y)$

(例如:①当且仅当 $Y_{x'w}(\boldsymbol{u})=y$,则 $Y_{xw}(\boldsymbol{u})=y$;②当且仅当 $Y_{w}(\boldsymbol{u})=y$,则 $Y_{xw}(\boldsymbol{u})=y$)

证明:将因果设置模型 $(M,\boldsymbol{u})$ 中变量 Y 的最大距离(表示为 $maxdist\ (Y)$),定义为 $(M,\boldsymbol{u})$ 中从外生变量到 Y 的最长因果路径。通过对 $maxdist\ (Y)$ 的归纳,同时证明结果的两个部分:如果 $maxdist\ (Y)=1$,则 Y 的值仅取决于外生变量的值,因此结果显然成立。如 $maxdist\ (Y)>1$,则令 $Z_1,Z_2,\cdots,Z_k$ 为 Y 所依赖的内生变量。这些是 Y 在因果网络中的父节点(即恰好有内生变量 Z 使得因果网络中从 Z 到 Y 都有一条边)。对于任意 $Z\in\{Z_1,Z_2,\cdots,Z_k\}$,都有 $maxdist\ (Z)<maxdist\ (Y)$:对于 $(M,\boldsymbol{u})$ 中从外生变量到 Z 的每个因果路径,有一条更长的路径 Y,即增加从 Z 到 Y 的边形成的。此外,在 $(M,\boldsymbol{u})$ 中没有从 $\boldsymbol{X}$ 中的变量到 $Z_1,Z_2,\cdots,Z_k$ 中因果路径,否则 $(M,\boldsymbol{u})$ 中将存在从 $\boldsymbol{X}$ 中的变量到 Y 的因果路径,和引理的假设相矛盾。这样,对于 $Z_1,Z_2,\cdots,Z_k$ 中的任一个,推论假设成立。由于当将 $\boldsymbol{X}$ 从 $\boldsymbol{x}$ 更改为 $\boldsymbol{x}'$ 时,$Z_1,Z_2\cdots,Z_k$ 中的任一值不会改变,并且 Y 值仅取决于 $Z_1,Z_2,\cdots,Z_k$ 的值,而 $\boldsymbol{u}$(即外生变量的值),Y 的值也不能更改。

现在可以证明 2.4.6 命题。

命题 2.4.6 假设 $X_1=x_1$ 是因果模型 $(M,\boldsymbol{u})$ 中 $X_2=x_2$ 的一个若无原因,$X_2=x_2$

是$(M,\boldsymbol{u})$中 $X_3=x_3$ 的一个若无原因,并且以下两个条件成立:

(a) 对于每个值 $x'_2\in R(X_2)$,存在一个 $x'_1\in R(X_1)$,使得$(M,\boldsymbol{u})\models[X_1\leftarrow x_1](X_2=x'_2)$,即$(X_2)_{x'_1}(\boldsymbol{u})=x'_2$;

(b) X_2 在$(M,\boldsymbol{u})$中从 X_1 到 X_3 的每条因果路径上。

那么 $X_1=x_1$ 是 $X_3=x_3$ 的若无原因。

证明:由于 $X_2=x_2$ 是$(M,\boldsymbol{u})$中 $X_3=x_3$ 的若无因,因此存在一个值 $x'_2\neq x_2$ 使得$(M,\boldsymbol{u})\models[X_2\leftarrow x'_2](X_3\neq x'_3)$,即$(X_3)_{x'_2}(\boldsymbol{u})=x'_3$。选择 x'_3使得$(M,\boldsymbol{u})\models[X_2\leftarrow x'_2](X_3\neq x'_3)$,即$(X_3)_{x'_2}(\boldsymbol{u})=x'_3$。通过假设,存在 x'_1,使得$(M,\boldsymbol{u})\models[X_1\leftarrow x'_1](X_2=x'_2)$(即$(X_2)_{x'_1}(\boldsymbol{u})=x'_2$)。有$(M,\boldsymbol{u})\models[X_1\leftarrow x'_1](X_3=x'_3)$(即$(X_3)_{x'_1}(\boldsymbol{u})=x'_3$)。更一般,如果 Y 在从 X_2 到 X_3 的因果路径上,则

$$\text{当且仅当}(M,\boldsymbol{u})\models[X_2\leftarrow x'_2](Y=y)\text{时,有}$$
$$(M,\boldsymbol{u})\models[X_1\leftarrow x'_1](Y=y) \tag{2-3}$$

即:当且仅当 $Y_{x'_2}(\boldsymbol{u})=y$,$Y_{x'_1}(\boldsymbol{u})=y$ 成立。

如果在从 X_2 到 X_3 的因果路径上 Y_1 优于 Y_2,通过 $Y_1<Y_2$ 定义从 X_2 到 X_3 的因果路径上的内生变量的偏序 $\leq$。由于 M 是一个递归模型,如果 Y_1 和 Y_2 是不同的变量且 $Y_1<Y_2$,不能出现 $Y_2<Y_1$(否则会有一个循环)。通过对$<$排序的归纳法来证明式(2-3)。该顺序中的最小元素显然是 X_2;X_2 必须出现在 X_2 到 X_3 的因果路径其他变量之前。通过假设$(M,\boldsymbol{u})\models[X_1\leftarrow x'_1](X_2=x'_2)$,即$(X_2)_{x'_1}(\boldsymbol{u})=x'_2$,并且$(M,\boldsymbol{u})\models[X_2\leftarrow x'_2](X_2=x'_2)$,即$(X_2)_{x'_2}(\boldsymbol{u})=x'_2$。这样,对于 X_2,式(2-3)成立。

对于归纳步骤,令 Y 为一个变量,该变量位于 X_2 到 X_3 的$(M,\boldsymbol{u})$中的因果路径上,并假定式(2-3)对所有变量 Y'都成立,使得 $Y'<Y$。令 $Z_1,Z_2,\cdots,Z_k$ 是 Y 在 M 中依赖的内生变量。每一个变量 Z_i 中,在$(M,\boldsymbol{u})$中存在从 X_1 到 Z_i 的因果路径或者没有。如果存在,则 X_1 到 Z_i 的路径可以拓展为从 X_1 到 X_3 的有向路径 P,通过从 X_1 到 Z_i,从 Z_i 到 Y,并且从 Y 到 X_3(由于 Y 位于从 X_2 到 X_3 的$(M,\boldsymbol{u})$中的因果路径上)。由于假设 X_2 位于$(M,\boldsymbol{u})$中从 X_1 到 X_3 的每个因果路径上,因此 X_2 必须位于 P 上。此外,在 P 上 X_2 必须位于 Y 之前(证明:由于 Y 位于从 X_2 到 X_3 的路径 P'上,因此 X_2 必须在 P'上位于 Y 之前。如果 Y 在 P 上的 X_2 之前,则存在一个循环,矛盾。因为 Z_i 在 P 上位于 Y 之前,得出 $Z_i<Y$,因此根据归纳假设,当且仅当$(M,\boldsymbol{u})\models[X_2\leftarrow x'_2](Z_i=z_i)$,$(M,\boldsymbol{u})\models[X_1\leftarrow x'_1](Z_i=z_i)$成立,当且仅当$(Z_i)_{x'_2}(\boldsymbol{u})=z_i$,$(Z_i)_{x'_1}(\boldsymbol{u})=z_i$ 成立)。

现在如果在$(M,\boldsymbol{u})$中没有从 X_1 到 Z_i 的因果路径,那么也就不会有从 X_2 到 Z_i 的因果路径 P,否则,在$(M,\boldsymbol{u})$中有从 X_1 到 Z_i 的因果路径,它通过将 P 附加到 X_1

到 X_2 的因果路径而形成,该因果关系必须存在,因为如果不存在,则很容易从引理 2.10.1 得出 $X_1=x_1$ 不会成为 $X_2=x_2$ 的原因。既然在$(M,\boldsymbol{u})$中没有从 X_1 到 Z_i 的因果路径,必须有$(M,\boldsymbol{u})\models[X_1\leftarrow x_1'](Z_i=z_i)$,当且仅当$(M,\boldsymbol{u})\models Z_i=z_i$,当且仅当$(M,\boldsymbol{u})\models[X_2\leftarrow x_2'](Z_i=z_i)$。

即$(Z_i)_{x_1'}(\boldsymbol{u})=z_i$,当且仅当$(Z_i)_{x_2'}(\boldsymbol{u})=z_i$,当且仅当 $Z_i(\boldsymbol{u})=z_i$。

由于 Y 值仅取决于 $Z_1,Z_2,\cdots,Z_k$ 和 $\boldsymbol{u}$ 的值,由于刚证明了$(M,\boldsymbol{u})\models[X_1\leftarrow x_1']$ $(Z_1=z_1\wedge z_2\wedge\cdots\wedge Z_k=z_k)$,当且仅当$(M,\boldsymbol{u})\models[X_2\leftarrow x_2'](Z_1=z_1\wedge z_2\wedge\cdots\wedge Z_k=z_k)$,即$(Z_1)_{x_1'}(\boldsymbol{u})=z_1\wedge z_2\wedge\cdots\wedge(Z_k)_{x_1'}(\boldsymbol{u})=z_k$,当且仅当$(Z_1)_{x_2'}(\boldsymbol{u})=z_1\wedge z_2\wedge\cdots\wedge(\boldsymbol{Z}_k)_{x_2'}(\boldsymbol{u})=z_k$。它符合以下命题:当且仅当$(M,\boldsymbol{u})\models[X_2\leftarrow x_2'](Y=y)$,$(M,\boldsymbol{u})\models[X_1\leftarrow x_1'](Y=y)$成立,即当且仅当 $Y_{x_2'}(\boldsymbol{u})=y$,$Y_{x_1'}(\boldsymbol{u})=y$ 成立。

由于 X_3 在$(M,\boldsymbol{u})$中从 X_2 到 X_3 的因果路径上,因此可得出$(M,\boldsymbol{u})\models[X_1\leftarrow x_1'](X_3=x_3')$,当且仅当$(M,\boldsymbol{u})\models[X_2\leftarrow x_2'](X_3=x_3')$,即$(X_3)_{x_1'}(\boldsymbol{u})=x_3'$当且仅当$(X_3)_{x_2'}(\boldsymbol{u})=x'_3$。由于$(M,\boldsymbol{u})\models[X_2\leftarrow x_2'](X_3=x_3')$(即$(X_3)_{x_2'}(\boldsymbol{u})=x_3'$),通过对比有$(M,\boldsymbol{u})\models[X_1\leftarrow x_1'](X_3=x_3')$(即$(X_3)_{x_1'}(\boldsymbol{u})=x_3'$)。这样,$X_1=x_1$ 是 $X_3=x_3$ 的若无原因。

2.10.3 命题 2.9.2 的证明

命题 2.9.2 如果根据初始 HP 定义或更新 HP 定义,$\boldsymbol{X}=\boldsymbol{x}$ 在模型$(M,\boldsymbol{u})$中是 φ 的原因,则存在一个观测序$(\boldsymbol{W},\boldsymbol{w},\boldsymbol{x}')$,使得每个变量 $Z\in V-\boldsymbol{W}$ 位于$(M,\boldsymbol{u})$中从 $\boldsymbol{X}$ 中的某个变量到 φ 中的某个变量的因果路径上。

为证明结果,需要证明因果模型一般属性,5.4 节在给出公理化因果推理中,一个充分重要条件作为公理。

引理 2.10.2 如果$(M,\boldsymbol{u})\models[\boldsymbol{X}\leftarrow\boldsymbol{x}](\boldsymbol{Y}=\boldsymbol{y})$,则当且仅当$(M,\boldsymbol{u})\models[\boldsymbol{X}\leftarrow\boldsymbol{x},\boldsymbol{Y}\leftarrow\boldsymbol{y}]\varphi$,存在$(M,\boldsymbol{u})\models[\boldsymbol{X}\leftarrow\boldsymbol{x}]\varphi$。

证明:当 $\boldsymbol{X}$ 设置为 $\boldsymbol{x}$ 时,$\boldsymbol{Y}=\boldsymbol{y}$ 在方程的唯一解中,因此,将当 $\boldsymbol{X}$ 设置为 $\boldsymbol{x}$ 时方程的唯一解与将 $\boldsymbol{X}$ 设置为 $\boldsymbol{x}$ 并将 $\boldsymbol{Y}$ 设置为 $\boldsymbol{y}$ 时的唯一解相同。结果如下:

证明:假设依照初始 HP 定义或更新 HP 定义,$\boldsymbol{X}=\boldsymbol{x}$ 是在$(M,\boldsymbol{u})$中 φ 的原因,观测序是$(\boldsymbol{W},\boldsymbol{w},\boldsymbol{x}')$。使 $\boldsymbol{Z}=V-\boldsymbol{W}$,使 $\boldsymbol{Z}'$包含 $\boldsymbol{Z}$ 中的变量,这些变量位于$(M,\boldsymbol{u})$中从 $\boldsymbol{X}$ 中的某个变量到 φ 中的某个变量的因果路径上,令 $\boldsymbol{W}'=V-\boldsymbol{Z}'$,$\boldsymbol{W}'$是 $\boldsymbol{W}$ 的超集。令 $\boldsymbol{W}'-\boldsymbol{W}=\boldsymbol{Y}=\{Y_1,Y_2,\cdots,Y_k\}$。证明取决于是否考虑初始 HP 定义或更新 HP 定义。在初始 HP 定义的情况下,令 Y_j 值为 y_j,使得$(M,\boldsymbol{u})\models[\boldsymbol{X}\leftarrow\boldsymbol{x},\boldsymbol{W}\leftarrow\boldsymbol{w}](\boldsymbol{Y}_j=\boldsymbol{y}_j)$。根据更新 HP 定义,令 Y_j 值为 y_j,使得$(M,\boldsymbol{u})\models(\boldsymbol{Y}_j=\boldsymbol{y}_j)$,根据初始(更新)HP 定义,$(\boldsymbol{W}\cdot\boldsymbol{Y},\boldsymbol{w}\cdot\boldsymbol{y},x')$为$\boldsymbol{X}=\boldsymbol{x}$ 是在$(M,\boldsymbol{u})$中 $\boldsymbol{\varphi}$ 的原因的观测序。回顾定理 2.2.3 的证明,$\boldsymbol{x}\cdot\boldsymbol{y}$ 表示将向量 $\boldsymbol{x}$ 和 $\boldsymbol{y}$ 连接的结果。

由于假设 $\boldsymbol{X}=\boldsymbol{x}$ 是 φ 的原因，所以事实因果关系的第 1 条件 AC1 和事实因果关系的第 3 条件 AC3 成立，它们独立于观测序。表明对于观测序而言，事实因果关系的必要条件 AC2(a)和因果关系的初始 HP 条件 AC2(b^{o})（真实因果关系改进的充分条件 AC2(a^{m})）成立。

根据初始（更新）HP 定义，通过事实必要条件 AC2(a)（事实因果关系改进的条件 AC2(a^{m})），$(\boldsymbol{W},\boldsymbol{w},\boldsymbol{x}')$ 为 $\boldsymbol{X}=\boldsymbol{x}$ 是 $(M,\boldsymbol{u})$ 中 $\boldsymbol{\varphi}$ 原因的观测序，可以有以下结论：

$$(M,\boldsymbol{u})\models[\boldsymbol{X}\leftarrow\boldsymbol{x},\boldsymbol{W}\leftarrow\boldsymbol{w}]\neg\varphi \tag{2-4}$$

由于 $\boldsymbol{Y}$ 中没有变量位于 $(M,\boldsymbol{u})$ 中从 $\boldsymbol{X}$ 中的变量到 φ 中变量的因果路径上，因此对于每个 $Y\in\boldsymbol{Y}$，或者在 $(M,\boldsymbol{u})$ 中都没有从 $\boldsymbol{X}$ 中的变量到 Y 的因果关系或者 $(M,\boldsymbol{u})$ 中没有从 Y 到 φ 中的变量的因果路径（或两者同时存在）。不失一般性，假设 $\boldsymbol{Y}$ 中的变量有序，使得 $(M,\boldsymbol{u})$ 中没有从 $\boldsymbol{X}$ 中的变量到任何前 j 个变量 Y_1，$Y_2,\cdots,Y_j$ 的因果路径，并且 $(M,\boldsymbol{u})$ 中没有从最后 $k-j$ 个变量 $Y_{j+1},Y_{j+2},\cdots,Y_k$ 到 φ 中变量的因果路径。

首先根据改进 HP 定义，在这种情况下，$\boldsymbol{u}$ 中的 $\boldsymbol{w}$ 必须是 $\boldsymbol{W}$ 中变量的值，根据定义，$\boldsymbol{y}$ 是 $\boldsymbol{Y}$ 中变量的值，因此，$\boldsymbol{W}\cdot\boldsymbol{Y}$ 是事实因果关系改进条件 AC2(a^{m})合理的观测序。且由于 $(M,\boldsymbol{u})\models(\boldsymbol{W}=\boldsymbol{w})\wedge(\boldsymbol{Y}=\boldsymbol{y})$，按照引理 2.10.2，有

$$(M,\boldsymbol{u})\models[\boldsymbol{W}\leftarrow\boldsymbol{w}](Y_1=y_1\wedge y_2\wedge\cdots\wedge Y_j=y_j)。$$

由于在 $(M,\boldsymbol{u})$ 中从 $\boldsymbol{X}$ 到 $Y_1,Y_2,\cdots,Y_j$ 中的任何一个变量都没有因果路径，按照引理 2.10.1，有

$$(M,\boldsymbol{u})\models[\boldsymbol{X}\leftarrow\boldsymbol{x}',\boldsymbol{W}\leftarrow\boldsymbol{w}](Y_1=y_1\wedge y_2\wedge\cdots\wedge Y_j=y_j) \tag{2-5}$$

由式(2-4)，式(2-5)，和引理 2.10.2，可以得出：

$$(M,\boldsymbol{u})\models[\boldsymbol{X}\leftarrow\boldsymbol{x}',\boldsymbol{W}\leftarrow\boldsymbol{w},Y_1\leftarrow y_1,y_2,\cdots,Y_j\leftarrow y_j]\neg\varphi \tag{2-6}$$

最后，由于在 $(M,\boldsymbol{u})$ 中来自 $Y_{j+1},\cdots,Y_k$ 中任何一个变量都没有到 φ 中任何一个变量的因果路径，它按照式(2-6)和引理 2.10.1 得出

$$(M,\boldsymbol{u})\models[\boldsymbol{X}\leftarrow\boldsymbol{x}',\boldsymbol{W}\leftarrow\boldsymbol{w},Y_1\leftarrow y_1,\cdots,Y_k\leftarrow y_k]\neg\varphi$$

因此，事实因果关系改进的充分条件 AC2(a^{m})成立。根据改进 HP 定义，若 $(\boldsymbol{W}\cdot\boldsymbol{Y},\boldsymbol{w}\cdot\boldsymbol{y},x')$ 为观测序，则 $\boldsymbol{X}=\boldsymbol{x}$ 是 $(M,\boldsymbol{u})$ 中 φ 的原因。

对因果关系的初始 HP 定义的证明（尽管基本思想类似），还要再做一些工作，因为不再假设 $(M,\boldsymbol{u})\models(\boldsymbol{W}=\boldsymbol{w})$。根据这种情况下 $\boldsymbol{y}$ 的定义，有 $(M,\boldsymbol{u})\models[\boldsymbol{X}\leftarrow\boldsymbol{x}',\boldsymbol{W}\leftarrow\boldsymbol{w}](\boldsymbol{Y}=\boldsymbol{y})$，因此，根据引理 2.10.2，存在 $(M,\boldsymbol{u})\models[\boldsymbol{X}\leftarrow\boldsymbol{x}',\boldsymbol{W}\leftarrow\boldsymbol{w},\boldsymbol{Y}\leftarrow\boldsymbol{y}]\neg\varphi$。表明对于观测序 $(\boldsymbol{W}\cdot\boldsymbol{Y},\boldsymbol{w}\cdot\boldsymbol{y},x')$，事实因果关系的必要条件成立。

对于初始 HP 条件 AC2(b^{o})，必须证明存在 $(M,\boldsymbol{u})\models[\boldsymbol{X}\leftarrow\boldsymbol{x}',\boldsymbol{W}\leftarrow\boldsymbol{w},\boldsymbol{Y}\leftarrow\boldsymbol{y}]$

φ,根据假设有:

$$(M,\boldsymbol{u})\models[\boldsymbol{X}\leftarrow\boldsymbol{x}',\boldsymbol{W}\leftarrow\boldsymbol{w}]\varphi \tag{2-7}$$

如果 $Y\in\{Y_1,Y_2,\cdots,Y_j\}$,则可选择 y,使得$(M,\boldsymbol{u})\models[\boldsymbol{X}\leftarrow\boldsymbol{x}',\boldsymbol{W}\leftarrow\boldsymbol{w}](\boldsymbol{Y}=\boldsymbol{y})$,根据引理 2.10.1,存在:

$$(M,\boldsymbol{u})\models[\boldsymbol{X}\leftarrow\boldsymbol{x}',\boldsymbol{W}\leftarrow\boldsymbol{w}](\boldsymbol{Y}=\boldsymbol{y}) \tag{2-8}$$

结合式(2-7),式(2-8)和引理 2.10.2,可推导出:

$$(M,\boldsymbol{u})\models[\boldsymbol{X}\leftarrow\boldsymbol{x}',\boldsymbol{W}\leftarrow\boldsymbol{w},Y_1\leftarrow y_1,y_2\cdots,Y_j\leftarrow y_j]\varphi \tag{2-9}$$

最后,由于$(M,\boldsymbol{u})$中没有 $Y_{j+1},Y_{j+2},\cdots,Y_k$ 中的任何一个变量到 φ 中任一变量的因果路径,因此由式(2-9)和引理 2.10.1 得出

$$(M,\boldsymbol{u})\models[\boldsymbol{X}\leftarrow\boldsymbol{x}',\boldsymbol{W}\leftarrow\boldsymbol{w},Y_1\leftarrow y_1,y_2,\cdots,Y_k\leftarrow y_k]\varphi。$$

根据因果关系的初始 HP 定义,若$(\boldsymbol{W}\cdot\boldsymbol{Y},\boldsymbol{w}\cdot\boldsymbol{y},x')$为观测序,$\boldsymbol{X}=\boldsymbol{x}$ 是$(M,\boldsymbol{u})$中 φ 的原因,命题证毕。

◇ 扩展阅读

因果关系模型中,结构方程的使用可以追溯到遗传学家休厄尔·赖特[1921](有关讨论,请参见[古德贝格 1972])、曾获得诺贝尔经济学奖的赫伯·西蒙[1953](此外,他对计算机科学做出了重要贡献)。计量经济学家特里夫·哈维默[1943]也使用了结构方程式。本章使用的形式化表示归功于朱迪亚·珀尔,他在推动这种方法到因果关系方面发挥了作用。珀尔[2000]详细讨论了结构方程的历史及其使用。

因果关系模型是递归的假设在文献中是标准的。通常的定义是,如果模型是递归的,则这有变量的总序 $\preceq$ 使得仅当 $X\preceq Y$ 时,X 影响 Y。在这里,我对常规定义进行了两项更改。首先允许顺序是偏序;第二是允许依赖实际场景。正如对掷石示例的讨论(例 2.3.3)所示,第二个假设是有用的,并且使定义更加普适。掷石示例的一个很好的模型很可能包括如果两人都投掷,比利在苏西之前命中的情况。尽管像在这里所做的假设偏序似乎更自然,但是由于从因果网络中读取偏序,因此假设该偏序实际上等价于假设它是全部是偏序。每个总序都是一个偏序,众所周知,每个偏序都可以延拓(通常以许多方式)成一个总序。如果 $\preceq'$ 是延拓 $\preceq$ 的总序,并且 X 仅在 $X\preceq Y$ 时影响 Y,然后肯定 X 仅在 $X\preceq' Y$ 时影响 Y。允许偏序依赖于实际场景 $\boldsymbol{u}$ 是非标准的,但是是个相当小的改变。

正如第 1 章的注释中所述,初始 HP 定义是哈珀恩和珀尔在[哈珀恩和珀尔 2001]中引入的;在[哈珀恩和珀尔 2005a]中进行了更新;改进后的定义在[哈珀

恩2015a]中引入。这些定义的灵感来自于珀尔的因果束[珀尔1998]的初始概念。([珀尔2000,第10章]中对因果关系的定义是对初始定义的修改,其中考虑了[哈珀恩和珀尔2001]早期版本中提出的关心的事情。)有趣的是,根据因果束定义,只有在事实因果关系改进的充分条件而不是事实因果关系的必要条件成立的情况下,A具有当B的真实原因的资格,否则称A为贡献原因。真实原因和贡献原因之间的区别在初始和更新HP定义中未述及。在某种程度上,它重新出现在改进后的HP定义中,根据改进后的HP定义,因果束定义将归类为贡献原因而不是真实原因的东西将被归属为原因的一部分,而不是原因。

尽管我在本书中关注因果关系的HP定义(或变体),但这并不是唯一的根据结构方程式给出的因果关系定义。除了珀尔的因果束概念外,格里默和温伯里[2007],霍尔[2007],希契科克[2001,2007]和伍德沃德[2003]还给出了其他定义。所有这些定义都指出了问题,参见[哈珀恩2015a]中的一些讨论。正如我在第一章中提到的那样,有些因果关系的定义使用了反事实,而不使用结构方程。最著名的是路易斯[1973a,2000]。保罗和霍尔[2013]提出的许多方法,这些方法试图将因果关系降低到反事实。

命题2.2.2和定理2.2.3的(a)和(b)部分取自[哈珀恩2015a]。定理2.2.3的(d)部分,即根据初始HP定义,原因始终是单个合取的这一事实,是由霍普金斯[2001]、埃特尔和卢卡西维兹[2002]证明。

第2.1-2.3节中的大部分内容摘自[哈珀恩和珀尔2005a]。因果模型的正式定义来自[哈珀恩2000]。请注意,在文献(尤其是统计文献)中,我在这里所说的“变量”也称为随机变量。

在哲学界,通常用“与真实世界最接近的场景”定义反事实问题[路易斯1973b;斯托内克尔1968]。如果在“与真实世界最接近的场景”中,“A为真,B也为真”成立;则“若A为真,则B为真”这一命题成立。通过修正函数表达式可以对“与真实世界最接近的场景”给出一个简洁的阐述:用 $Y=y$ 代替 Y 并保持其他元素不变,则修正后函数的解可被视为与真实世界 $Y=y$ 最接近的场景。

可以根据最接近的世界来理解结构方程式中的不对称性(即对等号左侧和右侧的变量进行不同处理的事实)。假设在现实世界中,纵火犯没有丢弃火柴,没有闪电,森林也没有烧毁。如果火柴或闪电足以造成火灾,那么在离纵火犯丢弃火柴的实际世界最近的地方,森林被烧毁。但是,在例子中纵火犯不一定会在距离森林被烧毁的真实世界最近的世界中丢弃火柴。因果模型与反事实的最接近世界语义的正式联系有点微妙;进一步讨论参见[布里格斯2012;加勒斯和珀尔1998;哈珀恩2013;张2013]。

伍德沃德[2003]因果模型是否存在某种环状,可将结构方程视为因果关系进行编码,以提供实际因果关系模型。如果干预将 X 设置为 x,则该干预可以被视为使 X 具有值 x,我们关注的是干预与干预变量值之间的因果关系,即我们关注一些变量的值与其他变量的值之间的因果关系;例如,现实世界中,$X=x$ 是现实世界中 $Y=y$ 的原因。正如伍德沃德指出,事实因果关系的定义取决于(部分)通过将 X 设置为 x 来干预 X,产生 $X=x$ 的事实,且这种依存关系没有环。

用于描述结构方程的因果网络在本质上与贝叶斯网络相似,贝叶斯网络已被广泛用于表示和推理概率分布中的(条件)依赖关系。事实上,一旦像第 2.5 节中那样向图模型中添加概率,变量联系就更紧密了。

历史上,朱迪亚·珀尔[1988,2000]引入贝叶斯网络进行概率推理,然后将其应用于因果推理。贝叶斯网络的相似性将在第 5 章中进行运用,目的是帮助读者深入了解如何将贝叶斯网络用因果模型表示。

斯伯茨、格里默和斯克尼斯[1993]通过直接使用图而不是结构方程来研究因果关系。他们考虑典型因果关系,而不是事实因果关系;他们的重点是发现因果结构和因果影响的算法,可以将其视为构建结构方程时要做的工作。

另外,卡茨[1987]和麦凯[1965]等人讨论了法律中条件与原因之间的差异。

在哲学解释中,因果关系与事件相关,也就是说,要使 A 成为 B 的原因,A 和 B 必须是事件,但是什么是事件尚有争议。事件有不同的理论,(卡沙利和瓦尔齐[2014]对此提供了最新概述;保罗和霍尔[2013,第 58 - 60 页]讨论了事件与因果关系理论的相关性。)这里有一个主要问题是,没有发生的事情是否可以视为事件[保罗和霍尔 2013,第 178 - 182 页]?(这个问题也与遗漏是否算作原因有关,如前所述。)HP 定义中因果关系的 As 和 Bs 可以更接近于哲学家所说的真实命题(或事实)[梅勒 2004],由于阐明所有这些概念及其关系远远超出了本书的范围,这里不再赘述。

在掷石示例中,尽管通过添加两个附加变量(BH 和 SH)来处理掷石,但这只是获取苏西的石头击中瓶子而比利的瓶子没有击中这一事实的众多方式之一,[哈珀恩和珀尔 2005a]考虑了按时间索引使用变量。

例 2.3.4(双重阻止)、例 2.3.5(原因缺失)和例 2.4.1(缺乏传递性)都源于霍尔,这些例子描述来自[霍尔 2004]的早期版本。同样,这些问题是众所周知的,并且在文献中早已提到过。请参见第 3 章及注释,有更详细的讨论。

例 2.3.6 是由保罗[2000]提出,在[哈珀恩和珀尔 2005a]中,使用变量 LT(火车在左轨道)和 RT(火车在右轨道)对模型进行了稍微改动。因此,在实际情况下,工程师按下开关,火车沿着右轨道行驶,得出 $F=1$,$LT=0$,$RT=$

0。通过选择变量,HP 定义的三个版本表明 $F=1$ 是 $A=1$ 的原因(可以将 RT 固定为 0,以获得 A 对 F 的反事实依赖性)。这个问题可用正则序考虑(参见示例 3.4.3 的最后一段)。无论如何,正如希契科克和作者指出的那样[哈珀恩和希契科克 2010],变量的选择有问题,因为 LT 和 RT 不独立,例如,将 LT 和 RT 都设置为 1 是什么意思?火车同时在两条轨道上行驶吗?就像在[哈珀恩和希契科克 2010]中所做的那样,使用 LB 和 FB 可以捕捉到霍尔故事的精华,同时避免了这个问题发生。关于能否独立设置变量的问题将在 4.6 节中详细讨论。

例 2.3.7 是由范・弗拉森提出的,由谢弗[2000b]以优先权(trumping preemption)为名引入。谢弗和路易斯[2000]声称,由于上级军官的命令胜过下级军官的命令,因此,上尉是命令的起因,而中士则不是。文中的分析表明确定因果关系对模型细节的敏感程度要求高。哈珀恩和希契科克[2010]指出,如果 C 和 S 有范围{0,1}(以及唯一的变量在因果模型中是 C,S 和 P),那么就没有办法获取到这样的事实,即在命令相互冲突的情况下,士兵将服从上尉。图 2.7 中介绍了用附加变量 SE 解决执行命令的问题模型,该模型在[哈珀恩和珀尔 2005a]中引用。

例 2.3.8 取自[哈珀恩 2015a]、(奥康纳[2012])说,每年在美国会报道大约 4000 例"保留手术用品"诉讼,这里仅讨论了一起此类案件引起的诉讼。

例 2.4.2 出自麦克德莫特[1995],他还给出了其他缺少可传递性的示例,包括在第 3 章中进行讨论的例 3.5.2。

因果关系的传递性问题一直是众多争论的主题。正如保罗和霍尔[2013]所说,"因果关系似乎是可传递的。如果 C 导致 D,而 D 导致 E,则 C 由此导致 E"。保罗和霍尔[2013,第 215 页]建议"保留传递性是对因果关系进行充分分析的基本要求",路易斯[1973a,2000]通过将因果关系视为单个因果依存关系的传递闭包(在术语为 ancestral),在因果关系的定义中强加了传递性。但是已经出现了许多对传递性产生怀疑的例子,理查德・希克尼斯[个人交流,2013]提出了动态平衡的例子,保罗和霍尔[2013]给出了一系列这样的反例,得出结论:"因果传递需要一个更完善的故事,从'C 导致 D'和'D 导致 E'到'C 导致 E'的推论需要条件,在这里通常可以假定获得这些条件,除非是在特殊情况下……"希契科克[2001]认为造成传递性问题的案例未能在相关事件之间包含适当的"因果路线"。命题 2.4.3、2.4.4 和 2.4.6 可以为传递性假设提供条件。这些结果在[哈珀恩 2015b]中得到了证明,并在第 2.4 节中进行了大量讨论。由于这些定义仅适用于若无原因,所有基于事实的叙述(不仅仅是 HP 叙述)都应认为是原因,因此对于反事实依赖和结构方程所有定义,结果都成立。

正如我所说,有许多因果关系的可能性可以用概率确定。例如,如果 $Pr(E|K_i \wedge C) > Pr(E|K_i \wedge \neg C)$ 是对所有因果相关的背景因素值 K_i 而言,以这些条件(独立定义背景因素对因果相关影响)为前提,伊尔斯和索伯[1983]认为 C 是 E 的原因,另见[伊尔斯 1991]。有趣的是,伊尔斯和索伯[1983]也根据其定义,为因果关系具有可传递性提供了充分的条件,该定义不包含反事实推理(因此第 2.4 节的结果不适用)。

概率因果关系的定义确实涉及反事实,例如路易斯[1973a]用概率定义了依赖关系,即 A 因果依赖于 B,当且仅当未发生 B 时,发生 A 概率比其实际概率要少得多。他将因果关系作为这种因果依赖关系的传递终止。此外还有其他几种方法定义因果关系。有关概述,请参见菲特尔森和希契科克[2011]。无论如何,如例 2.5.2 所示,以这种方式定义因果关系都是有问题的。最著名的例子出自罗森,并由苏佩斯[1970] 提出:一名高尔夫球手排队打球,但是她的挥杆动作不顺,而且切得很差,弧线球明显降低了"一杆进洞"的可能性。但是碰巧的是,球正好以正确的角度从树干上反弹,高尔夫球手一杆进洞。尽管弧线球会降低"一杆进洞"的可能性,但这个切球还是造成了"一杆进洞"。

以气压表读数低为条件而下雨的概率与由于进行干预将气压计读数设置低而下雨的概率之间的差异,被珀尔[2000]称为看到与做之间的差异。

示例 2.5.1、2.5.2 和 2.5.3 是[保罗和霍尔 2013]中示例的修改,有微小的修改,示例 2.5.3 的初始版本归功于弗里克[2009],"抽取概率"的想法是计算机科学中的标准,参见[哈珀恩和塔特尔 1993]以进行进一步地讨论和参考。诺斯科特[2010]主张使用确定性模型可获取心理学因果判断的重要特征,且提供了概率因果关系的定义。芬顿 - 格林[2016]按 HP 定义提供了概率因果关系的定义,不幸的是,他没有考虑到如何将他的方法应用在这些例子中。2.5 节中的大部分材料取自[哈珀恩 2014b]。

例 2.5.4 秉承了希契科克[2004]的例子。案例中胡安和詹妮弗都推动了一个偏振光子,这大大增加了光源发出的光子被偏振器透射的可能性。实际上,偏振器确实会透射光子。希契科克说:"问这种传播是否真的是由于胡安的推动而不是由于詹妮弗的推动,似乎很难确定,然而,每次推动都会增加这种效应(光子传输)的可能性,这仅仅是一个概率的问题,除了每个人的贡献大小外,没有任何因果关系。这是一个非常简单的情况,其中直觉没有被确定性假设所影响。"

希契科克的例子涉及微观层面的事件,无法抽取这种可能性。但是对于宏观事件可以像第 2.5 节中所述那样抽取概率,可以从类似例子中理解确定性假设的合理性。

鲍克和珀尔[1994]对背景中因果模型中如何进行概率查询评估进行了一般性讨论。

在[哈珀恩2003]中讨论了概率以外的不确定性的表示形式,包括几种概率测算方法及其运用。

路易斯[1986b,后记C]讨论了敏感因果关系,并强调在长因果关系链中,因果关系非常敏感。伍德沃德[2006]更加详细地探讨了这些问题,并指出,因果关系判断受到因果归因对其他各种因素的变化的影响。他指出,一些人认为将双重阻止和原因缺失视为非重要原因的理由,可能是这些原因非常敏感。用2.6节的语言来说,它们较低概率是充分原因。

珀尔和我[2005a]考虑了所谓的强因果关系,旨在获取充分因果关系背后的某些直觉,具体来说,通过添加子句延拓了更新的定义:

因果关系更新的HP定义加入的子句为对于 $\boldsymbol{W}$ 中所有设定值 $\boldsymbol{w}''$,均有 $(M,\boldsymbol{u})\models[\boldsymbol{X}\leftarrow\boldsymbol{x},\boldsymbol{W}\leftarrow\boldsymbol{w}'']\varphi$。

因此,代替要求 $[\boldsymbol{X}\leftarrow\boldsymbol{x}]\varphi$ 在所有情况下均成立,等同于无论 $\boldsymbol{W}$ 为何值,φ 都成立。此处给出的定义似乎与直觉更接近,并且可以通过将概率置于背景中来考虑充分因果关系。反过来,这使得有可能找出充分因果、和责备之间的联系。

尽管珀尔[1999,2000]并未定义充分因果关系的概念,但他确实谈到了充分性的概率,即 $X=x$ 是 $Y=y$ 的充分原因。即将 X 设置为 x 导致 $Y=y$ 的概率,以$X\neq x$ 和 $Y\neq y$ 为条件。忽略了该条件,这与此处给出的定义非常接近。达塔等[2015]考虑了一个概念,该概念与此处定义的充分因果关系概念相近,并指出该概念可用于区分联合和独立因果关系。霍诺尔[2010]在法律背景下讨论了联合因果关系和独立因果关系之间的区别。格斯滕贝格等[2015]讨论了充分因果关系对人们因果关系判断的影响。

非递归因果模型中因果关系的定义取自[哈珀恩和珀尔2005a]的附录。施特罗茨和沃尔德[1960]讨论了计量经济学中使用的递归和非递归模型。他们对因果关系的直觉的观点仅在递归模型中才有意义,并且一旦考虑到时间,通常可以将非递归模型视为递归模型。

例2.8.1驱动了因果关系的更新HP定义,这是来自于霍普金斯和珀尔[2003]。示例2.8.2摘自[哈珀恩2008]。霍尔[2007]给出了因果关系的定义,称为H-account,这要求式(2-1)成立(但仅适用于 $\boldsymbol{W}$,不适用于所有子集 $\boldsymbol{W}'\subseteq\boldsymbol{W}$)。取自[哈珀恩和珀尔2005a]的示例2.8.3表明,H-account不会声明 $V_1=1$ 是 $P=1$ 的原因,这似乎是有问题的。对于珀尔[1998,2000]因果关系的因果束定义,此示例也引起了相关问题的研究讨论。

霍尔[2007]、希契科克[2001]和伍德沃德[2003]给出了因果关系的例子,这些因果关系明确地指出了因果路径。在[哈珀恩和珀尔 2005a,命题 A.2]中,据称 **Z** 中的所有变量都可以被认为是在从 **X** 中的变量到 φ 的因果路径上。如示例 2.9.1 所示,一般来说这是不正确的。实际上,[哈珀恩和珀尔 2005a,命题 A.2]的证明中所使用的论点表明,对于因果关系的初始 HP 定义,所有 **Z** 中的变量可以认为是在从 **X** 中的变量到 φ 的因果路径(并且基本上是在命题 2.9.2 的证明中使用的观点)。因果关系的定义在撰写过程中从使用因果关系的初始 HP 定义更改为因果关系的更新 HP 定义[哈珀恩和珀尔 2005a],而命题 A.2 没有相应更新。

第3章　分级因果关系和正态性

也许我们相爱时所经历的感觉代表了一种正常状态。

—安东·契科夫

第2章介绍了许多示例,HP定义给出了因果关系的反直觉归因。本章将在解决这些相关示例问题时考虑正态性,本章将详细介绍这种方法,解决和许多其他问题。尽管HP定义使用正态性概念,但这些正态性概念也适用于其他因果关系的定义。

本章提出的方法是基于规范的观察影响反事实推理。这里引用第1章中卡奈曼和米勒的相关论述,"在确定因果关系中,通过改变原因导致事件结果发生的异常因果链,而非正常因果链,事件更有可能被解决"。本章将简要讨论默认、典型和正态性等问题,并说明如何考虑正态性拓展HP定义,最后阐释说明第2章中的示例以及其他问题。

3.1　默认值、典型性和正态性

拓展的事实因果关系要结合了默认值、典型性和正态性等定义,尽管这些定义有所不同,但都是相关的。

默认值是指假设在未提供其他信息的情况下,会发生什么情况或情况是什么。例如,默认情况下,可能假设鸟类会飞。如果知道翠迪是一只鸟,并且没有得到有关翠迪的进一步信息,那么就自然认为翠迪会飞,这种推论是可行的。当然,可以通过进一步的信息来了解,如果知道翠迪是企鹅,那肯定不会得出翠迪会飞行的结论。

典型性为一类属性,鸟类通常会飞,不仅在统计意义上说明鸟类普遍会飞行,而且说明飞行是"鸟"类的基本特征。尽管并非所有的鸟类都会飞,但是确实飞行与鸟类紧密联系。

"正规"一词模棱两可,似乎描述性和习惯性兼具。如果描述某种东西是正规的,也就是说在统计模式或接近均值下如此。但是更多习惯上,人们通常使用"标准"这个短语。遵守标准就是遵循习惯性规则。习惯性标准可以采取多种形式,有些是道德层面的,违反会受到谴责,例如法律没有明确规定禁止撒谎,但大多数人还是认为说谎是错误的。法律是社会领域所采用的一种规范,其他社会组织采用的政策也可以成为规范。例如,公司规定,除非医生签字,否则不允许员工请病假。在机器或生物体中也可能存在正常运行的规范,假定人的心脏和汽车引擎存在特定的工作方式,这里的“假定”不仅具有认识力,而且还具有标准作用。当然,不能正常工作的汽车发动机没有道义上的错误,但是从某种意义上说,它没达到某些标准。

尽管上述这看起来像是概念层面的混合,但实际上它们往往以多种方式交织。例如默认值能够得到推广,是源于其值在统计意义上属于正态分布(标准分布)范围内。某种意义上,推广鸟类会飞行这个默认假设,是因为大多数鸟类确实会飞行。如果根据多数成员共同具有某种特征,我们可将对象分类。这样,“鸟”这个类型就非常有用,因为大多数鸟都具备飞行能力这个特征。“正规”在统计和习惯性二者之间很难处理,大多数人很可能会违反道德或法律准则行事。尽管如此,不同的标准似乎经常可以相互启发,例如,实验表明,有些人在统计推理方面表现不佳,但可采用其他启发式方法。如有人认为与其以某种方式统计个人行为,不如知道人们在某些情况下如何行事。所以我们往往不采用实际的统计数据,而是使用脚本或模板来推理某些情况,各种习惯性标准可以在脚本构造中发挥作用。事实上,不同标准的混合有时会带来不良后果,例如一百年前,惯用左手的学生经常被迫学习用右手写字,某种程度上来说,人都用右手书写这个结论是错误的,因为肯定会有用左手书写的人。但是依据这种广义推断说明,我们会在不同“标准”之间游离徘徊。

卡奈曼和米勒说:“通过改变原因导致事件结果发生的是异常因果链,而非正常因果链,事件更有可能被解决。”实际上学者们是在谈论该如何构建反事实场景。他们还假设反事实和因果关系密切,并认为我们考虑的反事实场景会影响因果关系的判断。实验证实,标准会影响事实因果判断(尽管实验并未表明这种影响是通过反事实判断得出的)。文中将以卡诺伯和弗雷泽给出的示例进行说明(请参阅本章末尾的注释):

哲学系文书在她的书桌上放满了钢笔,规定行政助理可以取钢笔,教师们应该自己买,不能取钢笔,结果是行政助理通常会拿钢笔,然而事实上,教师们也会拿。文书已通过电子邮件多次向他们提醒,只允许行政助理拿钢笔。星期一早上,行政助理遇到了从文书办公桌旁走过的史密斯教授,他们都从文书的办公桌上拿了钢笔。当天晚些时候,文书需要记录一条重要消息的时候,发现桌子上已经没有钢笔了。

人们很有可能将没有钢笔归因于史密斯教授的行为,而不是行政助理的行为。HP 定义会将它们都视作原因,但无法进一步区分它们。3.2 节给出的拓展 HP 定义则能够区分它们。由于 HP 定义是基于反事实的,因此考虑正态性因素将影响证据的选择。虽然不能从实验中直接得出结论,即正态性因素会影响反事实判断,但鉴于因果关系与反事实之间的紧密联系,这个推论似乎合理。

3.2　拓展因果模型

除了因果结构理论(由结构方程建模)之外,我们可通过假设原因智能体具有“正态性”或“典型性”,可将正态性加入因果模型中。该理论一般包括以下“典型”表述:“通常,人们不会在咖啡中放毒”。通过很多方法可以为这种典型性语句赋予语义(请参阅本章末尾的注释),它们全都采用相对“正态”的方法来比较某些对象。这里把这些对象作为因果模型 M 中的类别集合,其中某个事物是内生变量的赋值,也就是在模型 M 中,完整描述内生变量的值。例 3.2.6 讨论了为什么这里的事物仅是对内生变量赋值,而不是对外生变量和内生变量一起赋值,就像 2.7 节中完整任务的分配一样。完整的任务分配基本等同于哲学将世界视为最大事物状态的概念,因此在这里对“世界”的用法与标准哲学用法并不完全相同。3.5 节讨论了一种替代方法,该方法在场景中考虑正态分布排序,非常类似 2.5 节场景中考虑概率。由于在递归模型中场景决定了所有内生变量的值,通过哲学标准的世界概念,场景可以通过完整的赋值来确定,但是这里,坚持按照定义顺序对事物进行正态分布排序。

大多数关于正态/典型性的方法都隐含对世界正态分布排序的假设:给定两个事物 w 和 w',要么 w 比 w' 更正规,要么 w' 比 w 更正规,或者两个事物同样正规。此处该方法的优点是允许额外可能性:就正规而言,w 和 w' 是不可比的。从技术上讲,这意味着正态分布排序是部分的,而不是整体的。

通过给定一种由内生变量集决定的语言,可以将事物视为情况的完整描述。因此以森林火灾为例,自然可能是 $U=(0,1)$,$L=0$,$MD=1$ 和 $FF=0$。即使火柴掉了,但是它没有被点燃就不会发生森林火灾。该示例所说“事物”不必满足因果模型方程。

为了便于说明,这里对术语做了一些规定,且在谈论单个变量或方程时,将使用“默认”和“典型”。例如可能会说一个变量的默认值为零,或者一个变量以某种方式典型依赖于另一个。谈论事物时使用了“正态”一词,从规范性上说,即一个事物比另一个事物更正规。假设用结构方程模型描述时,除非需要考虑其他特殊原因,在没有任何其他特殊原因的情况下,内生变量通常与另一变量关联,这就确保了典型事件的后续结果本身也是典型事件。

除这种微弱的限制外,本章不对任何典型的情况做假设,并将主观因素引入了因果模型。不同人可能会使用不同的正常排序,部分原因可能是专注于正态性的不同方面。这可能会让那些认为因果关系是物理世界客观特征的人感到困惑。本节仅关注正常排序的定义以及看起来没有争议的示例,第 4 章再具体讨论这个问题。需要指出的是,本书的模型已经具备主观特征,建模者还要确定变量的选择、哪些是外生变量、哪些是内生变量。

现在通过拓展因果模型提供正态性的正式模型。假设客观世界存在一个部分优先排序$\succeq$。直觉上,$s \succeq s'$表示 s 至少和 s'有一样标准。回顾 2.1 节,集合 S 中部分排序是自反的、非对称的、传递的,另有部分优先排序是自反的、传递的,但不一定是非对称的;这意味着我们可以有两个世界 s 和 s',以至于 $s \succeq s'$且 $s' \succeq s$,却不存在 $s = s'$。也就是说,我们可以有两个截然不同的世界,至少存在一个和另一个同样标准。作为对比,这个标准排序$\succeq$对于自然数来说是非对称的;如果 $x \geqslant y$ 且 $y \geqslant x$,则 $x = y$。(反对称性的要求是将全部或部分排序与优先序区分开。)如果 $s \succeq s'$,且不存在 $s' \succeq s$,那么 $s \succ s'$,如果 $s \succeq s'$,且 $s' \succeq s$,那么 $s \equiv s'$。因此,$s \succeq s'$表示 s 比 s'更正常,而 $s \equiv s'$表示 s 和 s'同等标准。注意这里并非假设$\succeq$覆盖全部情形,很可能存在两个世界 s 和 s'在正态性方面是不可比较的。s 和 s'不可比较的事实,并不意味着它们有相同的标准。我们可以将其解释为,智能体不认为 s 或 s'比另一个更标准,或者不认为它们同等标准,可能因为它们根本无法在正态性上进行比较。

回顾一下,正态性可以用频率解释。因此,通常说鸟类之所以会飞是因为会飞行的鸟的比例要远高于不会的,可以理解为这个世界上会飞的鸟比不会飞的鸟更常见。如果用概率来理解,那么鸟儿会飞的概率比不会飞的概率更大。尽管可以将 $s \succ s'$解释为 s 比 s'更有可能出现,但这种解释并不合适。一方面用概率来说明$\succeq$,其意思是想通过$\succeq$将所有可对比的事物进行总排序,允许$\succeq$局部化是有优势的(有关这一点的更多讨论,参见本章末尾的注释);更重要的是,即使从概率角度考虑,$s \succ s'$使 s 比 s'的可能性更大。

设拓展的因果模型设为元组 $M = (S, F, \succeq)$,其中(S, F)是因果模型,而$\succeq$是事物的部分优先序,可用于比较不同事物标准差异。特别是$\succeq$用于将真实世界与干预过的世界进行对比时,哪个世界是真实世界?这取决于具体情况。在递归拓展因果模型中,情境 $\boldsymbol{u}$ 确定的世界用 s_u 表示,我们可以将情况 s_u 视为真实世界;只要没有外部干预,在 $\boldsymbol{u}$ 中设置了外生变量后世界就会存在。

考虑到事物排序,现在对 HP 的定义进行一些改进。这里从初始和更新 HP 定义开始。拓展因果模型 M 和场景 $\boldsymbol{u}$ 下,定义 $\boldsymbol{X} = \boldsymbol{x}$ 是 φ 的原因,那么根据定义 2.2.1,如果 $\boldsymbol{X} = \boldsymbol{x}$ 是 φ 的一个原因,可在 AC2(a)基础上增加一个条件 $s_{\boldsymbol{X}=\boldsymbol{x}', \boldsymbol{W}=\boldsymbol{w}, \boldsymbol{u}} \succeq s_{\boldsymbol{u}}$,其中

$s_{X=x',W=w,u}$是场景 u 中 X 取 x，W 取 w 的原因。这就是要求证据世界至少和现实世界有一样标准，这是对 AC2(a)的拓展，即 AC2$^+$(a)。

AC2$^+$(a)：V(内生变量集)划分为两个不相交的子集 Z 和 W，$X\in Z$，x'是变量 X 的值，w 是变量 W 的值，那么，$s_{X=x',W=w,u}\geq s_u$，$(M,u)\models[X\leftarrow x',W\leftarrow w]\neg\varphi$。

这可以看作是卡奈曼和米勒观察的形式化，即我们倾向于改变事物的非典型特征，并使其概率更加典型，反之亦然。这种公式化表述中，仅当考虑的世界至少和真实世界一样标准时，对现实世界干扰形成的世界才会适用于 AC2$^+$(a)法则。如果我们使用改进后的 HP 定义，则 AC2(a^m)能用同样的方法拓展为 AC2$^+$(a^m)。AC2$^+$(a)和 AC2$^+$(a^m)之间唯一区别是，后者 AC2$^+$(a^m)(就像在 AC2(a^m)一样)，在真实情况中 w 是变量 W 的集合(即，$(M,u)\models W=w$)。

总的来说，正态性问题是由于 HP 定义的各种变形差异导致的。为了便于说明，如果没有特别标识，本章剩下部分将使用更新 HP 定义和 AC2$^+$(a)。使用 AC2$^+$(a)而不是 AC2(a)，可能会引发其他问题。但其正态性合理假设可以解决第2节的问题。

例 3.2.1　据我观察，避免把"氧气的存在"视为"森林燃烧"原因的方法，是在模型中去掉氧气这个变量，或者将"氧气的存在"视为外生变量。但是假设有人想将氧气视为内生变量，那么只有没有氧气的世界比有氧气的世界异常，那么氧气的存在就不是造成森林大火的原因，AC2$^+$(a)失效。

但是，假设火灾发生原因是当一根点燃的火柴掉入一个没有氧气的实验室。然后，大概率会有不同的正常排序。此时氧气的存在是非典型的，那么从证据这个层面看，将氧气视作火灾的起因和火柴视作火灾的起因，其正常是一样的(或者至少没有严格少于火柴的正规)。这种情况下，大多数人会认为氧气的存在是起火原因。

例 3.2.2　回顾例 2.3.5，除了他的医生外，还有很多医生可以治疗比利。如果周二比利的医生没有对比利进行诊治，那么比利的医生似乎是比利生病的合理原因，而其他医生似乎不是他生病的原因。如果考虑正态性，这很容易解决。比利的医生医治比利和比利的医生不医治比利是同样正常，这似乎完全合理。如果其他医生医治比利比不治疗比利更不正态，这似乎也合理。基于这些假设，使用 AC2$^+$(a)，比利的医生不治疗比利是他生病的原因，而其他不治疗他的医生则不是原因。因此，使用正态性可以从人类直觉出发，而无需考虑概率充分性(请参阅 2.6 节中的讨论以作比较)。

什么条件下能够证明比利的专属医生，比其他随机挑选的医生对他进行治疗更为正常排序？3.1 节讨论的所有解释均可以导致此判断。从统计学上讲，与随机挑选的医生相比，患者更有可能接受专属医生治疗。假定默认情况下，患者接受专属医生治疗。某种意义上说，患者的医生会对患者进行典型治疗，这是专属医生的特征，病人的医生会医治病人是一种规则。

哲学家声称，遗漏绝不能被视作原因。尽管我不同意这种观点，但可以通过不采取行动总是比采取行动更为正常的方式将其纳入框架中。也就是说，假设两个域 s 和 s' 在所有方面（即所有变量的值）都是一致的，除了某些智能体在域 s 中不执行域 s' 的行为，即拥有 $s > s'$。（顺便说一句，由于 $\geq$ 允许部分行为，所以说，如果不同的智能体在域 s 和 s' 执行不同的行为，那么我们就认为 s 和 s' 不可比较。）

同样，我们也考虑所有遗漏都可以算作原因的观点。本质上这种观点是 HP 定义的基础，并且可以恢复初始 HP 的方法，因此只需简单地使所有事物都处于同等水平，就可以消除遗漏和其他潜在原因之间的区别。实际上通过这样做，可以有效消除描述中的标准现象，恢复初始 HP 定义。

当然，可以通过选择适当的常态排序来考虑这些观点，这一事实引起了人们的担忧，即可以这种方式对有关因果关系的任何结论进行逆向思考。尽管给模型添加正态性确实为建模者提供了很大的灵活性，但是这里的关键词是"适当的"。建模者会争辩说，选择常态排序是合理且适当的，以捕获对建模情况的直觉。尽管对于什么才算是"合理的"肯定会存在一些分歧，但是建模者没做任何处理，几乎是空白的，4.7 节将继续回顾解决这个问题。

上述这些例子已经表明，一旦考虑到正态性，因果关系的递归性可能会发生重大变化。若无原因可能不再是原因（根据 HP 定义的所有变体）。氧气的存在显然是引起火灾的一个根本原因，因为如果没有氧气，就不会发生火灾但是我们认为"氧气的存在"是理所当然的，我们不想将"氧气的存在"称为原因。

此外，虽然存在这样的例子，根据更新 HP 定义的原因同样是根据初始 HP 定义的原因，但一旦考虑到正态性，定理 2.2.3 的其他部分就会失效。

例 3.2.3 假设有两个人投票赞成某个特定的结果，并且需要两票才能获胜。每张选票都是若无原因，因此 HP 所有定义版本都宣布每个选民都是原因。但是，现在假设我们采用正常排序，使得两个选民以不同的方式投票是非正常的，因此，一个选民投票赞成而另一个投票反对的事件要比两个投票者都赞成或反对的事件非正常。用 V_1 和 V_2 两个变量分别描述选民如何投票，用 O 来描述投票结果，然后采用常态排序，$V_1=1$ 或者 $V_2=1$ 都不是 HP 定义下获胜的原因，但 $V_1=1 \wedge V_2=1$ 是一个原因，因此，根据初始 HP 定义，一旦考虑了正态性，这意味着原因将不必是单一的。此外，如果当 $V_1=V_2=0$，这个条件集合是非正常的，因为找不到 $O=1$ 原因。

在这种情况下没有原因的事实似乎没有道理。在考虑正态性条件下，结果从本质上被视为已成定局，因此不需要原因。但是在其他情况下，没有原因的事例似乎不合理。

例 3.2.4　假设比利生病了，比利的医生给比利治病，而比利第二天恢复健康。在这种情况下，我们肯定要说比利的医生对他的医治是他第二天恢复健康的原因。事实上，这是比利康复的一个若无原因。但是，如果假设在比利患病时，医生对他治疗比不对他治疗更为正常，那么考虑到正态性，比利康复是没有原因的！可以很容易地构造出许多其他示例，如果事情正常发生，则找不到原因（园丁给她的植物浇水不是植物存活的原因；如果正常开车回家，那么开车回家的事实并不是下班 20 分钟后回到家的原因，等等）。此问题将在 3.3 节的分级因果关系中讨论。

例 3.2.5　再次考虑例 2.9.1 中有闪电和两个纵火犯。正如观察到的那样，根据改进 HP 定义，闪电不再是引起森林火灾的原因，因为每个纵火犯本身就是原因。但是，我们假设存在这样一个场景，那里 $MD \neq MD'$ 是非正常的。这与本例是一致的，该故事说一个纵火犯丢弃火柴"在正常情况下不会发生"，这与 $MD \neq MD'$ 方程式不一致。在这种情况下，根据改进 HP 定义的拓展因果模型，$MD = 1$ 或 $MD' = 1$ 都不是 $FF = 1$ 的原因，因为两者都不满足 AC2^{+}(a^{m})。根据改进 HP 定义，$L = 1 \wedge MD = 1$ 变成了 $FF = 1$ 的原因，且 $L = 1$ 再次成为 $FF = 1$ 的部分原因。

例 3.2.6　考虑投石例子的复杂模型 M'_{RT}，在这个场景中，比利扔石头，苏西不扔石头，比利没有命中算异常。根据修改 HP 定义，需要证明苏西投掷是瓶子被击中的原因。因此，在这种常态排序情况下，$ST = 1$ 不会成为原因；相反，$ST = 1 \wedge BT = 1$ 是其中一个原因，这似乎是不合适的。但是，根据初始和更新的 HP 定义，$ST = 1$ 仍然是一个原因，因为我们现在可以作为见证人看见 $ST = 0$ 和 $BT = 0$，允许变量 $\boldsymbol{W}$ 取现实场景以外的其他值。因此，根据改进 HP 定义，$BT = 1$ 是部分原因。

例 3.2.6 部分说明了为什么对场景事件进行常态排序，因为事件仅是将值分配给内生变量。证据世界中 $BT = 1$，$BH = 0$，$ST = 0$ 非正常，即使在假定比利命中率很高，他投掷并错失是非正常的。

但是，对这个事情进行正常排序并不能挽回局面。一方面，根据例 3.2.6 中修改 HP 定义，比利的投掷应该是原因的一部分，这似乎有些令人困惑。假设考虑更丰富的投石模型 M^{*}_{RT}，其中包括变量 BA，因为"比利是一个准确的投石者"。在 M^{*}_{RT} 中，将比利的准确性问题转移到了背景之外，使它成为一个明确的内生变量。现实世界中，比利的投掷是准确的，即 $BA = 1$。注意这里甚至可能用观察结果对此加以限制,可以看到比利的投石从上方下落到苏西投石撞击并打碎瓶子的地方。对于初始和更新 HP 定义,这里仍然没有问题。如果 s 是真实世界,那么 $s_{BH=0,ST=0,u}$ 至少和 s_u 一样正常。尽管 $s_{BH=0,ST=0,u}$ 中 $BA=1$,如果他没有投掷,对比利没有击中瓶子来说依然是正常的。

另一方面,根据更新 HP 定义,对于当前 $s_{BH=0,ST=0,u}$,需要证明苏西的投石是造成瓶子破裂的原因,设 $BT=1$,$BA=1$ 和 $BH=0$:尽管比利投石很准,但他没有击中瓶子,这似乎不太正常。但是,如果这个世界是非正常的,那么根据更新 HP 定义,苏西的投掷就不再是造成瓶子破裂的原因。

如果用自动抛石机比利(投石机)代替比利本人,这会变得更糟(根据因果思维判断)。同样,如果 BA 不是程序的一部分,情况似乎还过得去。编程错误或其他故障仍可能导致投石机未击中,但是当使用程序 BA 时(这种情况下,取 $BA=1$ 表示机器没有故障且已正确编译),对于 $BA=1$,$BT=1$ 和 $BH=0$ 至少与现实世界一样正常。

这是否意味着于更新 HP 定义(与正态性结合使用)出现了严重的问题?我不这么看。尽管乍看起来似乎合理(文献所述),但问题的真正根源在于考虑事物发生的正态性。3.5 节将回顾这一点,会考虑另一种定义正态性的方法。现在用另一种方法来处理投石示例,该方法的优点是将正态性与因果关系相结合。

3.3 分级因果关系

如上所述,AC2$^+$(a)和 AC2$^+$(a^m)是全有或全无条件;要么考虑一个合乎逻辑的特定世界(证据世界),或者考虑一个不符合逻辑的特定世界。某些情况下,为了证明 A 是 B 的原因,可能需要考虑一种不太可能的干预,但它是唯一可行的,这正是抛石机的情况。

如例 3.2.3 和 3.2.4 所示,对于某些正常排序,某些事件可能根本没有原因(尽管忽略了正态性约束,它们依然可能会有原因)。可以通过使用正态性对真实原因进行分级。这样做可以让我们回应和解释人们对有关真实因果关系的质询。例如,当运用反事实来处理因果关系时通常会导致结果 φ 有多种原因,人们通常在询问原因时仅提及其中之一。对此的一种解释是,人们总是根据正态性选择最佳原因。

确切地说,如果使用初始 HP 定义,当变量 $\boldsymbol{W},\boldsymbol{w},\boldsymbol{x}'$ 在 AC2(a)和 AC2(b^u)中的值保持 AC2(a)和 AC2(b^o),在背景 $\boldsymbol{u}$ 中,当 $\boldsymbol{X}=\boldsymbol{x}'$ 是 φ 的原因时,可以说 s 是 $\boldsymbol{X}=\boldsymbol{x}$ 的证据世界(或仅仅是证据);如果使用改进 HP 定义 AC2$^+$(a^m),在背景 $\boldsymbol{u}$

中,当 $\boldsymbol{X}=\boldsymbol{x}'$, $\boldsymbol{W}=\boldsymbol{w}$ 时,s 是内生变量。换句话说,证据 S 能够证明 AC2(a)成立。正如在 2.2 节中所述,作为证据的三维数组($\boldsymbol{W},\boldsymbol{w},\boldsymbol{x}'$)在证据 s 中是连续函数,这个三维数组决定了一个独特的证据集。对于证据集和三维数组,我们继续使用"证据"一词。

通常当 $\boldsymbol{X}=\boldsymbol{x}$ 是($M,\boldsymbol{u}$)中 φ 的一个真实原因时,可能存在许多证据。如果没有其他证据 $s'>s$,那么可以说对 $\boldsymbol{X}=\boldsymbol{x}$ 是 φ 的原因来说 s 就是最佳证据(请注意,最佳证据可能不止一个)。根据最佳证据的正态性,可以对候选原因进行分级。相比于其他候选原因,作为最佳证据的正态性功能,我们希望有更多人愿意判断 $\boldsymbol{X}=\boldsymbol{x}$ 是($M,\boldsymbol{u}$)中 φ 的一个真实原因。因此,在这种情况下,如果还有其他更正态的证据,则不太倾向于判断 $\boldsymbol{X}=\boldsymbol{x}$ 是 φ 的真实原因。

请注意,一旦允许因果关系的分级,将使用 AC2(a)(或 AC2$^+$(a^m))而不是 AC2$^+$(a)(分别为 AC2$^+$(a^m));正态性仅将原因描述为"好"或"差"。例 3.2.2 中,除了比利的医生以外,其他医生没有治疗比利仍然是比利在星期二生病的原因,但这是一个弱的原因,只要能找到一个更好的原因,绝大多数人都会忽视它。另一方面,在例 3.2.4 中,医生治疗比利是第二天比利康复的原因,并且是唯一原因,因此可以将其称为"该"原因。通常,一个事件具有差的原因是需要我们进一步解释的,反之无需解释(请参见例 3.4.1)。但是,如果我们正在寻找原因,那么即使是差的原因也总比没有好。

在继续讨论之前应该指出,在因果关系的哲学文献中通常会争辩,尽管人们确实对因果关系进行了分级,但是这样做是错误的(有关这一点的更多讨论,请参见注释)。我们的目标之一是要建立因果关系的概念,使其与人们使用该词的方式相匹配,并且更有效。获得合理的因果关系定义对其原因等级进行区分很重要,因为其对分析因果关系有帮助。我们之所以要确定因果关系的部分原因是为了考虑如何区分原因等级问题。例如比利康复原因,人们也很想了解为什么比利的医生不治疗他,我们也不需要了解其他医生不治疗比利。

3.4　更多例子

本节将提供更多示例,说明在因果关系的定义中增加正态性的作用以及按分级因果关系进行思考的优势。

3.4.1　克诺比效应

回顾 3.1 节讨论克诺比和弗雷泽实验插图,史密斯教授和行政助理都从文书的桌子上拿钢笔。阅读此图后,向受试者随机提出以下问题,并要求他们按照7分制从 -3(完全不同意)到 $+3$(完全同意)对他们的意见进行排名:史密斯教授引起了问题;行政助理引起了问题。

受试者对第一项意见的平均评分为2.2,表明同意,而对第二项意见的平均评分为 -1.2,表明存在分歧。因此,由于这两个行为的正态分布状态不同,受试者在判断这两个意见时会有所不同。(请注意,仅向受试者显示了其中一种意见,没有在两种方法之间选择。)

在另一个实验中,向受试者展示了类似的描述场景,但是这次教授和行政助理都被允许使用钢笔。在这种情况下,受试者倾向于给出中间值。就是说,当更改描述场景以使史密斯教授拿钢笔不会违反规定时,受试者不仅不太倾向于认为史密斯教授是造成问题的原因,而且他们更倾向于判定行政助理造成了问题。对这些判断的最合理的解释是,受试者更愿意说行政助理是导致问题的直接原因,而不大愿意说史密斯教授是导致问题的原因。这表明,真实因果关系至少是部分可比较的。初始描述场景的因果模型具有三个内生变量:

(1)如果史密斯教授拿笔,则 $PT=1$,反之,$PT=0$。

(2)如果行政助理拿笔,则 $AT=1$,反之,$AT=0$。

(3)如果文书无法接收消息,则 $PO=1$,反之,$PO=0$。

存在一个等式:$PO=\min(PT,AT)$(等效地,$PO=PT\wedge AT$)。外生变量使得 PT 和 AT 均为1。因此,在真实世界中,我们得到 $PT=1,AT=1,PO=1$。

$PT=1$ 且 $AT=1$ 是 $PO=1$ 的若无原因(根据定义的三个变体)。当 $PT=1$ 时,最佳证据原因就是 $PT=0,AT=1,PO=0$;当 $AT=1$ 时,最佳证据的原因就是 $PT=1,AT=0,PO=0$。(在本书中,我们用元数组描述了一个世界,该元数组由内生变量值组成。)故事表明,将证据 $PT=1$ 视作原因比证据 $AT=1$ 视作原因更加正常,因为"行政助手可以带笔,但教授应该自己买"。根据上面的定义,这意味着人们更有可能认为 $PT=1$ 是真实原因。但是,如果描述场景未指定其中一项动作违反了规定,则我们希望两个证据的相对正态性更加接近,这反映在受试者对真实原因的评估。

这个例子说明了对因果关系进行"分级"的作用。就像上文所论述的,专注于一个原因而忽略另一个原因是错误的(这是分级方法在实践中的一个极端)。实际上,"平等主义"概念完全适用于因果结构层面,如因果模型方程所表示。这些方程可以说是事物的客观特征,并且对诸如情况显著性和人类对正态性的考虑之类的因素不敏感。务实的主观因素决定了真实原因选择的,并将其标记为"该"原因(或至少称为"更好"的原因)。

3.4.2　虚假预防

以下“防伪”示例说明在因果模型中引入正态性因素的原因。

例3.4.1　刺客拥有致命的毒药,但在最后一刻改变了主意,拒绝将其放入受害者的咖啡中。保镖将解毒剂放入咖啡中,可以消解毒药。受害者喝了咖啡并且存活。是不是保镖放入解毒剂才使受害者幸存?大多数人不会赞同,但根据初始和更新HP定义,它确实是。因为在刺客放毒的情况下,如果保镖放入解毒剂,受害者才能得以幸存。根据改进HP定义,保镖放入解毒剂不是原因,而是原因的一部分(包含刺客也不投毒)。尽管后者的情况可能并不完全合理,毕竟,如果保镖没有放解毒剂,而刺客确实放了毒药,那么受害者就会丧生,但是大多数人不会将保镖或刺客当作原因。

对于例3.4.1,如果我们使用显性变量来描述问题,则所得到的结构方程与森林火灾示例的不同版本是同构的,其中点燃火柴或闪电足以起火。具体来说,将例3.4.1中的内生变量设为A(当“刺客不放入毒药”),B(当“保镖放入解毒剂”)和VS(当“受害者幸存”)。这样有:

(1)如果刺客没有放毒,则$A=1$,反之,$A=0$;

(2)如果保镖放入解毒剂,则$B=1$,反之,$B=0$;

(3)如果受害者幸存,则$VS=1$,反之,$VS=0$。

这样A,B和VS分别等同于等式中L,MD和FF。A和B由环境确定,并且$VS=A\vee B$。根据初始和更新HP定义,从背景可知闪电和纵火者丢弃火柴都能引起森林火灾(而经过改进HP定义将它们视作部分原因),这似乎是合理的。出于同样的理由,初始和更新HP定义模型中$A=1$,$B=1$是$VS=1$的原因,而经过改进HP定义认为它们是原因的一部分。但保镖放入解毒剂是原因甚至是部分原因似乎是不合理的。然而,在这两个示例中根据结构方程的任何定义都必然给出相同的答案。

使用正态性为我们提供了解决问题的直接方法。在真实世界中,$A=1$,$B=1$,$VS=1$。当证据世界是$A=0$,$B=0$和$VS=0$时,$B=1$是$VS=1$的原因。假设A典型值为1,而B典型值为0,这导致两个正常排序($A=1$,$B=1$,$VS=1$)和($A=0$,$B=0$,$VS=0$)是不可比较,尽管两者都非正常,但是它们这种非正常是不可比较的。使用AC2$^+$(a),得出$B=1$是$VS=1$原因的唯一证据世界与真实世界不可对比,因此,$B=1$不是$VS=1$的真实原因。

注意,如果使用AC2$^+$(a),则$A=1$也不是$VS=1$的原因,情况($A=0$,$B=0$,$VS=0$)是$A=1$为$VS=1$原因的唯一证据,这意味着$VS=1$没有原因。同样,在这种情况下,不会寻找$VS=1$的典型解释或原因,因为一直以来都被这样期望。

但是,如果使用分级因果关系来寻找原因,根据初始和更新的 HP 定义(当然要考虑到正态性),将 $A=1$ 和 $B=1$ 都设为 $VS=1$ 的原因。他们的等级为"差",使用改进 HP 定义,将 $A=1 \wedge B=1$ 的交集视为原因。同样,如果没有更好的选择,倾向于接受"差"的原因。

现在假设一个典型的暗杀事件,刺客躲在某个角落。其他所有条件都不变,是否要使 $A=0$ 的情况比 $A=1$ 的情况更正常?的确,即使暗杀不常见,刺客下毒药也难道不是很常见吗?毕竟刺客就是这么做的。这里我们对"正态性"做两种不同解释。即使暗杀频繁发生,在道德上也是不可接受的,因此,在道德上是非正常的。不过,也许我们会更愿意接受刺客不放毒的行为是受害者幸存下来的原因。当然不会将 $VS=1$ 视为不再需要解释的事件。想象一下幕后策划人将刺客送去谋杀受害人,然后发现受害人还活着。现在他想解释一下,关于刺客没有放入毒药似乎更加合理。

尽管使用正态性(虽然需要一些附加说明)能够解决刺客问题,但还存在另一种可以更好的解释此示例的方法,可以完全避免正态性问题。这个想法在本质上与抛石问题的处理方式相似。在模型中增加一个变量 PN,代表毒药被中和的化学反应是否发生。当然,如果刺客放毒药进去,$PN=1$ 表示投入毒药和保镖加入解毒剂。因此,该模型得到以下两个方程式:$PN=\neg A \wedge B$(即$(1-A)\times B$)和 $VS=\max(A,PN)$(即 $A \vee PN$)。

因此,在真实世界中,在 $A=1$ 和 $B=1$ 的情况下,$PN=0$,毒药不会被中和,因为从一开始就没有毒药。在不考虑正态性的情况下,根据初始的或更新的 HP 定义,添加 PN 后,$B=1$ 不再是 $VS=1$ 的原因。显然,如果 $B=1$ 是原因,则集合 $\mathbf{W}$ 必须包含 A,并且设置 $A=0$。问题在于 PN 是属于 $\mathbf{Z}$ 还属于 $\mathbf{W}$,不管哪种方式,AC2(b^o)不成立。如果 $PN \in \mathbf{Z}$,则其初始值为 0,如果 A 设置为 0 且 PN 的初始值设置为 0,则 $B=1$,$VS=0$。相反,如果 $PN \in \mathbf{W}$,且等式 AC2(a)有意义,则必须设置 $PN=0$,否则 AC2(b^o)将不成立。

但是,根据 HP 定义三个版本定义,$A=1$ 是 $VS=1$ 的原因。(如果将 PN 的实际值设定为 0,并设置 $A=0$,则 $VS=0$。)因此,根据改进 HP 定义,$B=1$ 甚至不是 $VS=1$ 的部分原因。(这来自定理 2.2.3)尽管 $B=1$ 不是 $VS=1$ 的原因似乎很合理,那么 $A=1$ 作为原因是合理的吗?有趣的是,相比于 $B=1$,大多数人似乎对此并不反感,考虑正态性有助于解释 $A=1$ 比 $B=1$ 更好。

有趣的是,这个例子是引入正态性,尽管可能没有必要使用正态性来处理它,但是此示例的变量确实发挥了作用。

例 3.4.2 同样,假设保镖在受害者的咖啡中加入了一种解毒剂,现在刺客在咖啡中加入了毒药。如果保镖没有放解毒剂,刺客就不会在咖啡中放毒药(也许刺客只是为了使保镖表现更出色而放了毒剂)，形式上有等式 $A = \neg B$。现在，受害者喝了咖啡并存活。

保镖放入解毒剂是否是受害者幸存的原因呢？根据 HP 定义的三个版本，很容易发现的确如此。如果我们设置 $A=0$(其在真实世界中的值)，那么只有当保镖放了解毒剂时，受害者才能幸免，直觉这不合理。通过加入解毒剂，保镖消除了他行为集合中其他因果路径：刺客放入了毒药。

在这里，正态性证明非常有用。保镖没有放解毒剂但刺客无论如何都放了毒药的世界(即 $A=B=0$)直接与故事情节相矛盾。根据这个故事，应该将这个视为作非正常事件，在真实世界中，$A=0$ 和 $B=1$。因此，正如我们所期望的那样，在拓展模型中，$B=1$ 不是 $VS=1$ 的原因。

如下例所示，考虑正态性并不能解决所有问题。

例 3.4.3 考虑例 2.3.6 中的火车，它可以走不同的轨道到达车站。如果仅使用变量 F(用于"拨动")和 T(用于"轨道")对其进行建模，拨动开关并不是火车到达车站的原因。但是，如果增加变量 LB 和 RB(分别为左侧阻塞和右侧轨道阻塞，真实情况下 $LB=RB=0$)，则根据初始和更新的 HP 定义，而不是改进 HP 定义，它确实是原因。大多数人不会考虑拨动开关是火车到达的原因。如果考虑正态性，即使使用初始和更新的定义也可以得到此结果。具体来说，假设最初火车要驶向左轨，切换后火车驶向了右轨。为了表明切换是其原因，请考虑证据世界，其中 $LB=1$(且 $RB=0$)。如果我们合理假设此世界没有比真实世界($LB=RB=0$)更正常，那么即使使用初始和更新的 HP 定义，拨动开关也不是原因。

但是正态性并不能完全解决这一问题。假设我们考虑两个轨道都被阻塞的情况。在这种情况下，按照初始和更新 HP 定义，切换视作火车未到达的原因(通过考虑 $LB=0$ 是偶发事件)，正态性考虑没有发挥作用。因为 $LB=0$ 为偶发事件比真实情况更正常，在实际情况下，轨道被阻塞。改进定义与人们的直觉匹配更好，它没有把拨动开关视作原因。

如第 2 章的备注所述，还有另一种建模方法。使用变量 LT("火车在左轨道上")和 RT("火车在右轨道上")，代替变量 LB 和 RB。在真实世界中，$F=1$，$RT=1$，$LT=0$ 和 $A=1$，根据 HP 定义，现在 $F=1$ 是 $A=1$ 的原因。如果 $LT=0$，$F=0$，那么 $A=0$。但是在这种情况下，考虑正态性确实发挥了作用：尽管开关设为左边，火车却没有行驶在左边轨道的世界比真实世界更不正常。

3.4.3 投票示例

投票可能会导致某些明显不合理的因果结论(如果我们的模型简单)。考虑杰克和吉尔,他们生活在共和党占绝大多数的地区。不出所料,共和党候选人以压倒性多数获胜。吉尔正常会投票给民主党,但却没有,因为她对投票程序感到厌恶。杰克正常会投票支持共和党,但却没有,因为他认为他的投票不会影响选举结果。在初级模型中,根据 HP 定义,杰克和吉尔都是共和党获胜的原因。因为如果有足够多支持共和党的人投票改投民主党或投弃权票,那么如果杰克(或吉尔)投票支持民主党,民主党就能赢或者是平局,反之,而共和党能赢或者是平局。

我们可以通过构建这些偏好的模型而做到更好,一种方法是假设他们的偏好强烈,以至于我们也可以认为他们是理所当然的。因此,偏好成为外生变量,唯一的内生变量是他们是否投票(以及投票结果),如果他们都根据自己的喜好投票,在这种情况下,杰克不投票不是结果的原因,而吉尔不投票是原因。

更一般地,采用这种方法,某个政党坚定支持者的弃权是一个外生变量,并且坚定支持者的投票不是最后获胜的原因,这似乎是合理的。毕竟,在国会,分析师谈到政治选举胜利的原因时,关注摇摆不定的选民,而不是被认为坚定支持某一方的选民。

也就是说,使变量成为外生变量似乎是解决该问题的方法,偏好应该在什么时候从内生转变为外生?通过考虑正态性,我们以一种更为自然的方式来达到相同的效果。在杰克和吉尔的例子中,我们可以认为杰克投票给民主党很不正常,吉尔投票给共和党是很不正常的。为了证明杰克(吉尔)的弃权是胜利的原因,我们需要考虑杰克(吉尔)投票给民主党这样的偶发情况。对于杰克来说,这将是一个高度非正常的世界,而对于吉尔来说,将是一个更为正常的世界。因此,如果我们使用正态性作为确定因果关系的标准,则吉尔将被视为原因,而杰克不会。如果我们使用正常作为对分级因果的一种方式,杰克和吉尔都可以算作共和党胜利的原因,但吉尔将是一个更好的原因。一般来说,本应投给民主党的选民越弃权,这个选民就越容易被视作理由。

现在考虑这样一次投票,每个人都可以投票给三个候选人之一。假设真实投票为 17 : 2 : 0(候选人 A 得 17 票,候选人 B 得 2 票,候选人 C 无票)。根据初始和更新 HP 定义,不仅对候选人 A 的每一次投票都是 A 获胜的原因,对候选人 B 的每一次投票也都是 A 获胜的原因。要理解这一点,请考虑一种意外情况,其中 A 的 8 个投票者转投票给 C,然后,投票给 B 其中一人的转投给 C,结果 A、C 平局。如果某选民还是投票给 B,则 A 获胜(即使从 A 转投到 C 的部分选民没有转投回 A)。根据改进 HP 定义,每个投票给 B 的选民都是 A 获胜的原因之一。这个论点在本质上是相同的:如果投票给 B 的某个选民投票给 A 的 8 个选民都投票给 C,那仍是平局,这样 A 不会赢。

这合理吗？似乎特别不合理的是，如果这只是 A 和 B 之间的比赛，票数为 17∶2，那么 B 的选民就不会成为 A 获胜的原因。为什么添加第三个选项会有所不同？可以说，改进 HP 定义清楚地说明了为什么增加第三个选项会有所不同：第三个候选人可以在适当的情况下获胜，并且这些情况包括 B 的选民更改候选者。

确实在某些情况下增加第三种选择很可能会有明显不同。例如，在 2000 年大选中纳德使得戈尔败给了小布什。但是，我们并没有说戈尔要让纳德赢得胜利，尽管朴素的 HP 模型下，戈尔的所有选民都是纳德失败的原因，而纳德的选民也是戈尔未获胜的原因。上面的讨论指出了摆脱这种困境的一种方法。如果小布什和戈尔的选民中有足够多的人是坚决的支持者，他们永远不会改变主意，而我们让他们的选票成为外生因素，那么纳德会是戈尔败北的原因（如果纳德没有参加竞选，假设大多数纳德支持者会投票给戈尔），但戈尔导致纳德输了的情况并非如此，类似的考虑适用于 17 票对 2 票的情况。同样，我们可以采用考虑正态性来给出这些示例的建立更自然的模型，正如我们将在第 6 章中讲到的那样，采用过错和责任的思想，为解决这些问题提供了另一种路径。

3.4.4 因果链

正如 2.4 节中所论述，当存在包括若无原因模型的简单因果链，因果关系似乎是可以传递的，而反事实最终效果取决于最初的原因。相比之下，法律没有明确现在行为导致未来后果负有因果责任。例如，在一个著名的爱尔兰案件里吉娜 · V. 福克纳案中，船上燃烧的火柴点燃了朗姆酒桶，导致船着火，这导致劳埃德保险公司蒙受了巨大的财务损失，又导致保险公司高管自杀。高管的遗孀要求赔偿，并裁定燃烧的火柴不是他死亡的原因（从法律上讲是合法的）。通过考虑正态性，我们可以理解这种关系弱化。

我们使用九个变量的因果模型来说明里吉娜 · V. 福克纳案：

（1）如果火柴点燃，则 $M=1$，反之，则为 0；

（2）如果火柴附近有朗姆酒，则 $R=1$，反之，则为 0；

（3）如果朗姆酒被点燃，则 $RI=1$，反之，则为 0；

（4）如果朗姆酒附近还有易燃物，则 $F=1$，反之，则为 0；

（5）如果船着火，则 $SD=1$，反之，则为 0；

（6）如果船舶由劳埃德公司保险，则 $LI=1$，反之，则为 0；

（7）如果劳埃德蒙受损失，则 $LL=1$，反之，则为 0；

（8）如果保险公司高管精神不稳定，则 $EU=1$，反之，则为 0；

(9)如果高管自杀,则 $ES=1$,反之,则为0;

有下列四个结构方程式:

$$\begin{cases} RI=\min(M,R); \\ SD=\min(RI,F); \\ LL=\min(SD,LI); \\ ES=\min(LL,EU)。 \end{cases}$$

该模型因果结构如图 3.1 所示。外生变量 M、R、F、LI、EU 都为 1,因此在真实世界中,所有变量都取值 1。从直觉上讲,事件 $M=1$、$RI=1$、$SD=1$、$LL=1$,$ES=1$ 形成因果链。前4 个事件是 $ES=1$ 的若无原因,根据 HP 定义的所有变量也都是原因。

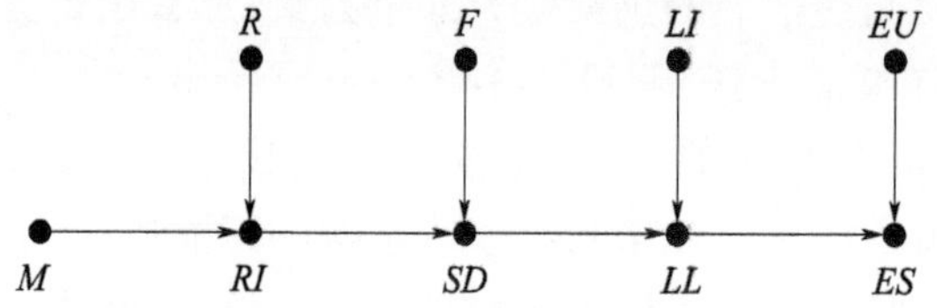

图 3.1　因果链中的衰减模型

现在假设对于变量 M、R、F、LI、EU,其典型值是 0,而非典型值是 1。考虑一个非常简单的排序,使得更多变量取值为 0。为简单起见,仅考虑因果推理链中的第一个和最后一个链接:$LL=1$ 和 $M=1$。当事件 $M=1$ 是 $ES=1$ 的真实原因时,$W=(M=0,R=1,RI=0,F=1,SD=0,LI=1,LL=0,EU=1,ES=0)$是其证据集(对于 HP 定义的任何版本含义)。这是一个非正态事件集,尽管比真实事件集更正态,甚至使用 AC2^{+}(a),$M=1$ 的确是 $ES=1$ 的真实原因。但是如果将变量 R、F、LI 或 EU 中的任何一个设置为 0,则将不再有证据集。直观地,当所有这些其他变量都为 1,ES 将反事实依赖于 M,即从反事实角度说,ES 的发生依赖于最初事件 M 的发生。

现在考虑与结果发生最近的事件 $LL=1$,根据初始和更新的 HP 定义,当 $LL=1$ 是 $ES=1$ 的真实原因时,$W'=(M=0,R=0,RI=0,F=0,SD=0,LI=0,LL=0,EU=1,ES=0)$是其证据集。由于 $M=1$ 是原因,因此 W' 比最佳证据更为正态,$LL=1$ 需要较少的非典型条件才能产生结果 $ES=1$,它仅需要经理的情绪不稳定,而不需要朗姆酒以及其他易燃材料等。因此,尽管使用 AC2^{+}(a),将 $LL=1$ 和 $M=1$ 都视为原因,但 $LL=1$ 是更重要的原因,因此人们会更倾向于 $LL=1$ 是 $ES=1$ 的实际原因,而不是 $M=1$。

一旦考虑正态性,可能会出现传递性的失效。例如,假设略微改变原因排序,以使 $W=(M=0,R=0,RI=0,F=1,SD=0,LI=1,LL=0,EU=1,ES=0)$,则

$M=1$ 为 $ES=1$ 的原因,这种证据世界比真实世界更不正常,否则保持正常性顺序不变。现在使用 AC2$^+$(a),$M=1$ 不再是 $ES=1$ 的原因。但是,因果关系仍然适用于因果链中的每个步骤:$M=1$ 是 $RI=1$ 的原因,$RI=1$ 是 $SD=1$ 的原因,$SD=1$ 是 $LL=1$ 的原因,而 $LL=1$ 是 $ES=1$ 的原因。因此,考虑正态性,人们的常态思维可以解释因果链中传递性缺少的问题。

请注意,根据改进 HP 定义,W'不是证据集,因为在 W'中,变量 R、F 和 LI 的值与其真实值不同。如果使用改进 HP 定义,则正态性在此示例中似乎不起作用。但是,正如将在 6.2 节中所述,如果引入责备的概念,使用改进 HP 定义可以很好地处理此示例。

值得注意的是,使用初始和更新的 HP 定义,对因果链减弱不是其链接数量的函数。确切地说,它是一个关于如何在非正态情况下运行的函数,确保因果链能从头到尾运行。

3.4.5　介入原因的法律学说

一般来说,法律认为某人对某些结果的发生不承担任何责任,这仅是由某些其他主体有意采取的行动或某些极不可能的事件引起的。例如,如果安妮不小心洒了汽油,而鲍勃不小心将香烟扔进了洒出的汽油中,那么安妮的举动就是起火原因。但是,如果鲍勃故意地将香烟扔进溢出的汽油中,那么安妮的举动就不会被认为是着火的原因(此示例基于一个真实案例:沃森肯塔基和印第安纳州桥梁与铁路公司),这种推理也可以引入适当的正态性思想来建模。

为了充分体现法律概念,我们需要构建主体的心理状态。我们可以使用以下 6 个变量来实现这一点:

(1)如果安妮疏忽大意,则 $AN=1$,反之,则为 0;

(2)如果安妮弄洒汽油,则 $AS=1$,反之,则为 0;

(3)如果鲍勃粗心(即没注意汽油),则 $BC=1$,反之,则为 0;

(4)如果鲍勃是故意的,则 $BM=1$,反之,则为 0;

(5)如果鲍勃扔了香烟,则 $BT=1$,反之,则为 0;

(6)如果着火,则 $F=1$,反之,则为 0。

有以下等式:

$$\begin{cases} F=\min(AS,BT)\text{(即 } F=AS\wedge BT\text{)};\\ AS=AN;\\ BT=\max(BC,BM,1-AS)\text{(即 } BT=BC\vee BM\vee\neg AS\text{)}。\end{cases}$$

该模型如图 3.2 所示。请注意,该模型结合了某些假设,即在鲍勃既故意又粗心的情况下,以及安妮不弄洒汽油的情况下会发生什么。

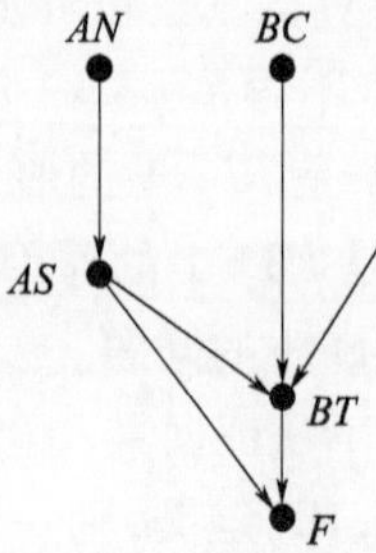

图 3.2　过程因果结构模型示意图

可以合理地假设 BM、BC 和 AN 通常取值为 0。在法律上,定罪需要有犯罪意图—犯罪心理犯罪意图呈现的不同程度。从无罪推定开始,然后根据犯罪轻重的升序排列,可以得到:

审判合理:被告人行为合理。

过失:被告应意识到自己的行为有造成伤害的风险。

鲁莽:被告充分了解自己的行为可能造成的伤害。

犯罪/故意:被告有意造成的伤害。

我们可以用降低典型性的程度来表示这个度,具体来说,按照典型性从高到低的顺序,可以得到:

(1) $BC=1$;

(2) $AN=1$;

(3) $BM=1$。

因此,尽管"粗心大意"不在范围之内,但我们默认粗心大意代表更少的罪责。

到目前为止,在所有示例中,都不需要用正态性表示不同变量来互相对比。在这里,当对比正态性变量时,其中一个取值为 1,另两个取值为 0,可以通过将 $BC=1$ 设为最正常来体现法律实践,$AN=1$ 是第二正常,而 $BM=1$ 则非正常。首先考虑第一种情况,当鲍勃粗心大意了,然后在真实世界中($BM=0, BC=1, BT=1, AN=1, AS=1, F=1$)。

在结构方程式中,$F=1$ 取决于 $BC=1$ 和 $AN=1$ 的反事实情况。这两个都是若无原因,根据 HP 定义,所有变量都是原因。对 $AN=1$ 作为原因的最佳证据是($BM=0, BC=1, BT=1, AN=0, AS=0, F=0$)。对 $BC=1$ 作为原因的最佳证据是($BM=0, BC=0, BT=0, AN=1, AS=1, F=0$)。

这两个证据世界都比真实世界更正态。第一个因为 AN 取值为 0 而不是 1。第二个是因为 BC 取值为 0 而不是 1。因此,根据 $AC2^{+}(a)$,这两个都是真实原因。但是,$AN=1$ 的最佳证据比 $BC=1$ 的最佳证据更为正常,前一个证据 $BC=1$ 且 $AN=0$,而后一个证据 $BC=0$ 且 $AN=1$。因为 $AN=1$ 比 $BC=1$ 更不典型,因此第一个证据更正常。这意味着,与鲍勃的粗心大意相比,我们更倾向于判断安妮的疏忽是起火的原因。

现在考虑鲍勃是故意的情况。真实世界是($BM=1,BC=0,BT=1,AN=1,AS=1,F=1$)。同样,不考虑正态性,$BM=1$ 和 $AN=1$ 都是真实原因。对 $AN=1$ 作为原因的最佳证据是($BM=1,BC=0,BT=1,AN=0,AS=0,F=0$)。$BM=1$ 的最佳证据是($BM=0,BC=0,BT=0,AN=1,AS=1,F=0$)。

但是,由于 $BM=1$ 比 $AN=1$ 更不典型,因此 $AN=1$ 的最佳证据比 $BM=1$ 更不正态。因此,使用这种正态性,更倾向于判断引起火灾的原因是鲍勃有意引起火灾而不是安妮的疏忽。

回顾例 3.4.1,行政助理行为的因果状态判断是否发生变化,取决于教授行为的正常标准。这里发生了上述类似的事情:安妮的行为对因果状态的改变是随着鲍勃的行为规范状态变化而改变。此示例还说明了在法律背景下正常和非正常的作用,及违反规范的等级。

3.5 正态性替代方法

受到例 3.2.6 讨论的启发,本节提出了一种基于因果模型的正态性替代方法。如前所述,这种纳入概率的因果模型方法更具包容性。第一步是对因果关系设置正态性。此处,因果模型是固定的,所以这意味着对事件原因进行排序。这意味着正态性可以看作是概率的定性概括,但是在某种程度上将 $\boldsymbol{u}>\boldsymbol{u}'$ 解释为 $\boldsymbol{u}$ 比 $\boldsymbol{u}'$ 更有可能。

显然,对事件进行排序本身并不能解决问题,对事件进行排序的动力是为了解决排序产生的问题!还有一个额外的步骤:在事件集合中提升对常态排序的理解是通过概率驱动的方法。我们通常使用概率来对比事件。

当使用概率(忽略可测量性问题)时,集合的概率就是集合中元素的概率之和,而“和”通常是不确定的,不过,可以通过一种简单的方法来将任意集合 S 的部分优先序提升为 2^S(S 的子集)上的部分优先序。给定情况集合 A 和 B,如果对于所有情况 $\boldsymbol{u}\in B$,存在 $\boldsymbol{u}'\in A$,使得 $\boldsymbol{u}'>\boldsymbol{u}$,则 $A\succeq^e B$。(使用上标 e 来区分事件的排序 $\succeq^e$—事件集合—对于事件的潜在排序 $\succeq$。)换句话说,如果对于 B 中的每个事件,至少 A 与 B 一样正常,那么在 A 中至少存在一个事件与 B 一样正常。

显然,如果 $\{u\}\succeq^e\{u'\}$,得到 $u\succeq u'$,显然 $\succeq^e$ 能够被拓展到 $\succeq$。如果 $\succeq$ 是事

件集的总排序，A 和 B 是有限的，定义 $\succeq^e$ 可以有简单的说明。在 A 中有最正态性的情况 u_A，在 B 中有最正态性的情况 u_B（同样有可能在 A 中有和 u_A 同样正态性的情况，它只是它们其中的一个代表）。如果 $u_A \succeq u_B$，有 $A \succeq B$。如果在 A 中最正态性事件集至少和 B 中最正态性事件集一样正态，那么 A 至少和 B 一样正态性。回到概率，这表示事件的定性概率由事件的最大概率元素决定。对于那些熟悉排序函数的人（请参阅本章末尾的注释），事件的排序完全由排名函数确定。

假设因果模型 M 是固定的，则 φ 表示对应事件的概率公式，也就是说，$\varphi = \{\boldsymbol{u} : (M,\boldsymbol{u}) \models \varphi\}$ 是事件集合，其中 φ 为真。现在修改 AC2$^+$(a) 和 AC2(a) 来代替这个约束条件 $s_{\boldsymbol{X}=\boldsymbol{x}',\boldsymbol{W}=\boldsymbol{w},\boldsymbol{u}} \succeq s_{\boldsymbol{u}}$，那么有 $\boldsymbol{X}=\boldsymbol{x}' \wedge \boldsymbol{W}=\boldsymbol{w} \wedge \neg \varphi \succeq^e \boldsymbol{X}=\boldsymbol{x}' \wedge \varphi$。这样，满足 $\boldsymbol{X}=\boldsymbol{x}' \wedge \boldsymbol{W}=\boldsymbol{w} \wedge \neg \varphi$ 的证据集合至少和满足 $\boldsymbol{X}=\boldsymbol{x}' \wedge \varphi$ 的事件集合一样多。

这样做可以解决投掷石头例子中的问题。一方面，通过这一改进，在投石示例描述中添加 BA（比利的投球的准确性）不会带来影响。更一般地讲，诸如精度之类的因素是由内生变量还是外生变量所影响，对正态性的考虑没有影响。无论哪种情况，在比较 $BH=0 \wedge ST=0 \wedge BS=0$ 和 $ST=1 \wedge BS=1$ 的正态性时，仍然会考虑相同背景。将 $BH=0 \wedge ST=0 \wedge BS=0$ 视为正态是合理的，即使比利的投掷是典型的，且是准确投掷，他偶尔也会不投掷或没投中。考虑概率，即使事件 $BH=0 \wedge ST=0 \wedge BS=0$ 的概率低于事件 $ST=1 \wedge BS=1$ 的概率，也没有足够的概率阻止前者比后者的低。（在这里，$>$ 表示“比……有更多可能”，而不仅仅是“比……更有可能”。）即使将比利替换为机器，这种观点也是有道理的。换句话说，尽管抛石机不太可能会不投掷或投不中，但它不可能被视为非正常情况。

回顾例 3.2.6，根据改进 HP 定义（拓展到考虑正态性），如果 $BH=0 \wedge ST=0 \wedge BS=0$ 至少不如 $ST=1 \wedge BS=1$ 一样正态，那么苏西本身的投掷仍不是瓶子破裂的原因。类似地，根据初始和更新的 HP 定义，如果 $BH=0 \wedge ST=0 \wedge BS=0$ 至少不如 $ST=1 \wedge BS=1$ 一样正态，那么苏西的投掷不是原因。由于比利不投石只是比利可能不会命中的原因之一，那么 $BH=0 \wedge ST=0 \wedge BS=0$ 至少和 $BT=0 \wedge ST=0 \wedge BS=0$ 一样正常。根据初始和更新的 HP 定义，证据 $ST=0 \wedge BS=0$ 不会将苏西的投掷视作原因，如果采用改进 HP 定义，苏西的投石仍然不会被视作原因。根据初始和更新的 HP 定义，我们通常设置 $BH=0$ 是证据，HP 定义所有变量将会一致同意 $ST=1$ 是否是 $ST=1$ 的原因。

如果 $BH=0 \wedge ST=0 \wedge BS=0$ 至少不如 $ST=1 \wedge BS=1$，那么认为比利和苏西都造成瓶子破碎是不是很不合理？简单来说，这就是说瓶子不碎的情况是非正常。苏西的投掷不是瓶子破裂的原因,无论如何,这都会发生。使其不发生的唯一方法是干预苏西的投石和比利的投石。

这里也可以将这些想法应用于分级因果关系。不考虑最佳证据,而是要考虑所有证据。在模型$(M,\boldsymbol{u})$中$\boldsymbol{X}=\boldsymbol{x}$是$\varphi$的原因,假设$(\boldsymbol{W}_1,\boldsymbol{w}_1,\boldsymbol{x}_1'),\cdots,(\boldsymbol{W}_k,\boldsymbol{w}_k,\boldsymbol{x}_k')$是所有证据,同时在模型$(M,\boldsymbol{u})$中$\boldsymbol{Y}=\boldsymbol{y}$是$\varphi$的原因,$(\boldsymbol{W}_1,\boldsymbol{w}_1,\boldsymbol{y}_1'),\cdots,(\boldsymbol{W}_m,\boldsymbol{w}_m,\boldsymbol{y}_m')$是所有证据,可以得到当$\boldsymbol{Y}=\boldsymbol{y}$,在模型$(M,\boldsymbol{u})$中$\boldsymbol{X}=\boldsymbol{x}$至少是$\varphi$的一个好原因,如果

$$
\begin{aligned}
&((\boldsymbol{X}=\boldsymbol{x}_1'\wedge\boldsymbol{W}_1=\boldsymbol{w}_1)\vee\cdots\vee(\boldsymbol{X}=\boldsymbol{x}_k'\wedge\boldsymbol{W}_k=\boldsymbol{w}_k))\wedge\neg\varphi\\
&\succeq^{e}((\boldsymbol{Y}=\boldsymbol{y}_1'\wedge\boldsymbol{W}_1=\boldsymbol{w}_1)\vee\cdots\vee(\boldsymbol{Y}=\boldsymbol{y}_m'\wedge\boldsymbol{W}_m=\boldsymbol{w}_m))\wedge\neg\varphi
\end{aligned}
\tag{3-1}
$$

也就是说,如果当模型$(M,\boldsymbol{u})$中$\boldsymbol{X}=\boldsymbol{x}$是$\varphi$的原因时,其证据集至少和模型$(M,\boldsymbol{u})$中$\boldsymbol{Y}=\boldsymbol{y}$是$\varphi$的原因时的证据集一样正常,$\boldsymbol{X}=\boldsymbol{x}$和$\boldsymbol{Y}=\boldsymbol{y}$都至少是模型$(M,\boldsymbol{u})$中$\boldsymbol{\varphi}$的一个好的原因。

这里可以进一步将这个想法拓展到部分因果关系。(回想一下,我早些时候称,将因果关系重新定义为现在所说的部分因果关系可能更好。)假设$\boldsymbol{X}_1=\boldsymbol{x}_1,\boldsymbol{x}_2,\cdots,\boldsymbol{X}_k=\boldsymbol{x}_k$都是模型$(M,\boldsymbol{u})$中$\varphi$的原因时,其中$X=x$是它的通解,这样$(\boldsymbol{W}_1,\boldsymbol{w}_1,\boldsymbol{x}_1'),\cdots,(\boldsymbol{W}_k,\boldsymbol{w}_k,\boldsymbol{x}_k')$是相应的证据集(尽管相对应的证据集是不同的,但对于$\boldsymbol{j}\neq\boldsymbol{j}'$来说,$\boldsymbol{X}_j=\boldsymbol{X}_{j'},\boldsymbol{x}_j=\boldsymbol{x}_{j'}$;一个单一的因果关系可能有好多个证据集)。类似地,假设$\boldsymbol{Y}_1=\boldsymbol{y}_1,\boldsymbol{y}_2,\cdots,\boldsymbol{Y}_m=\boldsymbol{y}_m$都是模型$(M,\boldsymbol{u})$中$\varphi$的原因时,其中$Y=y$是它的通解,这样$(\boldsymbol{W}_1,\boldsymbol{w}_1,\boldsymbol{y}_1'),\cdots,(\boldsymbol{W}_m,\boldsymbol{w}_m,\boldsymbol{y}_m')$是相应的证据。我们可以说如果式(3-1)成立,则$X=x$至少与$Y=y$一样是模型$(M,\boldsymbol{u})$中$\varphi$好的部分因果关系。

除3.4.4节的因果链示例外,使用替代方法对第3.4节中所有示例的分析均保持不变。现在,初始和更新的HP定义的分析变得与改进HP定义相同。为了确定最佳原因,需要将$M=1\wedge ES=0$的正态性与$LL=1\wedge ES=0$进行比较。我们没有理由倾向其中一个,从M到ES因果链的长度此处不起作用。可以通过考虑责备来处理此示例,而无需诉诸正态性(请参阅第6.2节)。

使用式(3-1)使分级因果关系的修改定义具有一些优势。

例3.5.1　一个由爱丽丝、鲍勃、查克和丹组成的团队。为了参加国际萨尔萨锦标赛,参赛队至少需要有一名男性和一名女性成员。团队所有的四名成员都应该参加比赛,但实际上他们都不参加。根据初始和更新的定义,爱丽丝,鲍勃,查克和丹都是团队无法参加比赛的原因。但是,使用式(3-1)的分级因果关系替代该方法,爱丽丝是比鲍勃、查克或丹更好的原因。每一个对于爱丽丝出现并且鲍勃、查克或丹至少出现一个的情况,其给出了爱丽丝未出现作为原因的证据。而鲍勃不出现作为原因时,至少需要爱丽丝和鲍勃都出现的证据。因此,爱丽丝为原因的证据事件集合是鲍勃为原因的证据集合的严格超集。在关于正

态性的最小假设下（例如，仅出现爱丽丝和鲍勃的情况，仅出现爱丽丝和查克的情况，以及出现爱丽丝和丹的情况相互不可比），原因是不可比较的。不论在查克是原因，还是丹是原因的情况下，对于查克和丹而言，爱丽丝都是一个更好的原因。

根据改进 HP 定义，爱丽丝本身并不是团队无法参赛的原因。鲍勃也不是。但是，两者都是原因的一部分。然后，根据改进 HP 定义并结合分级因果关系，爱丽丝比鲍勃更适合作为一个部分原因。

运用第 3.2 节中的正态性定义，根据初始和更新的 HP 定义，爱丽丝、鲍勃，查克和丹中的每一个都是好的原因，而根据改进 HP 定义，它们被认为是一样好的部分原因。人们确实判定爱丽丝是更好的原因，这种考虑正态性的方法似乎更好地抓住了人们的直觉（参见例 6.3.2 的讨论）。

尽管这种替代方法可以处理 $AC2^+(a)$ 和分级因果关系的投石示例，并在例 3.5.1 中给出了合理的答案，但它不能解决涉及正态性和因果关系的所有问题，如以下示例所示。

例 3.5.2 A 和 B 分别控制一个开关。用电线从电源连接到这些开关，然后到 C。首先 A 必须决定是向左还是向右翻转开关，而 B 必须决定开关转向（知道 A 的选择）。电流接通，如果两个开关都在同一位置，则灯泡将在 C 处点亮。因此 B 想要打开灯泡，需将开关切换到与 A 相同的位置，然后灯泡点亮。

直觉表明，不应将 A 的动作视为 C 灯泡点亮的原因，而应该是 B。但是，假设我们考虑一个具有三个二进制变量 A，B 和 C 的模型。$A=0$ 表示 A 左移开关，而 $A=1$ 表示 A 右移开关。同理，B 也一样。如果 C 处的灯泡没有打开，则 $C=0$，如果 C 处的灯泡打开，则 $C=1$。在该模型中，其因果网络如图 3.3 所示，A 的值由场景确定，有以下等式：

$B=A$ 且当 $A=B$ 时，$C=1$。

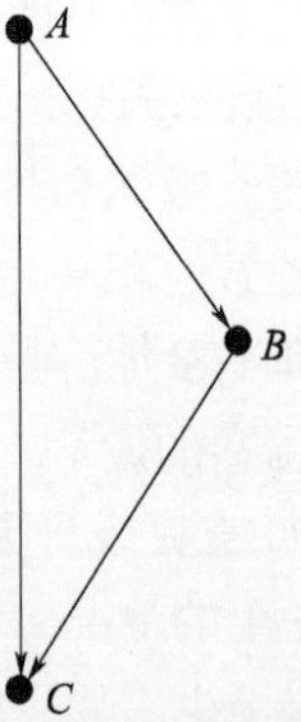

图 3.3　谁使灯泡点亮?

根据 HP 定义的三个版本意义，不考虑正态性的情况下，在 $A=1$ 的情况下，$A=1$ 和 $B=1$ 都是 $C=1$ 的原因。$B=1$ 实际上是 $C=1$ 的若无原因。为了表明对于 HP 定义，$A=1$ 是 $C=1$ 的原因，可以简单地将 B 保持为其实际值 1 并设置 $A=0$。类似地，对于所有其他情况，A 和 B 都是结果 C 的原因。但是，人们倾向于将 B 视为所有情况下的唯一原因。

从伦理上讲，灯泡被点亮是中立的。如果不是点亮灯泡，而是流过电流使人受到电击，情况会发生改变吗？

在考虑正态性之前，回顾图 3.3 中的因果网络与图 2.8 中针对比利的治疗状况给出因果网络是同构的。此外，可以通过稍微修改例 2.4.1 中的故事来使其同构。我们假设恰好有一位医生治疗他，那么比利在星期三早上没事，否则他会生病（所以现在 BMC 变成一个二进制变量，如果比利在星期三早上没事，值为 0，如果生病，则值为 1。）如果两位医生都治疗比利，那么大多数人会说星期二的医生是比利生病的原因，但是如果两者都没有，则星期一的医生也将具有重大的因果关系。而且在正常情况下，星期一的医生治疗比利而星期二的医生没有治疗，星期一的医生比星期二的医生更像是比利星期三感觉好的原因。

如果根据 HP 定义要考虑示例之间的差异，则应该考虑正态性，其在第二个示例中有所帮助。特别是在两位医生都治疗比利的情况下，考虑正态性就起作用了（如果将最正态的情况视为星期一的医生治疗他，而星期二没有）。但是，如果没有医生治疗比利，那么考虑正态性，同样得出周一的医生比周二的医生更像是比利痊愈的原因。尽管这看起来可能不是那么不合理，但人们很大程度仍然倾向归因于星期二的医生。下面将讨论这一点。

现在，假设发生的事情发生了微妙的变化：只有星期一的医生治疗比利。不出所料，比利周三感觉很好，多数人会说星期一的医生是比利感觉很好的原因，而不是星期二的医生。不幸的是，无论我们尝试将谁视为原因，都违反了 $AC2^+$(a) 或 $AC2^+$(a^m)。那分级因果关系能起作用吗？证据集是 $s_{MT=0,TT=0,u}$ 表示周一的医生是原因，证据集是 $s_{TT=1,u}$ 表示周二的医生是原因，在第一个证据集中，有两次违背正态性：比利的医生没有做他应该做的事情，星期二也没有做。在第二证据集中，仅遇到一次违反正态性行为（在不该给他治疗时，星期二的医生治疗比利）。但是，仍然可以得出这样的情况：没有医生治疗比利（$MT=0, TT=0$）应该被视为比两个医生都治疗比利（$MT=1, TT=1$）更正常。例如，如果两位医生都太忙而没有治疗比利，则前面的证据可能会出现。如果比利的病情不是那么严重，那么他们可能会明智地决定让其等待。但是，要让第二证据增加，星期二的医生必须对比利进行治疗，尽管比利的病历表表明星期一的医生已经对他进行了治疗。周二的医生也可以轻松地与比利进行交谈,以确认这一点。可以说,这使得后者比前者更违反常态。(对于本示例,替代方法可以使用同样的方式。)

当要确定灯泡点亮的原因时,情况就更为困难了。将 u 设为 $A=1$ 的背景,$s_{A=0,B=1,u}$和 $s_{B=0,u}$似乎都不如 s_u 正常,并且似乎没有理由倾向另一个,因此进行分级因果关系无助于确定原因。类似地,对于另一种方法,$A=0\wedge B=1\wedge C=0$ 和 $B=0\wedge C=0$ 均不如 $A=1\wedge C=1$ 或 $B=1\wedge C=1$ 正常,同样没有理由将 $B=1$ 作为更好的原因。相反,如果考虑故事的版本,不是点亮灯泡,而是一个人被电击,可以认为 $A=0\wedge B=1\wedge C=0$ 和 $B=0\wedge C=0$ 均比 $A=1\wedge C=1$ 或 $B=1\wedge C=1$ 正态,因为电击某人可被视为异常。现在,如果考虑正态性,则 $A=1$ 和$B=1$ 都是原因,但是仍然没有理由偏向 $B=1$。可以通过进一步改变考虑正态性的方式来处理这两个问题。与其考虑证据的"绝对"正态性,不如考虑从真实世界到证据世界正态性的变化,我们宁愿选择导致最大程度正态性增加(或最小减少)的证据。如果正态性是完整的,那么考虑绝对正态性还是正态性变量的都没有区别。如果证据 w_1 比证据 w_2 更正常,则从真实世界到 w_1 的正态性增长必然大于从真实世界到 w_2 的正态性增长,但是,如果正态性是部分的,那么考虑到来自真实世界的正态变化可以有所不同。

回到比利的医生那里,正态性从 $s_{MT=1,TT=1,u}$ 到 $s_{MT=1,TT=0,u}$ 的增加比从 $s_{MT=1,TT=1,u}$到 $s_{MT=0,TT=1,u}$的多得多,这似乎是合理的。因此,如果两位医生都在治疗比利的情况下,如果比利在周三感到不适,那么周二的医生比周一的医生更有理由成为原因。相比之下,正态性从 $s_{MT=0,TT=0,u}$ 到 $s_{MT=1,TT=0,u}$ 的增加比从 $s_{MT=0,TT=0,u}$到 $s_{MT=0,TT=1,u}$的多得多。因此,如果两个医生都没有治疗比利,那么星期一的医生比星期二的医生更能引起比利在周三感到不适。请注意,如果正态性是部分的,则我们可以具有这样的相对排序(在特定情况下,如果世界 $s_{MT=0,TT=0,u}$和 $s_{MT=1,TT=1,u}$是不可比的),但如果正态性是完整的,就没有。

类似的想法也适用于灯泡示例。现在可以得到从 $A=1$ 和 $B=1$ 世界到 $A=1$ 和 $B=0$ 世界的变化小于到 $A=0$ 和 $B=1$ 世界的变化,因为后者的改变包括改变 A 的行为和违反正态性(在某种意义上说 B 不按照规矩行事),而前一个改变只要求 B 违反正态性。这给了一个更倾向于 $B=1$ 的原因。

不仅要考虑证据的正态程度,还要考虑从真实世界到证据世界的正态性的变化,这需要一个更丰富的正态性模型,在这里考虑了正态性差异。尽管我们认为这值得探讨,但没有在这里建立模型。在考虑责任时,也会考虑这些因素(有关进一步的讨论,请参见 6.3.4 节)。

◇ 扩展阅读

本章大部分内容摘自[哈珀恩和希契科克 2015]。关于正态性的使用及其与其他方法的关系,可以在其中找到更多讨论。在最初的 HP 论文中提出了考虑正态性的基础模型(哈珀恩和珀尔 2001 哈珀恩和珀尔 2005a 和哈伯恩 2008)。其他人建议将正态性和违约因素纳入正式因果关系的定义中,包括霍尔[2007],希契科克[2007] 和孟席斯[2004,2007]。

在考虑因果关系时,考虑正态性这个重要思想可以追溯到心理学家的工作。探索正态性对因果关系判断的影响也是一个活跃的研究领域。在这里列出这项工作的一些代表性文献,尽管这些参考文献并不能完全代表正在进行的研究工作:

卡奈曼和特维尔斯基[1982]以及卡奈曼和米勒 [1986]指出,统计规范和惯例规范都可能影响反事实推理。

阿利克 [1992]和阿利克等[2011]表明,当受试者对某人的评价为负面时,他们更有可能判断某人导致了负面结果。

库什曼、克诺比和 S. 阿姆斯特朗 [2008]指出,当受试者认为主体的行为在道德上是错误时,他们更有可能判断主体行为会导致某种结果。克诺比和弗雷泽 [2008]表明,如果行为违反政策,则受试者更有可能判断某行为会导致某种结果(3.1 节中的史密斯教授示例摘自他们的论文)。希契科克和克诺比[2009]指出,这种影响发生在正常运行的规范上。

麦吉尔和坦柏伦塞[2000]考虑了正态性判断(以及因果关系判断)的可变性和倾向性及可能的影响。粗略地讲,如果先验概率较高,则倾向会判断证据世界更为正态。如果我们试图确定 $X=x$ 是否为 φ 的原因,当证据世界存在 $X=x'$,那么可变性考虑了如何“容易”的将 X 从 x 变化为 x'。这些问题最好用一个例子来解释。曼德尔和雷曼[1996]考虑了这样一种情况,一个选择走另一条路回家的高管遭到一名醉酒少年的袭击。酒后驾车比从非常规路线回家更容易引起事故。因此,考虑倾向性因素会得出(以及涉及惯例的正常性观念)青少年是原因的结论。但是,如果青少年被认为无法改变饮酒行为(也许他承受着沉重的社会压力),那么将路线选择作为原因就会上升。麦吉尔和坦柏伦塞[2000]表明,通常倾向性较高的原因会被选择,前提是它被认为是可变的。

为典型性语句赋予语义的方法包括优先结构[克劳斯、雷曼和马吉多尔,1990,索哈姆 1987] ε 语义[亚当斯 1975,杰夫那 1992,珀尔 1989],可能性度量[杜布瓦和普拉达 1991],以及排名函数[戈尔德施密特和珀尔 1992,斯波恩 1988]。这些方法的细节对我们的目的无关紧要。有关这些方法的概述,请参见[哈珀恩 2003]。3.2 节中使用的方法参见[哈珀恩和希契科克 2015],可以将其视为优先结构的一个实例，这些优先结构允许进行部分排序。作为对比，可能性度量和排序函数对世界进行整体排序。[哈珀恩 2008]考虑了正态性的因果关系模型，其使用了排序函数，作了正态性的整体排序。在某些示例中，使用整体的正态排序会引起问题(参见下文)。

在哲学界已经有很多关于疏忽是否应被视为原因的讨论。例如，毕比[2004]和摩尔[2009]争论是否将疏忽归到因果模型中来。路易斯[2000,2004]和 Schaffer[2000a,2004,2012]认为在有些情况下疏忽是真正的原因。道威[2000]和霍尔[2004]认为疏忽具有某种次要因果状况。麦格拉斯 [2005]认为，疏忽的因果状况取决于其正态状况。例如，比利的医生未能给比利治病，这是比利生病的原因，因为他本应治疗比利。其他医生也未能治疗比利的事实并不能使他们成为原因。正如我在正文中所说，通过采取适当的正态排序，我们可以捕获所有这些观点。沃尔夫，巴比和豪斯内赫特 [2010]以及利文古德和马彻瑞[2007]提供了一些实验证据，表明人们如何通过疏忽分析因果关系，以及何时考虑疏忽是原因的情况。在这些因果关系判断中，分析结果支持正态性在因果关系判断中发挥了作用(尽管论文未提及正态性)。

如正文中所述，有人声称只关注一个原因是错误的。例如约翰·斯图亚特·密尔[1856,第 360 - 361]写道：

在因果关系上，只选择一个前提是很常见的，称其他仅仅是条件。

真正的原因是所有这些的前提。从哲学上讲，我们无权将其中一个原因的名称专门赋予其他原因。

路易斯[1973,第 558 - 559 页]似乎反对这种做法：有时，我们会从某个事件的所有原因中找出一个原因，并将其称为原因，就好像没有其他原因一样。或者将其中一些称为“原因”，将其余的仅称为“因果因素”或“因果条件”…关于这些歧视性歧视的原则，我无话可说。

霍尔[2004,第 228]补充：

在描述某些给定事件的原因时，从当前的角度来看，人们通常会做出令人难以置信的区分，因为它们没有足够突出，因此完全忽略了好的原因。我们说雷电引起森林火灾，没有提到空气中氧气的贡献，或存在足够数量的易燃物质。但是从希腊语“原因”的意义上讲，火灾起因的完整清单必须包括氧气和干燥木材。

西茨马、利文古德和罗泽 [2012]对例 3.4.1 和 3.1 节中讨论的克诺比和弗雷泽 [2008]实验进行了跟踪研究。他们让受测者以 7 分制(从 1(完全不同意)到 7(完全同意))来评价他们对“斯密史教授引起问题”和“行政助理引起问题”的判断。当他们重复克诺比和弗雷泽的初始实验时，斯密史教授的平均等级为 4.05，行政助理的平均等级为 2.51。尽管它们的区别不如克诺比和弗雷泽的显着,但在统计学上仍然很重要。当其改变小插图以使斯密史教授的举动被允许时,受试者对斯密史教授的平均评分为3.0,而行政助理的评分为3.53。

希契科克[2007]提出了防止伪造问题,它是基于希德勒斯顿[2005]的一个例子。在处理例3.4.1时,使用完整的正态排序(如在[哈珀恩2008]中所做的那样)会引起问题。使用整体排序,我们不能认为($A=1,B=0,VS=0$)和($A=1,B=1,VS=1$)是无法对比的,但是我们必须比较它们。要论证$A=1$不是原因,我们必须假设($A=1,B=1,VS=1$)比($A=1,B=0,VS=0$)更正态。但这种排序似乎并不自然。

例3.4.2归功于希契科克[2007],在本例中它被称为"希契科克的反例"。其结构类似于霍尔的短路示例[霍尔2007,第5.3节];同样的分析也适用于这两种情况。[哈珀恩2015a]认为考虑正态性的观察可以很好地处理该问题。有关正态性考虑的观察不能完全解决铁路切换问题,如例3.4.3所示,这是舒马赫[2014]提出的。具有LT和RT变量的切换问题本质上是霍尔[2007]以及哈珀恩和珀尔[2005a]对该问题的建模,第3.4.3节中的投票示例来自利文古德[2013];此处给出的关于正态性的分析取自[哈珀恩2014a],而第3.4节中所有其他示例的分析则是摘自[哈珀恩2015]。

有关里吉娜·V.福克纳的详细信息,请参阅[黑吉娜V.福克纳1877]。摩尔[2009]使用这种情况来论证,我们对实际因果关系的普通概念是分级的,而不是全有或全无,并且会在因果链的过程中减弱。在[路易斯1986b]的附言中,Lewis使用短语"敏感因果关系"来描述因果关系的情况,这些因果关系取决于背景的复杂构造。例如,他描述了这样的情况,他为候选人A写了一封强有力的推荐信,从而为他赢得了一份工作,并取代了第二名候选人B,后者在其第二选择的机构参加工作,从而取代了第二名C,然后C在另一个大学参加工作,在那里他遇到了他的配偶,并且他们有一个孩子,后来去世了。路易斯声称,尽管他写信的确是造成死亡的原因,但它是一个高度敏感的原因,需要提供一套详细条件。伍德沃德[2006]说,这种原因是"不稳定的"。如果情况略有不同,则写信将不会产生这种结果(要么不会发生这种结果,要么取决于该信件的反事实不存在)。伍德沃德认为,对稳定性的考虑通常会影响我们对因果的判断。延拓的HP定义使我们可以考虑这些因素。

[桑德贝克斯2015]指出,对世界进行正态排序并不能真正解决使$BT=1$成为$BS=1$的局部原因的问题(请参见例3.2.6之后的讨论),这为第3.5节中讨论的替代性正态性定义提供了动力。例3.5.1取自泽尔坦、格斯滕伯格和拉格纳多[2012],实验表明,人们认为爱丽丝比鲍勃更应该成为原因。泽尔坦,格斯滕伯格和拉格纳多的工作与此示例有关,将在第6章的注释中进一步讨论。例

3.5.2 中 C 受到电击的示例是麦克德莫特[1995]提出的。他将其视为缺乏传递性的一个示例:A 向右翻转会导致 B 向右翻转,这反过来会导致 C 受到电击,根据麦克德莫特的说法,大多数人并不认为 A 的翻转是引起 C 被电击的原因。正如我观察到的那样,考虑正态性也可以用来给我们这个结果。在[哈珀恩 1997]中讨论了对世界进行部分排序 $\succeq$ 延拓为事件排序 $\succeq^e$,$\succeq^e$ 取自[哈珀恩 2003]。

第 4 章　因果建模艺术

时装模特和财务模型在日常生活中有着类似的关系。就像超模一样，金融模型是现实世界的理想化表示，是虚拟的，不能在现实世界中运转，但现实和虚拟两个世界都会有明星。

—萨蒂亚吉特·达斯，《贸易商，枪支和金钱：在衍生品的耀眼世界中的所知与未知》

本质上，所有模型都是错误的，但有些是有用的。

—乔治·E·P·博克斯和诺曼·德雷珀，《经验模型构建和响应面》

在因果关系的 HP 定义中，因果关系是相对于因果模型而言的。比如 $X = x$ 可以在某个因果模型中是 φ 的原因，而在其他因果模型中不是。因果模型的许多特征会影响因果关系的判断。很明显，结构方程会对因果关系结论产生重大影响。例如，较低的气压导致气压计读数较低，而不是反过来，即增加气压计读数不会导致更高的气压。

但重要的不仅仅是结构方程，如苏西 - 比尔投石模型所示（例 2.3.3），向模型添加额外变量可以将原因更改为非原因。因为只有内生变量可以成为原因，将变量分为外生性和内生性可以清楚地区分什么是原因，正如我们在氧气与森林火灾的关系案例看到的那样。第 3 章中的许多例子显示，如果我们将正态性考虑在内，其选择会影响因果关系。甚至模型中变量值的选择不同也会导致因果关系不同，如例 2.3.7（中士和上尉都下达命令）所示。

有人认为因果关系应该是世界的客观特征。特别在哲学研究中，隐含的假设是哲学家的工作就是分析（客观的）因果逻辑，而不是像化学家一样去研究分子结构。在 HP 定义的场景下，这相当于将一个因果模型指定为“正确”模型。本章开头，我不确定是否存在“正确”的模型，但有些模型可能比其他模型更有用，或者更能代表。此外，即使对于某种单一情况，也可能有几个有用的模型。例如，假设我们要找出一个严重交通事故的原因，交通工程师可能会说是糟糕的道路设计；教育者可能关注不良的驾驶员教育；社会学家可能会将缘由指向高速公路附近让司机喝醉的酒吧；心理学家可能会说原因是司机最近和女朋友分手了。这些答案中的每一个都是合理的，通过适当地选择变量，因果结构方程框架可以适用于上述情况。这也就是说,对于有用的原则,我们可以根据这些原则论证一个模型比另一个模型更合理、有用、合适。假设律师说,他的客户喝醉了,当时还正在下倾盆大雨,事故原因是汽车刹车故障,这就是他的客户正在起诉通用汽车公司赔偿 500 万美元的原因。如果律师使用 HP 定义,那么他必须提出一个因果模型,论证刹车是原因。他的对手会提出一个不同的模型,论证醉酒或下雨是事故的原因。那么很明显,没有将下雨作为内生变量包含在内或者将醉酒视为正常行为排除在原因之外,而仅将刹车故障作为原因的因果模型并不合适。

结构方程可以是世界客观性质的描述。至少原则上,我们可以通过验证干预效果来判断方程是否反映其本质。在某些情况下,我们可能会说变量值的集合在某种程度上是客观的。在上述例子中,如果变量 C 可以赋值 0 和 1,那么将 $\{0,1,2\}$ 作为其值的集合是不合适的。显然,外因和内因,在某种程度上都具有主观性,变量的选择和正态性也是如此。本章将更深入地研究这个问题及其影响。

4.1 添加变量构建因果想定

在因果模型构建中,建模者在选择将哪些变量包含在模型中时有相当大的回旋余地。正如苏西－比利投石模型所示,如果我们认为 $X=x$(而非 $Y=y$)是一个因果模型中 φ 的成因,那么就一定存在一个变量,$X=x$ 和 $Y=y$ 是真正的原因与否,这个变量的取值也会随之变化。如果模型不包含这样的变量,则无法论证 $X=x$ 是 φ 真正的成因。这里,有一个基本原则:如果一个模型不能区分两种不同的场景(即我们希望得出不同因果归因的场景),那么该模型的表达能力会不足。在这个意义上,图 2.2 中的简单投石模型有 ST、BT 和 BS 三个变量,其表达力不足,因为它无法说明苏西和比利的石头同时击中瓶子的情况(在这种情况下我们称比利的投掷是原因)和苏西的石头先击中瓶子的情况(此时比利的投掷不是瓶子破碎的原因)。对于 3.4.2 章节中的虚假预防示例可添加一个额外的变量得到一个更合理的结果(不诉诸正态性考虑)。

在这种情况下,问题在于初始模型的表达能力不足。接下来的四个例子显示了新增变量的重要性,这些变量能够使不同场景的因果结构变得明显,且能区分因果场景。理解变量 SH 和 BH 在投石模型中的作用的一种方式是,它们帮助我们区分了苏西和比利同时命中的情况与苏西首先命中情况的不同。以下示例表明,这种区分场景的需求非常普遍。

例 4.1.1 有四个二进制内生变量 A、B、C 和 S,值为 1 和 0。A 和 B 是 C 的原因且可相互替代,而 S 则充当开关。如果 $S=0$,则从 A 到 C 的因果关系路径是有效的,从 B 到 C 的因果关系是无效的;如果 $S=1$,从 A 到 C 的因果关系路径是无效的,而 B 从到 C 的因果关系路径是有效的。A、B 和 S 之间没有因果关系,它们的值由场景决定。C 的计算公式为 $C=(\neg S\land A)\lor(S\land B)$。

假设环境背景条件:$A=B=S=1$,则 $C=1$,$B=1$ 是 $C=1$ 的特定原因,因此 HP 定义的所有版本定义都认为这是原因。但是,初始和更新的定义也会由于 $A=1$产生 $C=1$。论证过程是:在 S 为 0 的偶发事件中,如果 $A=0$,则 $C=0$,而如果 $A=1$,则 $C=1$。这似乎不太合理,如果 $S=1$,则 A 的值和结果 C 是不相关的。正态性考虑在这里没有起作用,所有场景似乎同样正常。尽管改进 HP 定义并非将 $A=1$ 作为原因,这是部分原因:$A=1\land S=1$ 是 $C=1$ 的原因,因为如果 A 和 S 都设置为 0 则 $C=0$。

这表示改进后的 HP 定义解决了问题,但其实情况更加微妙。考虑一个稍微不同的情景。这次,我们将 B 视为开关,而不是 S。如果 $B=1$,则如果$A=1$或 $S=1$,则 $C=1$;如果 $B=0$,则 $C=1$ 仅在 $A=1$ 且 $S=0$ 时成立。也就是说,$C=(B\land(A\lor S))\lor(\neg B\land A\land\neg S)$。虽然这不是初始的情景,这样的开关设置肯定是可以实现的。在任何情况下,只要稍微对命题逻辑进行研究,就能够像在这个故事中所展示的,C 能满足与之前一样的公式,即$(\neg S\land A)\lor(S\land B)$与$(B\land(A\lor S))\lor(\neg B\land A\land\neg S)$等价。关键在于,与第一种情景不同,在第二种情景中,$A=1$ 是 $C=1$ 的原因(同样对于 $B=1$)是很合理的。为了使第一个“机制”起作用,必须使 $A=1$,但是,只要使用变量 A、B、C 和 S 为这两个场景建模,它们就具有相同的公式方程,因此没有 HP 定义的任何版本能够区分它们。

鉴于对两种情景有不同的因果直觉,可对它们进行不同的建模。一种方法是添加两个内生随机变量 D 和 E,用于描述 $C=1$ 的方式。在初始场景中,可以得到方程 $D=\neg S\land A$,$E=S\land B$,$C=D\lor E$。在此模型中,由于在实际情况下 $D=0$,不难看出 HP 定义的所有版本都满足 $A=1$ 不是 $C=1$ 的原因(也不是原因的一部分),而 $B=1$ 和 $S=1$ 是真正的原因。

为了捕获第二种场景,我们可以添加两个内生变量 D'和 E',使得 $D'=B\land(A\lor S)$,$E'=\neg B\land A\land S$,$C=D'\lor E'$。在这个模型中,根据初始和更新的定义,所有 $A=1$,$B=1$ 和 $S=1$ 都是 $C=1$ 的原因;根据改进后的 HP 定义,原因保持不变,即 $B=1$ 和 $A=1\land S=1$。

如上所述,我们可以在现实世界中创建这些设置,可以设计一个电路,其中 A 和 B 处有电源,S 处有一个物理开关,C 处有一个灯泡。如果电路连接到 $A(A=1)$ 和 开关向左转 $(S=0)$或电路连接到 $B(B=1)$ 并且开关向右转$(S=1)$,则灯亮$(C=1)$。我们可以类似地设计一个电路来解释第二种场景,可以把 D 对应为“电源 A 和灯泡 C 之间有电流流过”,E、D'和 E'有类似的物理意义。但即使没有类似的物理意义,这些“结构化”变量也可以发挥重要作用。假设受试者看不到底层物理设置,他看到的只有 A、B、S 对应的开关可以来操作。在第一个场景中,拨动 A 的开关连接或断开电路和 A 电池,类似地,对于 B,同时拨动 S 的开关将 C 连接到 A 或 B 电池。在第二种场景中,A、B 和 S 的开关工作方式不同,但就观察者而言,在两种情况下,所有干预都会导致灯泡 C 上的结果相同。建模者可以有效地引入 D 和 E(分别为 D' 和 E')来消除这些模型的歧义。这些变量可以看作是建模者对底层物理电路的代表,它们有助于描述导致 C 为 1 的机制。

请注意,这里不想将 D 定义为在 $A=1$ 且 $S=0$ 时其取值为 1。因此,如果 $A=1$ 且 $S=0$,我们无法干预设置 $D=0$。表明向此模型添加一个变量使我们能够对其进行干预(第 4.6 节中会详述这一点)。在现实世界中,即使在 $A=1$ 和 $S=0$ 的情况下,将 D 设置为 0,可能适合开关向左转动出现故障的情况。

例 4.1.2 由三个开关 A、B 和 C 控制的台灯 L,每个开关都可能有 -1、0 和 1 等三个位置。如果两个或多个开关在同一位置,则灯泡会亮起。因此,当且仅当 $(A=B)\vee(B=C)\vee(A=C)$ 时 $L=1$。假设在实际情况下,$A=1$,$B=-1$ 和 $C=-1$,则 $B=-1$ 和 $C=-1$ 应该是 $L=1$ 的原因,而不是 $A=1$。由于 A 的设置与 B 或 C 的设置不匹配,因此它对结果没有因果影响。

根据 HP 的三种版本定义,$B=-1$ 和 $C=-1$ 是 $L=1$ 的特定原因。但是,初始和更新的定义也表明 $A=1$ 是一个原因。这是因为在 $B=1$ 和 $C=-1$ 同时发生的偶然情况下,如果 $A=1$,则 $L=1$,而如果 $A=0$,则 $L=0$。表明向该场景添加默认值并不能解决问题。同样,改进的 HP 定义在这里做了“正确”的事情,并没有将 $A=1$ 声明为原因甚至是原因的一部分。

然而,就像在例 4.1.1 中一样,这里可以考虑另一种场景,其中观察到的变量具有相同的值并有相同的结构方程。现在假设 $L=1$ 当且仅当 (a) A、B 或 C 都不在位置 -1;(b) A、B 或 C 均不在位置 0;(c) A、B 或 C 均不在位置 1。很容易看出 L 的方程与初始示例中的方程完全相同。但是现在说 $A=1$ 是 $L=1$ 的原因似乎更合理。当然,$A=1$ 导致 $L=1$,因为没有值是 0;如果 A 为 0,则灯仍会亮着,但现在灯亮是由于没有值为 -1 的结果。考虑到 $B=1$ 和 $C=-1$ 的偶然性从某种意义上“揭示”了 A 的因果影响。

同样,可以通过添加更多变量来捕捉两种场景之间的区别。对于第二种场景,添加变量 $NOT(-1)$、$NOT(0)$ 和 $NOT(1)$,其中 $NOT(i)$ 为 1 成立当且仅当 A、B 或 C 的值都不是 i,有 $L=NOT(-1)\vee NOT(0)\vee NOT(1)$。现在 HP 定义的所有三个版本都符合 $A=1$(以及 $B=-1$ 和 $C=1$)是 $L=1$ 的原因。对于初始模型,添加变量 $TWO(-1)$、$TWO(0)$ 和 $TWO(1)$,其中 $TWO(i)=1$ 当且仅当 A、B 和 C 中至少有两个的值是 i,并且取 $L=TWO(-1)\vee TWO(0)\vee TWO(1)$。在这

种情况下，HP 定义都符合 $A=1$ 不是 $L=1$ 的原因(而 $B=-1$ 和 $C=-1$ 仍然是原因)。

再一次将变量 $NOT(-1)$、$NOT(0)$ 和 $NOT(1)$(分别对应 $TWO(-1)$、$TWO(0)$ 和 $TWO(1)$)视为“结构化”变量，这些变量有助于建模者区分上述两种场景，建立灯打开的不同机制。

这个例子(以及本节中的其他例子)表明因果关系在某种程度上取决于我们如何描述一种场景。相比于说“如果存在一个位置，使所有开关都不在该位置，则灯亮”(规则2)，如果将灯亮的规则描述为“如果两个或多个开关处于相同位置，则灯亮”(规则1)，那会得到不同的答案，尽管这两个规则导致相同的结果，这与人类对因果关系的归因是一致的，但即使接受这一点，以上因果关系会给一个正在思考规则1的建模者(当规则2都不存在时)哪些思考空间呢？规则1的描述自然地暗示了变量 $TWO(-1)$、$TWO(0)$ 和 $TWO(1)$ 的“结构化”，因此添加这些变量将会是很好的建模实践。

例 4.1.3 考虑具有四个内生变量 A、B、D 和 E 的模型 M。A 和 D 的值由场景确定，B 和 E 的值由等式 $B=A$ 和 $E=D$ 给出。假设场景 u 使得 $A=D=1$，那么很明显，在 (M,u) 中，$A=1$ 是 $B=1$ 的原因而不是 $E=1$ 的原因，而 $D=1$ 是 $E=1$ 的原因而不是 $B=1$ 的原因。如果用 X 替换模型中的 A，问题就来了，其中，当且仅当 A 和 D 值一致时 $X=1$(即，如果 $A=D=1$ 或 $A=D=0$，则 $X=1$)。A 的值可以从 D 和 X 的值中得到。事实上，很容易看出当且仅当 $X=D=1$ 或 $X=D=0$ 时 $A=1$。因此，可以通过取 $X=D=1$ 或 $X=D=0$ 时 $B=1$，来重写 B 的方程式。实际上有一个新的模型 M' 带有内生变量 X、B、D 和 E，D 和 X 的值由场景给出。如上所述，B 和 E 的方程式为

$$B=\begin{cases}1 & \text{如果 } X=D\\0 & \text{如果 } X\neq D\end{cases}$$

$$E=D$$

场景 u 使得 $D=X=1$，所以 $B=E=1$。在 (M',u) 中，$D=1$ 仍然是 $E=1$ 的原因，但现在 $D=1$ 也是 $B=1$ 的原因。

$D=1$ 是 M' 中 $B=1$ 的原因，但不是 M 中 $B=1$ 的原因，这是否太不合理了？当然，如果考虑到模型 M 所表示的场景，那么 $D=1$ 作为一个原因是不合理的，但 M' 也可以代表完全不同的情况。考虑以下两种场景：

试图确定贝蒂和爱德华两个人在选举中的偏好。如果贝蒂被记录为偏向民主党，则 $B=1$，如果贝蒂被记录为偏向共和党，则 $B=0$，对于 E 也类似。第一种情景中，我们派爱丽丝与贝蒂交谈，大卫与爱德华交谈以了解他们的喜好(假设两人都是诚实的并且善于发现问题)。当爱丽丝报告贝蒂更喜欢民主党 ($A=$

1) 时,则贝蒂被报告更喜欢民主党 ($B=1$); 大卫和爱德华也是如此。显然,在这个场景(由 M 建模)中,$D=1$ 导致 $E=1$,但不会导致 $B=1$。

但是现在假设不是派爱丽丝去和贝蒂谈话,而是派泽维尔去和卡罗尔谈话,卡罗尔只知道贝蒂和爱德华是否有相同的偏好。卡罗尔告诉泽维尔他们确实有相同的偏好($X=1$)。当听到 $X=D=1$ 时,投票制表器正确地得出 $B=1$ 的结论。这个场景是由 M'建模的,但在这种情况下,$D=1$ 应该是 $B=1$ 的原因是完全合理的。基于以上事实,如果将变量 A 包含在 M'中,情况会是$A=B=1$。

同样,这里有两个不同的场景,可用不同的模型来消除它们的歧义。

例 4.1.4 一个牧场有五个人:$a_1,a_2,\cdots,a_5$。他们必须对两种可能的结果进行投票:待在篝火旁($O=0$)或进行围捕($O=1$)。设 A_i 是表示 a_i 投票结果的随机变量,所以如果 a_i 投票给结果 j,则 $A_i=j$。决定结果有一个复杂的规则:如果 a_1 和 a_2 一致(即 $A_1=A_2$),则该结果就是最终投票结果。如果 a_2 到 a_5 投票一致且与 a_1 投票不同,则结果由 a_1 的投票给出(即 $O=A_1$)。否则,少数服从多数。在实际情况中,$A_1=A_2=1,A_3=A_4=A_5=0$,根据第一种机制,$O=1$。问 $O=1$ 的原因是什么?

使用仅包含变量 $A_1,A_2,\cdots,A_5$,和 O 的因果模型,以及根据 $A_1,A_2,\cdots,A_5$描述 O 的显著方程,立即得出 $A_1=1$ 是 $O=1$ 的特定原因。将 A_1 更改为 0 会导致 $O=0$。令人惊讶的是,在因果模型中,根据初始和更新的 HP 定义,$A_2=1$、$A_3=0$、$A_4=0$ 和 $A_5=0$ 也是原因。要看到 $A_2=1$ 是一个原因,需要考虑 $A_3=1$ 的偶然性。现在如果 $A_2=0$,则 $O=0$(少数服从多数规则);如果 $A_2=1$,则 $O=1$,因为 $A_1=A_2=1$,所以即使 A_3 被设置 0,仍有 $O=1$,$A_3=0$、$A_4=0$、$A_5=0$ 是原因,在初始定义和更新定义中都是一致的;在这里给出 $A_3=0$,主要考虑 $A_2=0$ 的偶然情况,因此除 a_1 之外的所有选民都投票 0(留在营地)有 $O=0$。如果$A_3=1$,则 $O=0$(少数服从多数规则)。如果 $A_3=0$,则 $O=1$,通过第二种机制(a_1 是唯一投 0),而如果 A_2 设置为其初始值 1,那么我们仍然有 $O=1$,则是由第一种机制决定的。尽管改进后的 HP 定义没有表明 $A_2=1$、$A_3=0$、$A_4=0$ 或 $A_5=0$ 中的任何一个是原因,但它确实表明了每一个组合 $A_2=1\wedge A_3=0$,$A_2=1\wedge A_4=0$,以及 $A_2=1\wedge A_5=0$ 是一个原因;例如,如果 A_2 和 A_3 的值发生变化,则 $O=0$。因此,根据改进 HP 定义,$A_2=1$、$A_3=0$、$A_4=0$ 和 $A_5=0$ 中的每一个都是原因的一部分 。

这里通过分析提出一个更好的故事模型,它讨论了第一个和第二个机制,反过来,这表明机制的选择应该是模型的一部分,有几种方法可以做到这一点。其中,一种是添加三个新变量,记为 M_1、M_2 和 M_3,它们的取值范围是$\{0,1,2\}$,其中$M_j=0$,如果机制 j 处于激活状态并得出结果为 0,则 $M_j=0$;如果机制 j 处于激活状态并得出结果为 1,$M_j=1$;如果机制 j 未激活,$M_j=2$(实际上不需要值 $M_3=$

2；机制 3 始终处于激活状态，因为有 5 个投票者，每个投票者都必须投票，必定会得到一个多数值，有显著方程将 M_1、M_2 和 M_3 的值与 $A_1, A_2, \cdots, A_5$ 的值联系起来（实际上，由于各机制由干预变量表示，必须明确当设置 $M_1=1$ 和 $M_2=1$ 的“非自然”干预结果会发生什么；为了保证确定性，应考虑机制 M_1 的情况）。

现在 O 的值仅取决于 M_1、M_2 和 M_3 的值：如果 $M_1 \neq 2$，则 $O=M_1$；如果 $M_1=2$ 且 $M_2 \neq 2$，则 $O=M_2$；如果 $M_1=M_2=2$，则 $O=M_3$。很容易看出，在这个模型中，在 $A_1=A_2=1$ 和 $A_3=A_4=A_5=0$ 的情况下，那么，根据 HP 定义的所有版本，$A_3=0$，$A_4=0$，或者 $A_5=0$ 都不是原因，而 $A_1=1$ 是一个原因，正如我们所期望的，$A_2=1$ 和 $M_2=1$ 也是如此。这似乎是合理的：第二种机制是导致结果需要 $A_1=A_2=1$。

现在假设改变投票规则，即如果以下两种机制之一适用，取 $O=1$：$A_1=1$，且 $A_2=0$ 不与 A_3、A_4 和 A_5 中的一个明确为 1 的情况同时出现。$A_2=0$，$A_2=1$，并且 A_3、A_4 和 A_5 有两个明确为 1。

不难查证，虽然描述不同，但 O 在两个场景中都满足相同的等式，现在看来，$A_2=1$、$A_3=0$、$A_4=0$、$A_5=0$ 是 $O=1$ 的原因似乎不合理。事实上，如果根据这两种机制构建一个模型（即添加与这两种机制相对应的变量 M'_1 和 M'_2），则不难看出按照初始和更新后的 HP 定义，$A_1=1$、$A_2=1$、$A_3=0$、$A_4=0$、$A_5=0$ 都是原因。改进后的定义不变：$A_1=1$，$A_2=1 \wedge A_3=0$，$A_2=1 \wedge A_4=0$，$A_2=1 \wedge A_5=0$ 仍然是原因（同样，$\{A_2, A_3\}$，$\{A_2, A_4\}$ 和 $\{A_2, A_5\}$ 是最小变量集，如果使用第一种机制，它们的值必须改变才改变结果）。

在这里，结构变量 M_1，M_2 和 M_3（分别是 M'_1 和 M'_2）作为调用机制的描述符号似乎特别明显。例如，设置 $M_1=2$ 表示即使 $A_1=A_2$ 也不会应用第一种机制；设置 $M_1=1$ 表示我们的行为就像 a_1 和 a_2 都投了赞成票，但事实并非如此。

到目前为止本节考虑的例子表明，通过添加因果关系机制的变量，可以区分两种看起来完全相同的情况。如以下示例所示，添加描述机制的变量还允许将原因的一部分（根据改进后的 HP 定义）转换为原因。

例 4.1.5　假设将变量 A、B 和 C 添加到分离式森林火灾示例（示例 2.3.1）中，其中 $A=L \wedge \neg MD$，$B=\neg L \wedge MD$，并且 $C=L \wedge MD$。

然后，用 $FF=A \vee B \vee C$ 替换先前的 FF 方程（即 $FF=L \vee MD$）。变量 A、B 和 C 可以被视为描述森林火灾发生的机制。森林火灾是因为扔下火柴，还是因为闪电，还是两者兼而有之？在该模型中，根据初始和更新的 HP 定义，$L=1$ 和 $MD=1$ 不仅是 $FF=1$ 的原因，而且也是改进定义的原因。因为如果我们将 A 和 B 的实际值固定为 0，那么如果 L 设置为 0，则 $FF=0$，因此满足 AC2(a^m) 并且 $L=1$ 是一个原因。类似的推论适用于 MD。

我们认为这是改进后定义的一个特性,而不是一个错误。例如,假设将 A、B 和 C 解释为确定火灾发生的机制。如果这些变量在模型中,那么表明我们关注这些机制,由于机制 C,$L=1$ 是 $FF=1$ 发生的部分原因。如果没有闪电击中,森林火灾仍然会发生,但这是由不同的机制造成的(顺便说一句,以这种方式添加机制实际上是将改进后的 HP 定义中的连接原因转换为单个连接原因的通用方法)。很容易可以看出,相同的方法也适用于例 2.3.2,其中苏西以 11 : 0 赢得选举,尽管我们需要添加 C_{11}^{6} 个新的变量,每一个对应 6 个子集。

在初始模型中,我们基本上不关心火灾产生的细节。现在假设我们只关心闪电是否是一个原因。在这种情况下,仅添加变量 B,其中 $B=\neg L\wedge MD$,如上所述,并设置 $FF=L\wedge B$。在 $L=MD=1$ 的条件中,HP 定义的所有三种版本都认为只有 $L=1$ 是 $FF=1$ 的原因,$MD=1$ 不是(甚至不是原因的一部分)。模型的结构告诉我们,应该关注火灾是怎么来的,是否是 $L=1$ 造成的。在实际情况下,$MD=1$ 对 L 是否等于 1 并无影响。

现在考虑示例 2.9.1 中考虑的析取模型的变体。在这个变体中,有两个纵火犯;在异常情况下,只有一个人扔下火柴,$FF=2$ 表示火势较小。在这个模型中,根据改进后的 HP 定义,$MD=1$ 是森林火灾的原因,正如我们所期望的,但 $L=1$ 甚至不是原因的一部分,因为 $L=1\wedge MD=1$ 不再是原因($MD=1$ 本身就是一个原因)。这似乎至少有点令人不安。但现在正态性方面的考量起到了作用,通过假设,需要目击者 $MD=1\wedge MD'=0\wedge FF=2$ 以声明 $MD=1$ 作为原因是异常的,所以 $AC2^{+}(a^{m})$ 不成立。使用分级因果关系,$L=1\wedge MD=1$ 作为原因,比 $MD=1$ 更好。

4.2 保守延拓

在扔石头的例子中,通过添加变量 SH 和 BH,从初始模型 M_{RT} 到 M'_{RT},$BT=1$ 作为 $BS=1$ 的原因变为不是其原因。同样,在第 4.1 节中的所有示例中,增加额外变量都会影响因果关系。当然,在没有任何约束的情况下,增加变量可以获得任何想要的结果。例如,考虑"复杂"的投石模型 M'_{RT},假设变量 BH_1 增加到方程中,且有 $BH_1=BT$ 和 $BS=SH\vee BT\vee BH_1$,则有一个新的因果模型 M''_{RT}。在 M''_{RT} 中,有一条从 BT 通过 BH_1 到 BS 的新因果路径,独立于所有其他路径,M''_{RT} 中 $BT=1$ 确实是 $BS=1$ 的原因。但有问题,添加这个新的因果路径从根本上改变了场景,比利的投掷存在一种影响瓶子是否破碎的新方法。尽管通过添加新信息来改进模型似乎是合理的,但这样做不会影响我们对旧变量的了解。直觉上,假设有一个放大镜,可以更仔细地观察模型,会发现以前隐藏的新变量。但是旧变量的任何设置都会导致相同的观察结果。也就是说,虽然添加新变量会改进模型,但不会从根本上改变它。这在下面的定义中得到了精确的描述。

定义 4.2.1 因果模型 $M'=((U',V',R'),F')$ 是 $M=((U,V,R),F)$ 的保守延拓,如果 $U=U'$, $V\subset V'$,且对于所有场景 $\boldsymbol{u}$,所有变量 $X\in V$,且所有 $\boldsymbol{W}=V-\{X\}$ 中变量取值 $\boldsymbol{w}$,当且仅当 $(M',\boldsymbol{u})\models[\boldsymbol{W}\leftarrow\boldsymbol{w}](X=x)$ 时我们有 $(M,\boldsymbol{u})\models[\boldsymbol{W}\leftarrow\boldsymbol{w}](X=x)$ 成立。也就是说,无论我们在 M 中如何设置 X 以外的变量,X 在 M 和 M' 模型中的场景 $\boldsymbol{u}$ 下具有相同的值。

根据定义 4.2.1,M' 是 M 的延拓,对于某些特定的只包括 V 中变量的公式 ψ,即 $[\boldsymbol{W}\leftarrow\boldsymbol{w}](X=x)$,当且仅当 $(M',\boldsymbol{u})\models\psi$,$(M,\boldsymbol{u})\models\psi$ 成立。正如以下引理所示,这适用于仅涉及 $BT=1$ 中的变量的所有公式,而不仅仅是特殊形式。(值得注意的是,在使用统计符号时,不能忽略因果模型。保守延拓的概念,需要比较两个不同因果模型中相同公式的真值。)

引理 4.2.2 假设 M' 是 $M=((U,V,R),F)$ 的延拓,则对于所有仅提及 V 中变量和所有条件 $\boldsymbol{u}$ 中的变量的因果公式 φ,当且仅当 $(M',\boldsymbol{u})\models\varphi$ 我们有 $(M,\boldsymbol{u})\models\varphi$。

不难看出,投石模型 M'_{RT} 中的"复杂"模型是 M_{RT} 模型的保守延拓。

命题 4.2.3 M'_{RT} 是 M_{RT} 模型的保守延拓。

证明: 无论 U、BT 和 ST 的如何设置,BS 的值在 M_{RT} 和 M'_{RT} 中都是相同的。考虑所有情况:在两种模型中,如果 $ST=1$ 或 $BT=1$,则 $BS=1$;如果 $ST=BT=0$,则 $BS=0$(与 U 的值无关)。

模型 M^*_{RT} 具有额外的内生变量 SA、BA、SF 和 BF,它不是 M'_{RT} 或 M_{RT} 的保守延拓。事实上,苏西和比利的投出都是准确的,都命中,且苏西首先命中瓶子,则这些都不再适用于 M^*_{RT}。这意味着 M^*_{RT} 在某些方面不同于 M'_{RT} 和 M_{RT}。我们不能认为 M_{RT} 和 M^*_{RT} 中的条件是相同的,M^*_{RT} 中的条件决定了 BA、SA、BF 和 SF 的值,以及 ST 和 BT 的值。

定义 4.2.1 中,$U=U'$ 是相当强的要求。它表示在从 M 到 M' 的过程中无论额外添加的内生变量是什么,其值由 M 中已有的(外生和内生)变量决定。

从 M_{RT} 到 M'_{RT} 就是这种情况:SH 的值是由 ST 的值决定的,而 BH 的值是由 SH 和 BT 的值决定的,但是从 M'_{RT} 到 M^*_{RT} 的情况并非如此。例如,M'_{RT} 中没有任何内容决定 BA 或 SA 的值,在 M'_{RT} 中,两者都被假定始终为 1。在第 4.4 节的末尾,我将讨论 M^*_{RT} 和 M'_{RT} 的保守延拓概念与场景条件相关的问题。保守延拓的概念,其适用范围相当广泛,特别是在 4.1 节的所有例子中,加入额外变量得到的模型是对初始模型的保守延拓。这可以通过使用类似于命题 4.2.3 中使用的论证过程来证明。

4.3 HP 初始定义替代更新定义

回顾示例 2.8.1,最初的动机是使用更新后的 HP 定义而不是初始 HP 定义。在这个例子中,如果 A 给 B 的枪上膛并且 B 射击,或者如果 C 上膛并射击,囚犯就会死亡。在实际场景 u 中,A 给 B 的枪上膛,B 不射击,但 C 确实上膛并射击,因此囚犯死亡。使用 AC2(b^o) 的初始 HP 定义将声明 $A=1$ 是 $D=1$ 的(囚犯死亡)原因,使用 AC2(b^o) 的更新定义不会,前提是仅使用变量 A、B、C 和 D。但是通过添加一个额外的变量,初始 HP 定义给出了所需的结果。以下结果(在 4.8.2 节中证明)表明这种方法具有普遍性:我们始终可以使用初始 HP 定义,而不是通过添加额外变量来使用更新后的 HP 定义。

定理 4.3.1 如果根据 HP 更新定义,$X=x$ 不是 $Y=y$ 的一个原因,根据 HP 初始定义 $X=x$ 是 $Y=y$ 的原因,那么有一个模型 M'作为 M 的保守延拓,无论是根据初始的还是更新的 HP 定义,$X=x$ 都不是(M',$\boldsymbol{u}$)中 $Y=y$ 的原因。

回顾定理 2.2.3 的(c)和(d),如果根据初始 HP 定义 $X=x$ 不是 φ 的原因,那么根据更新后的 HP 定义,它也不是原因的一部分。例 2.8.1 表明,相反的情况一般不成立。定理 4.3.1 表明,通过适当添加额外的变量,可以构建一个模型,使得根据初始 HP 定义 $X=x$ 是 φ 的原因成立,当且仅当在 HP 更新定义中它是原因的时候,这为 HP 初始定义提供了一些技术优势。在初 HP 定义中,原因总是简单直接的连接关系,但如示例 2.8.2 所示,更新后的定义通常不是这种情况。(许多其他示例表明,改进后的 HP 定义也不是这种情况。)此外,正如第 5.3 节中讨论的,更新后的 HP 定义(和改进后的 HP 定义)的因果关系测试比初始 HP 定义更难。

但是添加额外的变量以避免使用 AC2(b^u)可能会导致一个相当"不自然"的模型(当然,这假设我们可以就"自然"的含义达成一致)。

此外,在某些情况下,添加这些变量似乎并不合适(参见第 8 章)。需要更多的经验来确定 AC2(b^u)和 AC2(b^o)中的哪一个最合适,或者使用改进后的 HP 定义是否正确。幸运的是,在许多情况下,因果关系判断与我们使用定义无关。

4.4 (非)因果关系的稳定性

4.1 节中的例子引起了潜在的担忧。再次考虑扔石头的例子,添加额外变量使 $BT=1$ 不再成为 $BS=1$ 的原因。那么,能否增加更多的变量以将 $BT=1$ 转换回原因?它还可进一步交替角色吗?

确实可以,至少在初始和更新的 HP 定义的情况下是这样。通常,可以将事件从原因转换为非原因,然后通过添加变量无限频繁地返回。这基本上已经在虚假预防问题中看到了这一点。假设只是从保镖开始,他将解毒剂放入受害者的咖啡中。首先,没有刺客,保镖投入解毒剂肯定不是受害者幸存的原因。现在我们引入一个刺客,将第一个刺客称为刺客 1,刺客 1 不认真,虽然原则上他可以下毒,也不经意地想过这样做,但实际上他没有行动。正如我们所看到的,仅仅因为他可以下毒,根据初始和更新后的 HP 定义,就足以让保镖投入解毒剂成为受害者幸存的原因,或者根据改进后的定义,让保镖投入解毒剂成为部分原因。但是,正如我们在 3.4 节中看到的,一旦添加了一个变量 PN_1 来讨论毒药是否被解毒剂中和,保镖投解毒药就不再是一个原因。

现在我们可以重复这个过程。假设我们发现还有第二个刺客,刺客 2。现在,保镖投入解药再次成为(部分)原因;添加 PN_2,它不再是一个原因。

现在先构建了一个因果模型的序列 M_0、M_1、M_2…和一个场景 u,使得 M_{n+1} 是所有 $M_n, n \geq 0$ 的保守延拓,在场景 u 中的偶数模型中 $B=1$ 不是 $VS=1$ 的原因,且 $B=1$ 是场景 u 中奇数模型中 $VS=1$ 的部分原因。也就是说,"$B=1$ 是 $VS=1$ 的部分原因吗?"这个问题的答案,随着模型的顺序逐一讨论交替成立。

M_0 只是具有两个二元内生变量 B 和 VS,以及一个二元外生变量 U 的模型。B 和 VS 的值都由场景决定:在场景 u_j 中,对于 $j \in \{0,1\}$,$U=j, B=VS=j$。模型 M_1、M_2、M_3…是归纳定义的。对于 $n \geq 0$,通过添加一个新变量 A_{n+1},从 M_{2n} 得到 M_{2n+1};通过添加一个新变量 PN_{n+1},从 M_{2n+1} 得到 M_{2n+2},因此,模型 M_{2n+1} 具有内生变量 B、VS、A_1、…、A_{n+1}、PN_1、…、PN_n;模型 M_{2n+2} 具有内生变量 B、VS、A_1、…、A_{n+1}、PN_1、…、PN_{n+1}。所有这些模型都只有一个二元外生变量 U。外生变量决定了模型 M_{2n+1} 和 M_{2n+2} 中 B 和 $A_1, \cdots, A_{n+1}$ 的值;在场景 u_1 中,这些变量的值都为 1,在场景 u_0 中,这些变量的值都为 0;此外,方程使得在 u_0 中,无论其他变量如何设置,$VS=0$。假设受害者在 u_0 患有绝症,因此无论发生什么都无法生存。在所有模型中 PN_j 为变量(即 M_{2j}、M_{2j+1}、…)只是 3.4.1 节虚假预防问题中 PN 方程的类似:

$$PN_j = \neg A_j \wedge B (i.e., PN_j = (1-A_j) \times B)$$

如果刺客 j 真的在咖啡中放毒(回想一下 $A_j=0$ 意味着刺客 j 在咖啡中放毒)并且 B 放了解毒剂,毒性就会被中和。VS 取决于模型,在所有情况下,在场景 u_0 中,$VS=0$; 在 u_1 中

$$VS = (A_1 \vee PN_1) \wedge \cdots \wedge (A_n \vee PN_n) \wedge (A_{n+1} \vee B) in M_{2n+1}$$

$$VS = (A_1 \vee PN_1) \wedge \cdots \wedge (A_n \vee PN_n) \wedge (A_{n+1} \vee PN_{n+1}) in M_{2n+2}$$

请注意,在 M_1 中,$VS = A_1 \vee B$,在 M_2 中,$VS = A_1 \vee PN_1$,因此 M_1 和 M_2 本质

上是第 3.4.1 节中考虑的两个模型。以下定理(其证明过程见第 4.8.3 节)总结了上述模型 M_0、M_1、M_2、…的情况。

定理 4.4.1 对于所有 $n \geqslant 0$, M_{n+1} 是 M_n 的保守延拓。此外, $B=1$ 不是 (M_{2n}, u_1) 中 $VS=1$ 的部分原因,但在 (M_{2n+1}, u_1) 中 $B=1$ 是 $VS=1$ 的部分原因,其中 $n=0,1,2\cdots$(根据 HP 定义的所有版本)。

定理 4.4.1 有点令人不安。似乎不应该认为 $X=x$ 一会儿是、一会儿又不是 $Y=y$ 的原因。如果我们没有发现变量理解不一致,至少不会在"是"和"否"之间交替。然而定理 4.4.1 表明这可能是成立的。定理 4.4.1 可以应用于任何模型 M,使得 $(M,\boldsymbol{u}) \models B=1 \wedge C=1$,但 B 和 C 彼此独立(特别是, $B=1$ 不是 $C=1$ 的原因),得到一系列模型 $M_0, M_1, \cdots$,其中 $M=M_0$ 和 M_{n+1} 是 M_n 的保守延拓,使得陈述"在 $(M_n,\boldsymbol{u})$ 中 $B=1$ 是 $C=1$ 的部分原因"的真实性可以随着设定顺序进行交替。

庆幸的是,虽然定理 4.4.1 适用于初始和更新的 HP 定义,甚至根据改进的定义是(完全)原因(这是直接从证明中得出的),但事实上我们考虑部分原因而不是全部原因。实际上,从保守延拓的定义几乎可以立即得到以下结果。

定理 4.4.2 如果 M' 是 M 的保守延拓,并且根据 HP 改进定义, $\boldsymbol{X}=\boldsymbol{x}$ 是 φ 在 $(M,\boldsymbol{u})$ 中的原因,则存在一个(不一定严格的) X 的子集 $\boldsymbol{X}_1$,使得 $\boldsymbol{X}_1=\boldsymbol{x}_1$ 是 φ 在 $(M,\boldsymbol{u})$ 中的一个原因,其中 $\boldsymbol{x}_1$ 是 $\boldsymbol{x}$ 在 $\boldsymbol{X}_1$ 中取值。

证明: 根据 HP 改进定义, $\boldsymbol{X}=\boldsymbol{x}$ 是 φ 在 $(M,\boldsymbol{u})$ 中的一个原因。则有(a) $(M,\boldsymbol{u}) \models \boldsymbol{X}=x \wedge \varphi$,和(b) 存在一组内生变量 $\boldsymbol{W}$ 和 $\boldsymbol{X}$ 中的变量设置 $\boldsymbol{x}'$、$\boldsymbol{W}$ 中的变量 $\boldsymbol{w}^*$,使得 $(M,\boldsymbol{u}) \models \boldsymbol{W}=\boldsymbol{w}^*$ 和 $(M,\boldsymbol{u}) \models [\boldsymbol{X} \leftarrow \boldsymbol{x}, \boldsymbol{W} \leftarrow \boldsymbol{w}^*] \neg \varphi$(其中(b)部分只是 AC2($\mathrm{a}^{\mathrm{m}}$)的陈述)。由于 M' 是 M 的保守延拓,所以(a)和(b)在 M 被 M' 替换的情况下成立。因此, $\boldsymbol{X}=\boldsymbol{x}$ 不能成为 $(M,\boldsymbol{u})$ 中 φ 原因是它不满足 AC3,这意味着必须有属于 $\boldsymbol{X}$ 中的严格子集 $\boldsymbol{X}_1$,使得 $\boldsymbol{X}_1=\boldsymbol{x}_1$ 是 φ 的一个原因。

因此,对于改进的 HP 定义,涉及单个变量的原因,因果关系是稳定的。对于涉及多个连接组合的原因,会存在一些不稳定性,但不会太多。根据定理 4.4.2,可最多可以得到一轮交替,即从非因果关系到因果关系再到非因果关系。一旦 $\boldsymbol{X}=\boldsymbol{x}$ 从 $(M',\boldsymbol{u})$ 中 φ 的原因变为 $(M',\boldsymbol{u})$ 中的非原因,它就不能再次成为 M' 的保守延拓 M'' 中 $(M',\boldsymbol{u})$ 中的原因(因为对于 $\boldsymbol{X}$ 某严格子集 $\boldsymbol{X}_1$, $\boldsymbol{X}_1=\boldsymbol{x}_1$ 是 $(M,\boldsymbol{u})$ 的中 φ 的一个原因,也肯定存在 $\boldsymbol{X}$ 的(非必须严格)子集 $\boldsymbol{X}_2$,使得 $\boldsymbol{X}_2=\boldsymbol{x}_2$ 是 φ 在 $(M'',\boldsymbol{u})$ 中的原因。因此,通过 AC3, $\boldsymbol{X}_1=\boldsymbol{x}_1$ 不能是 φ 在 $(M'',\boldsymbol{u})$ 中的原因)。

扔石头的例子表明可以有一些"是"与"否"交替出现的情况。在比利和苏西都投掷的情况下,苏西的 $(ST=1)$ 不是简单的投石模型 M_{RT} 中瓶子破碎的原因；相反，根据改进后的 HP 定义，$ST=1\wedge BT=1$ 是一个原因，所以苏西的投掷只是其中的部分原因。相比之下，苏西的投掷是更复杂的掷石模型中的一个原因。但从定理 4.4.2 可知，根据改进的 HP 定义，在复杂的掷石模型，保守延拓中，苏西的投掷仍然是瓶子破碎的原因。更一般地说，使用改进后的 HP 定义，对于完全因果关系来说，稳定性不是问题。

但即使按照初始和改进的 HP 定义，以及根据 HP 改进定义考虑部分原因，我也不认为情况会这么糟糕。一个孩子可能从对世界如何运作的初始理解开始，并相信只要扔一块石头就会使瓶子破碎，之后他可能会意识到石头是否实际击中瓶子的重要性，再后来，他可能会意识到其他对瓶子破碎至关重要的特征。这种认识的提高可导致因果关系发生变化。然而，在实践中，大部分新的特征都不重要。可以观察到，除非在高度异常的情况下，大多数新特征几乎肯定与瓶子破碎无关。如果新变量是相关的，那么可能会更早地注意到它们，而这一事实表明我们需要使用这些变量的异常设置来揭示因果关系。

正如我现在所展示的，一旦我们将正态性考虑在内，在合理的假设下，非因果关系是稳定的。准确起见，我必须将保守延拓的概念延拓到因果模型，以便将正常排序考虑在内。为了更加明确，我使用了第 3.2 节中的定义，其中正态性是通用定义，而不是第 3.5 节中的替代定义，尽管两种定义的论证本质上是一样的。

定义 4.4.3 一个延拓因果模型 $M'=(S',F',\succeq')$ 是另一个延拓因果模型 $M=(S,F,\succeq)$ 的保守延拓，根据 4.2.1 保守延拓的定义，M' 下的因果模型 (S',F') 是 M 下的因果模型 (S,F) 的保守延拓，并且以下条件成立，其中 V 是 M 中的内生变量集：

CE（保守延拓）．对于所有场景 $\boldsymbol{u}$，如果 $\boldsymbol{W}\subseteq V$，则 $S_{\boldsymbol{W}=\boldsymbol{w},\boldsymbol{u}}\succeq S_{\boldsymbol{u}}$，当且仅当 $S_{\boldsymbol{W}=\boldsymbol{w},\boldsymbol{u}}\succeq' S_{\boldsymbol{u}}$。粗略地说，CE 表示，当受限于以 V 中变量设置为特征的世界时，正态性在 M 和 M' 中是相同的。实际上，CE 表达的比这里的含义更少，采用更接近这种英文语言的更强版本 CE：如果 $\boldsymbol{W}\cup\boldsymbol{W}'\subseteq V$，则 $S_{\boldsymbol{W}=\boldsymbol{w},\boldsymbol{u}}\succeq S_{\boldsymbol{W}'=\boldsymbol{w}',\boldsymbol{u}}$ 当且仅当 $S_{\boldsymbol{W}=\boldsymbol{w},\boldsymbol{u}}\succeq' S_{\boldsymbol{W}'=\boldsymbol{w}',\boldsymbol{u}}$，前面用的 CE 版本足以证明下面的结果，但这个更强的版本似乎也合理。使用替代定义，其中正常排序在条件上，CE 的类似物甚至更简单：它只需要 M 和 M' 中的正常排序相同（因为两个模型中的条件集相同）。

在本节的余下部分，使用延拓因果模型 M 和 M' 并使用考虑正态性的因果关系定义（即，初始和改进的定义使用 AC2$^+$(a)，改进定义使用 AC2$^+$(a^m)），为了便于说明，将 $\succeq$ 和 $\succeq'$ 分别作为 M 和 M' 的预置顺序。

注意，即使对于延拓因果模型，定理 4.4.2 也适用于改进后的 HP 定义。因此，对于延拓因果模型中改进后的 HP 定义，稳定性也不是一个严重的问题。现在给出一个条件,它可以几乎确保非因果关系对于 HP 定义的所有版本都是稳定的。总之变量的取值是异常的,而不是由方程指定的。假设在事件 s 中,V 取的值与 $(M',\boldsymbol{u})$ 中方程指定的值不同,如果,取 $\boldsymbol{W}^*$ 由 M 中除 V 之外的所有内生变量组成,如果 $\boldsymbol{W}^*$ 给出了 $\boldsymbol{W}^*$ 在 s 中变量的值,且 v 是 V 在 s 中的值,则有 $(M,\boldsymbol{u})\models[\boldsymbol{W}\leftarrow\boldsymbol{w}^*](V\neq v)$。进一步地,如果 $\boldsymbol{W}\subseteq\boldsymbol{W}'$ 且 $(M,\boldsymbol{u})\models[\boldsymbol{W}\leftarrow\boldsymbol{w}](V\neq v)$,则 V 的值与 $S_{\boldsymbol{W}=\boldsymbol{w},\boldsymbol{u}}$ 中的方程值不同。M 中的正常排序符合 V 相对于 $\boldsymbol{u}$ 的方程,如果对于所有 s 使得 V 在 s 中采用除 $(M',\boldsymbol{u})$ 中方程指定的值之外的值,有 $s\not\succeq s_u$(其中 $\succeq$ 是 M 中的预置顺序)。使用正态性的另一种定义,有一个类似的条件:如果 $\boldsymbol{u}$ 是一个条件,其中 V 的值与 $(M',\boldsymbol{u})$ 中的值不同,那么有 $\boldsymbol{u}'\not\succeq\boldsymbol{u}$。由于条件的正常排序在 M 和 M' 中是相同的,这意味着除非 $\boldsymbol{u}'\not\succeq\boldsymbol{u}$,否则 V 在 M' 中的条件 $\boldsymbol{u}$ 中采用的值必须由 $(M,\boldsymbol{u})$ 中的方程指定。

为了证明 $B=1$ 是 (M_{2n+1},u_1) 中 $VS=1$ 的原因,考虑目击者 s,其中 $A_{n+1}=0$。如果假设 M_{2n+1} 中的正常排序遵守 A_{n+1} 相对于 u_1 的方程,那么 s 比 s_{u_1} 更不正常,因此当考虑 (M,u_1) 中的因果关系时,s 不能用于满足 AC2$^+$(a) 或 AC2$^+$(a^{m})。因此,在此假设下,$B=1$ 不是 M_{2n+1} 中 $VS=1$ 的原因。更一般地,若正常排序遵守所有变量的方程(这些变量是 M 相对于 u 保守延拓至 M' 所添加的),那么 $(M,\boldsymbol{u})$ 中的因果关系是稳定的,且部分取决于考虑 HP 定义具体版本。

定理 4.4.4 假设 M 和 M' 是延拓因果模型,使得 M' 是 M 的保守延拓,M' 中的正常排序遵守 $V'-V$ 中所有变量相对于 $\boldsymbol{u}$ 的方程,其中 V 和 V' 分别是 M 和 M' 中的内生变量集合,φ 中的所有变量都在 V 中。那么以下结论成立:

(a)根据初始和更新的 HP 定义,如果 $\boldsymbol{X}=\boldsymbol{x}$ 不是 $(M',\boldsymbol{u})$ 中 φ 的原因,则或者 $\boldsymbol{X}=\boldsymbol{x}$ 不是 $(M,\boldsymbol{u})$ 中 φ 的原因,或存在一个 $\boldsymbol{X}$ 的严格子集 $\boldsymbol{X}_1$ 使得 $\boldsymbol{X}_1=\boldsymbol{x}_1$ 是 $(M,\boldsymbol{u})$ 中变量 φ 的原因,其中 $\boldsymbol{x}_1$ 是 $\boldsymbol{x}$ 对 $\boldsymbol{X}_1$ 中变量的值。

(b)根据改进后的 HP 定义,$\boldsymbol{X}=\boldsymbol{x}$ 是 $(M,\boldsymbol{u})$ 中 φ 的原因,当且仅当 $\boldsymbol{X}=\boldsymbol{x}$ 是 $(M',\boldsymbol{u})$ 中 φ 的原因,因此,特别地,$(M',\boldsymbol{u})$ 中 φ 的原因无法包含 $V'-V$ 中的变量。

从(b)部分可以直接看出,在定理 4.4.4 的假设下,对于改进后的 HP 定义,因果关系和非因果关系都是稳定的。从(a)部分也可以看出,对于初始和更新的 HP 定义,非因果关系对于单一组合的原因是稳定的。对于初始的 HP 定义,即使不是单一组合,非因果关系也是稳定的(对于初始 HP 定义,一旦考虑了正态性,就会有非单一组合的原因,参见例 3.2.3),虽然我还没有证明这一点。但是,根据更新后的 HP 定义,非单一组合,非因果关系可能不稳定(参见下面的例 4.8.2)。因果与非因果的交替不能太多,给定关于正态性适当假设,以下结果表明,根据初始和更新的 HP 定义,$\boldsymbol{X}=\boldsymbol{x}$ 不能从成为 φ 的原因变为非原因,再变回原因。如果有三个模型 M、M'和 M''，其中 M'是 M 的保守延拓，M''是 M'的保守延拓，$\boldsymbol{X}=\boldsymbol{x}$ 是 φ 在$(M,\boldsymbol{u})$和$(M'',\boldsymbol{u})$的原因，那么$\boldsymbol{X}=\boldsymbol{x}$ 也必须是$(M',\boldsymbol{u})$中 φ 的原因。

定理 4.4.5　根据初始和更新的 HP 定义，如果(a) M'是 M 的保守延拓，(b) M''是 M'的保守延拓，(c)$\boldsymbol{X}=\boldsymbol{x}$ 是$(M,\boldsymbol{u})$和$(M'',\boldsymbol{u})$中 φ 的原因，(d)对应情景 $\boldsymbol{u}$，M'中的正态性遵守在 M'中(而不在 M 中)所有内生变量的方程，以及(e)对应情景 $\boldsymbol{u}$，M''中的正态性遵守所有在 M''(而不在 M'中)所有内生变量的方程，则 $\boldsymbol{X}=\boldsymbol{x}$ 也是$(M',\boldsymbol{u})$中 φ 的原因。

因果关系的稳定性是有代价的，至少在初始和更新的 HP 定义的情况下如此，即对于正常排序遵守变量对应 $\boldsymbol{u}$ 所有方程，这一假设显然很强。一方面，对于改进的 HP 定义，它表示 φ 在$(M',\boldsymbol{u})$中没有新的原因，其中涉及从 M 到 M'的过程中添加的变量。因为正常排序遵守 $\boldsymbol{u}$ 中的方程，不仅添加的所有新变量都由初始变量决定，在正常情况下，在情景 $\boldsymbol{u}$ 中，除了$(M,\boldsymbol{u})$中已经确定的变量外，新的变量对于初始变量没有任何影响。

将新变量不遵守 $\boldsymbol{u}$ 中的方程视为异常，这一要求尽管看起来是合理的，但经例 3.2.6 之后的讨论：正常排序基于真实世界，这是对内生变量的完全赋值，而不是同时对内生变量和外生变量的完全赋值。换言之，一般来说，正常排序不考虑条件。所以说正常排序遵守变量 V 相对于 $\boldsymbol{u}$ 的方程，就 V 而言，$\boldsymbol{u}$ 中发生的事情确实是正常情况。显然，这个假设是否合理取决于具体案例。

为了证明这不是完全不合理，这里用于证明定理 4.4.1 的刺客示例。将本例中的变量 A_n 视为三值可能会更好：$A_n=0$ 如果刺客 0 存在并且投毒；如果刺客 n 存在并且没有投毒，则 $A_n=1$；如果刺客 n 不存在，$A_n=2$。显然，正常值是 $A_n=2$。以 u 为背景，在模型 M_{2n+1}中，$A_n=2$。虽然潜在一些刺客使保镖投入解毒剂成为(M_{2n+1},u)中的部分原因，一旦考虑到正态性，它就不再是原因的一部分。此外，在这里说违反 A_n 相对于 u 的方程是不正常的，似乎是合理的。

这些结果表明，一般来说，尽管正常排序遵守 $V'-V$ 中相对于情景 $\boldsymbol{u}$ 中变量方程的假设是强的，但在实践中可能更合理。在第 4.8.3 节例子说明根据初始和更新的 HP 定义，$\boldsymbol{X}=\boldsymbol{x}$ 有可能从 φ 的非原因变为原因，再进一步变为非原因，甚至将正态性考虑进来也是一样(根据定理 4.4.5，它必须保持为非因)。

还有另一个问题需要考虑：即使我们考虑了正态性，$X=x$ 是否可以无限频繁地成为 φ 的原因的一部分？对于改进后的 HP 定义，从定理 4.4.4 很容易得出，答案是否定的。

定理 4.4.6　假设 M 和 M'是延拓因果模型，其中 M'是 M 的保守延拓，并且 M'中的正态排序遵守 $V'-V$ 中相对于 $\boldsymbol{u}$ 所有变量的方程，其中 V'和 V 分别是 M

和 M' 中的内生变量集。那么根据改进的 HP 定义，$\boldsymbol{X}=\boldsymbol{x}$ 是 $(M,\boldsymbol{u})$ 中 φ 的部分原因，当且仅当 $\boldsymbol{X}=\boldsymbol{x}$ 是 $(M',\boldsymbol{u})$ 中 φ 的部分原因。

证明： 如果根据改进的 HP 定义，如果 $X=x$ 是 $\boldsymbol{X}=\boldsymbol{x}(M,\boldsymbol{u})$ 中 φ 的原因 $\boldsymbol{X}=\boldsymbol{x}$ 的一部分，那么根据定理 4.4.4(b)，$\boldsymbol{X}=\boldsymbol{x}$ 是 φ 在 (M',u) 中的原因，因此 $X=x$ 是 (M',u) 中部分原因。相反地，如果 $X=x$ 是 (M',u) 中原因 $\boldsymbol{X}=\boldsymbol{x}$ 的一部分，那么再根据定理 4.4.4(b)，$\boldsymbol{X}$ 中的所有变量都在 V 中，且 $\boldsymbol{X}=\boldsymbol{x}$ 是 φ 在 (M,u) 中的原因，所以 $X=x$ 是在 (M,u) 中原因的一部分。

在定理 4.4.6 的假设下，如果根据更新后的 HP 定义，$X=x$ 不是 (M,u) 中的部分原因，那么根据初始或改进后的 HP 定义，它也不是 (M',u) 中的部分原因，但我无法证明这一点。

模型 M_{RT}^{*} 不是 M_{RT} 和 M'_{RT} 的保守延拓。增加变量 SA、BA、SF 和 BF 使两个模型中的情景完全不同。然而，在 M_{RT}^{*} 中的条件 u^{*} 中，做出与 M'_{RT} 和 M_{RT} 中相同的假设，即苏西和比利都投掷石头且都投得很准，并且苏西先命中，我们将得到相同的因果关系，这不是侥幸。在定义 4.2.1 中，保守延拓被定义为两个模型之间的关系。我们还可以定义一个因果模型设置 (M',u') 是另一个因果模型设置 (M,u) 的保守延拓，M 中的内生变量集仍然是 M' 中的内生变量集的子集，但现在我们可以去除 M 和 M' 使用相同外生变量。

定理 4.4.7 给定因果模型 $M'=((U',V',R',F'))$ 和 $M=((U,V,R,F))$，设置 $(M',\boldsymbol{u}')$ 是 $(M,\boldsymbol{u})$ 的保守延拓，如果 $V\subset V'$，对于所有条件 $\boldsymbol{u}$，所有变量 $X\in V$，以及所有 $\boldsymbol{W}=V-\{X\}$ 中变量的设置 $\boldsymbol{w}$，我们有 $(M,\boldsymbol{u})\models[\boldsymbol{W}\leftarrow\boldsymbol{w}](X=x)$，当且仅当 $(M',\boldsymbol{u}')\models[\boldsymbol{W}\leftarrow\boldsymbol{w}](X=x)$。

很容易看出，虽然 M_{RT}^{*} 不是 M_{RT} 或 M'_{RT} 的保守延拓，但 (M_{RT}^{*},u^{*}) 是 (M_{RT},u) 和 (M'_{RT},u) 的保守延拓。我们可以通过要求条件 CE 在限制为两个相关设置时成立，从而进一步将此定义延拓到延拓因果模型。这也就是如果 $\boldsymbol{W}\subset V$，当且仅当 $S_{\boldsymbol{W}=\boldsymbol{w},\boldsymbol{u}'}\geq' S_{\boldsymbol{u}}'$ 时 $S_{\boldsymbol{W}=\boldsymbol{w},\boldsymbol{u}}\geq S_{\boldsymbol{u}}$ 成立。对于可选择的定义，不能再要求条件的正常排序是相同的，因为两个模型中的条件集不同。相反，可要求在仅涉及 V 中变量的公式可定义的集合上，正态性以相同的方式运作，对于所有仅涉及 V 中内生变量的初始事件的所有布尔组合 φ 和 φ'，我们有 $\varphi\geq^{e}\varphi'$ 当且仅当 $\varphi(\geq^{e})'\varphi'$。

如果考虑因果设置的保守延拓，则本节中证明的关于保守延拓的所有结果都成立，只需对证明过程进行最小的更改。在这里考虑了因果模型的保守延拓，只是因为结果更容易陈述。这有助于解释为什么 (M'_{RT},u) 和 (M_{RT}^{*},u^{*}) 因果关系归因是相同的。

4.5　变量范围

正如之前所述,合适的变量值集合也依赖于场景中其他变量以及它们之间的关系,必须仔细选择变量值的集合。例如,假设一个倒霉的房东外出旅行后回家,发现他的门卡住了。如果他用正常的力气推门,门无法打开。但是,如果他将肩膀靠在门上并用力一推,那么门就会打开。对此场景进行建模,必须要满足用一个取值为 0 或 1 的变量 O,用于表示门是否打开,和一个取值为 0 或 1 的变量 P,用于表示房东是否用力推门。

相反,如果房东忘记了解除房屋内安装的安防系统且该系统非常灵敏,只要门被推动,安防系统都会被触发启动。

用 $A=1$ 表示安全警报启动,$A=0$ 表示未启动。如果此时仍尝试使用相同的变量 P 对此场景进行建模,则无法表达安全警报与房东推门动作之间的依赖关系。为同时处理变量 O 和变量 A,需要将变量 P 拓展为有 3 个取值的变量 P',当房东没有推门时取值为 0,当房东推门且用正常力气时取值为 1,当他使劲推门时取值为 2。

尽管在大多数情况下,模型中变量范围的合理选择并不难获得,但仍有一些重要的独立性原则适用,这就是本节的主题。

4.6　依赖与独立

干预的概念要求独立设置变量,这意味着不同变量的值不应对应于逻辑上相关的事件。假设有一个关于变量 H_1 和 H_2 的模型,其中 H_1 表示“玛莎说‘你好’”(即,如果玛莎说“你好”则 $H_1=1$,否则 $H_1=0$,)而 H_2 表示“玛莎大声说‘你好’”。干预 $H_1=0 \wedge H_2=1$ 是没有意义的,从逻辑上讲,玛莎不说“你好”同时又大声说“你好”是不可能的。

因此,在第 4.1 节的示例中,为帮助构建场景而添加的变量是自变量,而不是用初始变量定义的变量。因此,例如,可以将示例 4.1.1 中添加的变量 D(其方程式为 $D=\neg S \wedge A$)视为打开的开关,如果 S 使 A 到 C 的路线处于通路状态,并且 A 处于打开状态,特别是 A 处于关闭状态,也可以将其设置为 1。

细致的建模人员不太可能会选择具有逻辑相关取值的变量。然而,这一原则的反面则不那么明显,但同样重要,即任何特定变量的不同值应在逻辑上相关(特别是相互排斥)。考虑例 2.3.3,如果苏西的石头没有撞到瓶子,则比利的石头会撞上瓶子,但这不是必然关系。假设不使用 SH 和 BH 两个变量,而是尝试

使用变量 H 来对该场景进行建模,如果苏西的石头撞到瓶子,则 H 的值为 1;如果比利的石头撞到瓶子,则 H 的值为 0。如果 $BS=1$,无论谁打碎了瓶子(也就是说,无论 H 的值是多少),都不难证明在这个模型中,没有因苏西的投掷而导致瓶子破碎的意外事件。问题是 $H=0$ 和 $H=1$ 不互斥。有两颗石头都击中瓶子或两颗石头都没有击中瓶子的可能情况。使用本章前面的表述,该模型的表达能力不足。有些对分析很重要的情况是不能被描述出来的。特别是在此模型中,无法考虑对撞击瓶子的石头进行独立干预,如示例 2.3.3 中的讨论所示,正是需要这样的干预来确定苏西的投掷(而不是比利的投掷)才是造成瓶子破碎的真正原因。

尽管这些规则原则上很简单,但是它们的应用并不总是直观透明的。例如,它们将对如何表示可能在不同时间发生的事件产生特定后果。考虑以下示例。

例 4.6.1 假设露营者(简写为 CC)计划在六月的第一个周末去露营。如果五月森林没有火灾,他将去露营。如果他去露营,他会留下一个无人看管的篝火,然后将会有一场森林火灾。如果 CC 去露营,则变量 C 取值 1,否则取 0。那么森林状态应如何表示?

这里至少有三种选择。最简单的情况是使用一个变量 F,如果发生森林大火,则 F 取值为 1,否则为 0。但是在那种情况下,应该如何表示 F 和 C 之间的依赖关系?由于 CC 只会在(5 月)没有森林大火时才去露营,因此有一个方程,例如 $C=\neg F$。但是,由于 CC 露营时会发生火灾(6 月),因此我们也需要 $F=C$。这种表示形式显然不能充分表达,因为它不能让我们区分森林火灾是在 5 月还是 6 月发生。那么,这个模型不是递归的,方程式也没有解。第二种选择是使用变量 F',如果不发生火灾,则取值为 0;如果 5 月发生火灾,则取 1;如果 6 月发生火灾,则取 2,但是现在如何写方程式?如果五月不发生火灾,则 CC 会去露营,因此 C 的方程式应为当 $F'=1$ 时 $C=0$。如果 CC6 月份去露营则会发生火灾,因此 F' 的方程则是当 $C=1$ 时则 $F'=2$。这些方程式对干预效果的预测极具误导性。例如,第一个等式告诉我们,在 6 月进行干预以制造森林火灾将导致 CC 在 6 月初去露营。但这实际是把因果顺序搞反了。

对此场景进行建模的第三种方法是使用两个独立变量 F_1 和 F_2 来表示在不同时间的森林状态。$F_1=1$ 表示 5 月发生火灾,$F_1=0$ 表示 5 月不发生火灾;$F_2=1$ 表示 6 月发生火灾,$F_2=0$ 表示 6 月不发生火灾。现在可以将方程写为 $C=1-F_1$ 和 $F_2=C\times(1-F_1)$。这种建模表示方法没有困扰其他两种建模表示的缺陷,没有循环混乱。因此,对于外生变量的任何取值都有一致的解决方案。此外,该模型正确地告诉我们,只有在 5 月份对森林状态进行干预,才能影响 CC 的露营计划。

此示例中的问题也可能出现在示例 2.4.1 中。在该示例中,存在一个代表比利病情的变量 BMC,值为 0(比利在周二和周三都感觉良好),值为 1(比利在周二早晨感觉不适,周三感觉良好),值为 2(比利在星期二和星期三都感觉不适)和 3(比利在星期二感觉还不错,但在星期三死亡)。现在,假设我们改变了场景,以使第二剂药没有影响,但是如果比利在星期二感觉还不错,他将在星期三进行一次危险的特技潜水并死去。如果我们添加一个变量 SD 来表示比利是否做特技潜水,那么如果 BMC 为 0 或 3,则 $SD=1$;如果 $SD=1$,则 $BMC=3$,再次陷入死循环,这表明问题是由因果模型和变量 X 的组合产生的,变量 X 的值对应于不同的时间,而另一个变量因果关系又像三明治一样"夹在"X 的不同值之间。

同样,例 4.6.1 中建议的第一种建模方式是不合适的,只是因为在该例中火灾什么时候发生很重要。如果这种表示方法无法捕捉到这一点,则模型是不完备的。但是,如果考虑的森林火灾的唯一影响是八月份的旅游水平,那么第一种表示方法可能完全足够了。由于 5 月或 6 月的大火会对 8 月的旅游业产生相同的影响,因此无需在模型中区分这两种可能性的差别。

所有这些表明,因果建模可能是微妙的,尤其是对于与时间相关的变量。下面的例子强调了这一点。

例 4.6.2　出生可以看作是一个人死亡的原因。毕竟,如果一个人没有出生,那么他就不会死亡。但这听起来有些奇怪。如果琼斯在他 80 岁生日前夕的一个晚上突然去世,那么调查官不太可能将"出生"列为他的死因之一。通常,当我们调查死亡原因时,总会对造成一个人或生或死的因素产生兴趣。因此,模型可能包含变量 D,如果琼斯在他 80 岁生日前不久去世,则 $D=1$,如果他继续活着,则 $D=0$。如果模型还包含变量 B,假设琼斯出生,则 B 取值为 1,否则为 0,那么如果 $B=0$,则 D 根本没有取值。不论 $D=0$ 还是 $D=1$ 都暗含假设琼斯已经出生(即 $B=1$)。因此,如果模型包含诸如 D 的变量,则它不应该同时包含 B,因为这样就无法得出琼斯的出生是其死亡的原因这种结论。模型中包括变量 D 就等于已包含了琼斯已经出生并会活到 79 岁的前提假设,模型中只能包含与该前提假设兼容的变量。

4.7　正态性和典型性处理

在模型中添加一种正态性理论可以使 HP 定义在处理许多情况时具有更大的灵活性。但是,这引起了人们的担忧,即这给建模者带来了太多的灵活性。毕竟,建模者现在可以通过简单地选择一种正常性顺序,使实际世界 s_u 比满足

AC2 所需的 s 更正常,从而使 A 是 B 的真正原因这一断言为假。因此,正态性的引入强化了激励和捍卫特定模型选择的问题。

在第 3 章中讨论了关于规范化的不同诠释:统计规范,指定规范,道德规范,社会规范,政策规定的规范(例如在克诺比 - 弗雷泽实验中)以及正常运作的规范。法律还制定了各种原则,以确定用于评估真正因果关系的准则。在刑法中,标准由直接立法决定。例如,如果汽车安全带强度有法律标准,则不符合该标准的安全带可被判定为交通事故的起因。相比之下,如果安全带符合法律标准,但由于在特定事故中受到的作用力过大而断裂,则死亡的责任将归咎于事故发生的具体情形,而不是安全带。在这种情况下,安全带的制造商将不承担刑事责任。在合同法中,遵守合同条款具有规范效力。在侵权法中,通常根据“理性人”的标准来判断行为。例如,如果一个行人合法穿越马路时,突然驶来一辆汽车,行人紧急跳开,使一个旁观者受到伤害,则该行人将不承担对旁观者造成损害的赔偿责任,因为他的行为就像一个“理性人”行为。在许多情况下,第三方的蓄意恶意行为被视为“异常”干预,并且会影响因果关系的评估。就像变量的选择一样,不应考虑以因果模型而选择正态性理论,但是,它们确实为模型的理性批判提供了依据。

4.8 详细证明

4.8.1 引理 4.2.2 的证明

引理 4.2.2 假设 M' 是 $M=((U,V,R),F)$ 的保守延拓,则对于所有只涉及变量 V 和条件 $\boldsymbol{u}$ 的因果公式 φ,当且仅当 $(M',\boldsymbol{u})\models\varphi$ 成立时,$(M,\boldsymbol{u})\models\varphi$ 成立。

证明:给定一个条件 $\boldsymbol{u}$。由于 M 是一个递归模型,所以内生变量上存在一些偏序 $\preceq_{\boldsymbol{u}}$,使得除非 $X\preceq_{\boldsymbol{u}}Y$,否则 Y 在条件 $\boldsymbol{u}$ 下不受 X 的影响;也就是说,如果将外生变量设置为 $\boldsymbol{u}$,无论其他外生变量如何取值,根据 M 的结构方程,除非满足条件 $X\preceq_{\boldsymbol{u}}Y$,否则改变 X 的值对 Y 的取值没有影响。即对于所有 $Y\in\boldsymbol{W}$,如果 X 在$(M,\boldsymbol{u})$与 Y 独立,则 X 在$(M,\boldsymbol{u})$中与外生变量的集合 $\boldsymbol{W}$ 独立。

假设 $V=\{X_1,X_2,\cdots,X_n\}$,由于 M 是递归模型,不失去一般性,假设这些变量是有序的,故在$(M,\boldsymbol{u})$中 X_i 独立于$(M,\boldsymbol{u})$中的 $\{X_{i+1},X_{i+2},\cdots,X_n\}$,其中 $1\leqslant i\leqslant n-1$(递归模型中的每个内生变量集 V' 必须包含一个“最小”元素 X,这样对于 $X'\in V'-\{X\}$,$X\preceq_{u}X$ 就不成立,如果这个元素不存在,可能会产生循环困境。这样,X 在$(M,\boldsymbol{u})$中和 $V-\{X\}$ 相独立。用归纳法构造排序,通过对 $v-\{X_1,\cdots,X_i\}$ 应用这个观察得到 X_{i+1}),现在通过对 j 归纳证明,对于 $\boldsymbol{W}\subseteq V$,$\boldsymbol{W}$

中变量的所有设置 $\boldsymbol{w}$，以及所有的 $x_j \in R(X_j)$，有 $(M,\boldsymbol{u}) \models [\boldsymbol{W} \leftarrow \boldsymbol{w}](X_j = x_j)$ 当且仅当 $(M',\boldsymbol{u}) \models [\boldsymbol{W} \leftarrow \boldsymbol{w}](X_j = x_j)$。在两个模型中，有意义的干预都会产生相同的结果。

对于归纳的基本情况，给定 $\boldsymbol{W}$，令 $\boldsymbol{W}' = V - (\boldsymbol{W} \cup \{X_1\})$，选定 $\boldsymbol{w}'$ 使得 $(M',\boldsymbol{u}) \models [\boldsymbol{W} \leftarrow \boldsymbol{w}](\boldsymbol{W} = \boldsymbol{w})$。则有

$$(M,\boldsymbol{u}) \models [\boldsymbol{W} \leftarrow \boldsymbol{w}](X_1 = x_1)$$

当且仅当 $(M,\boldsymbol{u}) \models [\boldsymbol{W} \leftarrow \boldsymbol{w}, \boldsymbol{W}' \leftarrow \boldsymbol{w}'](X_1 = x_1)$ [因为 X_1 在 $(M,\boldsymbol{u})$ 中独立于 $\boldsymbol{W}'$]

当且仅当 $(M',\boldsymbol{u}) \models [\boldsymbol{W} \leftarrow \boldsymbol{w}, \boldsymbol{W}' \leftarrow \boldsymbol{w}'](X_1 = x_1)$ [因为 M' 是 M 的保守延拓]

当且仅当 $(M',\boldsymbol{u}) \models [\boldsymbol{W} \leftarrow \boldsymbol{w}](X_1 = x_1)$ [根据引理 2.10.2]

这样就完成了对基本情况证明。假设 $1 \leqslant j \leqslant n$，结果对 $1,2,\cdots,j-1$ 成立；给定 $\boldsymbol{W}$，现在令 $\boldsymbol{W}' = V - (\boldsymbol{W} \cup \{X_j\})$，令 $\boldsymbol{W}'_1 = \boldsymbol{W}' \cap \{X_1, X_2, \cdots, X_{j-1}\}$，设 $\boldsymbol{W}'_2 = \boldsymbol{W}' - \boldsymbol{W}'_1$。这样，$\boldsymbol{W}'_1$ 包含了 可能影响 X_j 的变量，这些变量由于包含在 $\boldsymbol{W}$ 中所以没有被干预，而 $\boldsymbol{W}'_2$ 包含那些没有被干预的不影响 X_j 的变量。因为 $\boldsymbol{W}'_2$ 属于 $\{X_{j+1}, X_{j+2}, \cdots, X_n\}$，$X_j$ 在 $(M,\boldsymbol{u})$ 中与 $\boldsymbol{W}'_2$ 相互独立。

选择 $\boldsymbol{w}'_1$ 满足 $(M,\boldsymbol{u}) \models [\boldsymbol{W} \leftarrow \boldsymbol{w}](\boldsymbol{W}'_1 = \boldsymbol{w}'_1)$。由于 $\boldsymbol{W}'_1 \subseteq \{X_1, X_2, \cdots, X_{j-1}\}$，根据归纳假设，$(M',\boldsymbol{u}) \models [\boldsymbol{W} \leftarrow \boldsymbol{w}](\boldsymbol{W}'_1 = \boldsymbol{w}'_1)$。根据引理 2.10.2，有 $(M',\boldsymbol{u}) \models [\boldsymbol{W} \leftarrow \boldsymbol{w}](X_j = x_j)$ 且仅当 $(M,\boldsymbol{u}) \models [\boldsymbol{W} \leftarrow \boldsymbol{w}, \boldsymbol{W}' \leftarrow \boldsymbol{w}'](X_j = x_j)$，对于 M' 可以得到类似结论。选择 $\boldsymbol{w}'_2$ 满足 $(M',\boldsymbol{u}) \models [\boldsymbol{W} \leftarrow \boldsymbol{w}, \boldsymbol{W}' \leftarrow \boldsymbol{w}'](\boldsymbol{W}'_2 = \boldsymbol{w}'_2)$。则

$$(M,\boldsymbol{u}) \models [\boldsymbol{W} \leftarrow \boldsymbol{w}](X_j = x_j)$$

当且仅当 $(M,\boldsymbol{u}) \models [\boldsymbol{W} \leftarrow \boldsymbol{w}, \boldsymbol{W}'_1 \leftarrow \boldsymbol{w}'_1](X_j = x_j)$ [如上所述]

当且仅当 $(M,\boldsymbol{u}) \models [\boldsymbol{W} \leftarrow \boldsymbol{w}, \boldsymbol{W}'_1 \leftarrow \boldsymbol{w}'_1, \boldsymbol{W}'_2 \leftarrow \boldsymbol{w}'_2](X_j = x_j)$ [因为 X_j 在 $(M,\boldsymbol{u})$ 中与 $\boldsymbol{W}'_2$ 独立]

当且仅当 $(M',\boldsymbol{u}) \models [\boldsymbol{W} \leftarrow \boldsymbol{w}, \boldsymbol{W}'_1 \leftarrow \boldsymbol{w}'_1, \boldsymbol{W}'_2 \leftarrow \boldsymbol{w}'_2](X_j = x_j)$ [因为 M' 是 M 的保守延拓]

当且仅当 $(M',\boldsymbol{u}) \models [\boldsymbol{W} \leftarrow \boldsymbol{w}, \boldsymbol{W}'_1 \leftarrow \boldsymbol{w}'_1](X_j = x_j)$ [根据引理 2.10.2]

当且仅当 $(M',\boldsymbol{u}) \models [\boldsymbol{W} \leftarrow \boldsymbol{w}](X_j = x_j)$ [如上所述]

这样就完成了归纳步骤的证明。

从 $\models$ 的定义可知 $(M,\boldsymbol{u}) \models [\boldsymbol{W} \leftarrow \boldsymbol{w}](\psi_1 \wedge \psi_2)$ 当且仅当 $(M,\boldsymbol{u}) \models [\boldsymbol{W} \leftarrow \boldsymbol{w}]\psi_1 \wedge [\boldsymbol{W} \leftarrow \boldsymbol{w}]\psi_2$ 且 $(M,\boldsymbol{u}) \models [\boldsymbol{W} \leftarrow \boldsymbol{w}] \neg \psi_1$ 当且仅当 $(M,\boldsymbol{u}) \models \neg [\boldsymbol{W} \leftarrow \boldsymbol{w}]\psi_1$，对 M' 同理。简单的归纳表明：对于涉及 V 中变量的初始事件的任意布尔组合 ψ 来说，有 $(M,\boldsymbol{u}) \models [\boldsymbol{W} \leftarrow \boldsymbol{w}]\psi$ 当且仅当 $(M',\boldsymbol{u}) \models [\boldsymbol{W} \leftarrow \boldsymbol{w}]\psi$。由于因果公式是 $[\boldsymbol{W} \leftarrow \boldsymbol{w}]\psi$

形式的布尔组合,容易证明对于所有因果公式 ψ' 都有 $(M,\boldsymbol{u})\models\psi'$ 当且仅当 $(M',\boldsymbol{u})\models\psi'$。

4.8.2 定理 4.3.1 的证明

定理 4.3.1 如果根据更新的 HP 定义,$X=x$ 不是 $Y=y$ 在 $(M,\boldsymbol{u})$ 的原因,但是根据初始 HP 定义前者是后者的原因,则存在一个 M 的保守延拓模型 M',使得无论根据初始或更新的 HP 定义,$X=x$ 都不是 $Y=y$ 在 $(M',\boldsymbol{u})$ 的原因。

证明:假设根据初始 HP 定义,$(\boldsymbol{W},\boldsymbol{w},x')$ 是 $X=x$ 在 $(M,\boldsymbol{u})$ 上 $Y=y$ 的原因依据。设 $(M,\boldsymbol{u})\models\boldsymbol{W}=\boldsymbol{w}^*$。我们有 $\boldsymbol{w}\neq\boldsymbol{w}^*$,否则根据更新的 HP 定义,很容易得到 $X=x$ 在 $(M,\boldsymbol{u})$ 上是 $Y=y$ 的原因,且 $(\boldsymbol{W},\boldsymbol{w},x')$ 是依据。

如果 M' 是有附加变量 $\mathcal{V}'$ 的 M 的保守延拓,则 $(\boldsymbol{W}',\boldsymbol{w}',x')$ 为 $(\boldsymbol{W},\boldsymbol{w},x')$ 的延拓,如果 $\boldsymbol{W}\subseteq\boldsymbol{W}'\subseteq\boldsymbol{W}\cup\mathcal{V}'$,且 $\boldsymbol{w}'$ 和 $\boldsymbol{w}$ 在 $\boldsymbol{W}$ 中是变量等价。我们现在构造 M 的保守延拓 M',由 HP 的初始定义,使得 $X=x$ 在 $(M,\boldsymbol{u})$ 上不是 $Y=y$ 的原因,条件为 $(\boldsymbol{W}',\boldsymbol{w},x')$。当然,这样会阻断 $(\boldsymbol{W}',\boldsymbol{w},x')$ 在 M' 的证明。

假设通过添加一个新变量 NW 来从 M 中获得 M'。除了 Y 和 NW,所有变量在 M 和 M' 中具有相同的方程式。NW 的等式很容易解释:如果 $X=x$ 且 $\boldsymbol{W}=\boldsymbol{w}$。则 $NW=1$ 否则 $NW=0$。Y 的方程在 M 和 M' 中相同(并且不取决于 NW 的值),除了两种特殊情况外。为定义这两种情况,对于每个变量 $Z\in\mathcal{V}-\boldsymbol{W}$,如果 $x''\in\{x,x'\}$ 定义了 $z_{x'',\boldsymbol{w}}$ 的值,那么 $(M,\boldsymbol{u})\models[X\leftarrow x'',\boldsymbol{W}\leftarrow\boldsymbol{w}](Z=z_{x'',\boldsymbol{w}})$。即如果 X 取值 x'',$\boldsymbol{w}$ 是 $\boldsymbol{W}$ 的取值,则 $z_{x'',\boldsymbol{w}}$ 是 Z 的取值。令 $\boldsymbol{V}'$ 包含 $\mathcal{V}$ 中所有变量(除了 Y),设 $\boldsymbol{v}'$ 是 $\boldsymbol{V}'$ 中的一组变量,$\boldsymbol{Z}'$ 包含 $\mathcal{V}'-\boldsymbol{W}$ 中所有变量(除了 X)。然后我们希望对于所有 $j\in\{0,1\}$,Y 在 M' 中的方程为

$$(M,\boldsymbol{u})\models[\boldsymbol{V}'\leftarrow\boldsymbol{v}'](Y=y'')\text{ 当且仅当 }(M',\boldsymbol{u})\models[\boldsymbol{V}'\leftarrow\boldsymbol{v}',NW\leftarrow j](Y=y'')$$

除非赋值 $\boldsymbol{V}'\leftarrow\boldsymbol{v}'$ 产生有两个结果:(a)对于所有 $Z\in\boldsymbol{Z}'$ 和 $NW=0,X=x,\boldsymbol{W}=\boldsymbol{w},Z=z_{x,\boldsymbol{w}}$;或(b)对于所有的 $Z\in\boldsymbol{Z}'$ 和 $NW=1,X=x',\boldsymbol{W}=\boldsymbol{w},Z=z_{x',\boldsymbol{w}}$。即在 M 和 M' 中,Y 的结构方程是一样的,除了(a)和(b)描述的两种特殊情况。如果(a)成立,则在 M' 中 $Y=y'$;如果(b)成立,则 $Y=y$。注意在这两种情况下,NW 的值都是"异常的"。如果对于所有 $z\in\boldsymbol{Z}'$,有 $X=x,\boldsymbol{W}=\boldsymbol{w},Z=z_{x,\boldsymbol{w}}$,则 NW 的值取 1;如果将 X 设置为 x',并相应地更改 Z' 中的变量值,则 NW 应该为 0。

现在用新的方式证明 M' 具有所需的属性,并且不会使 $X=x$ 成为原因。

引理 4.8.1

(a)根据更新的 HP 定义,$X=x$ 不是 $Y=y$ 在 $(M',\boldsymbol{u})$ 中的原因,证据可以延拓到 $(\boldsymbol{W},\boldsymbol{w},x')$;

(b) M' 是 M 的保守延拓

(c) 则根据改进的(或初始的)HP 定义，如果在 $(M',\boldsymbol{u})$ 中 $X=x$ 是 $Y=y$ 的原因，延拓证据为 $(\boldsymbol{W}',\boldsymbol{w}',x'')$，则在 $(M,\boldsymbol{u})$ 中 $X=x$ 是 $Y=y$ 的原因，证据可以延拓到 $(\boldsymbol{W}',\boldsymbol{w}',x'')$。

证明：对于(a)部分，根据反证法，根据改进的 HP 定义，假设 $X=x$ 是 $Y=y$ 在 $(M',\boldsymbol{u})$ 中的原因，证据为 $(\boldsymbol{W},\boldsymbol{w},x')$ 的延拓 $(\boldsymbol{W}',\boldsymbol{w}',x')$。如果 $NW\notin\boldsymbol{W}'$，则 $\boldsymbol{W}'=\boldsymbol{W}$。但是，由于 $(M',\boldsymbol{u})\models NW=0$ 且 $(M',\boldsymbol{u})\models[X\leftarrow x,\boldsymbol{W}\leftarrow\boldsymbol{w},NW=0](Y=y')$，随之可推出 $(M',\boldsymbol{u})\models[X\leftarrow x,\boldsymbol{W}\leftarrow\boldsymbol{w}](Y=y')$，故 AC2($\mathrm{b}^{\mathrm{o}}$) 失效，这和根据初始 HP 定义得出的 $X=x$ 是 $Y=y$ 在 $(M',\boldsymbol{u})$ 中的原因这一假设相违背。现在假设 $NW\notin\boldsymbol{W}'$。这里有两种情况，取决于在 $\boldsymbol{w}'$ 中如何设置 NW 的值。如果 $NW=0$，因为 $(M',\boldsymbol{u})\models[X\leftarrow x,\boldsymbol{W}\leftarrow\boldsymbol{w},NW\leftarrow 0](Y=y')$，AC2($\mathrm{b}^{\mathrm{o}}$) 失效；如果 $NW=1$，因为 $(M',\boldsymbol{u})\models[X\leftarrow x',\boldsymbol{W}\leftarrow\boldsymbol{w},NW\leftarrow 1](Y=y)$，AC2(a) 失效。所以得到与以下假设相矛盾的结论：根据初始的 HP 定义，$X=x$ 是 $Y=y$ 在 $(M',\boldsymbol{u})$ 中的原因，证据为 $(\boldsymbol{W},\boldsymbol{w},x')$ 的延拓 $(\boldsymbol{W}',\boldsymbol{w}',x')$。

对(b)部分，请注意，使 M 及 M' 中方程式不同在 V 中的唯一变量是 Y。考虑 V 中除了 Y 之外的任意变量。除了上述两种特殊情况外，在 M 和 M' 中 Y 的值明显都是相同的，但是对于这两种特殊情况 NW 的值是“异常的”，就是说，根据其他变量给定的方程，取值是不同的。因此对于除了 Y 的 V 中的变量 $\boldsymbol{V}'$ 的值 $\boldsymbol{v}$ 以及所有 Y 的值 y''，都有 $(M,\boldsymbol{u})\models[\boldsymbol{V}'\leftarrow\boldsymbol{v}](Y=y'')$，当且仅当 $(M',\boldsymbol{u})\models[\boldsymbol{V}'\leftarrow\boldsymbol{v}](Y=y'')$，因此 M' 是 M 的保守延拓。

对于(c)部分，根据改进(或初始)的 HP 定义，假设 $X=x$ 是 $Y=y$ 在 $(M',\boldsymbol{u})$ 中的原因，证据为 $(\boldsymbol{W}'',\boldsymbol{w}'',x'')$。令 $\boldsymbol{W}'$ 和 $\boldsymbol{w}'$ 是对 V 中变量 $\boldsymbol{W}''$ 和 $\boldsymbol{w}''$ 的限制。如果 $NW\notin\boldsymbol{W}''$(则 $\boldsymbol{W}''=\boldsymbol{W}'$)，则由于 M' 是 M 的保守延拓，根据改进(或初始)的 HP 定义容易得到 $(\boldsymbol{W}',\boldsymbol{w}',x'')$ 下 $X=x$ 是 $Y=y$ 在 $(M',\boldsymbol{u})$ 中的原因。如果 $NW\notin\boldsymbol{W}''$，则足以表明 $(\boldsymbol{W}',\boldsymbol{w}',x'')$ 可以作为 $X=x$ 是 $Y=y$ 在 $(M',\boldsymbol{u})$ 中的原因的证据；也就是说，NW 并没有在证据中扮演重要角色。

如果 $NW=0$ 是 $\boldsymbol{W}''=\boldsymbol{w}''$ 的连接，由于除了在两种情况下外，Y 的表达式在 M' 和 M 中是一样的，那么 $NW=0$ 能起到重要作用的唯一情况是假设对于所有 $Z\in\boldsymbol{Z}'$，$\boldsymbol{W}'=\boldsymbol{w}'$ 和 $X=x$，有 $\boldsymbol{W}=\boldsymbol{w}$ 和 $Z=z_{x,w}$(在两种情况的第一种下，Y 的取值在 $(M,\boldsymbol{u})$ 和 $(M',\boldsymbol{u})$ 中不一样)。但是，这样情况下，$Y=y'$，如果是这种情况，AC2(b^{o})（以及 AC2(b^{u})）都不成立。同样地，如果 $NW=1$ 是 $\boldsymbol{W}''=\boldsymbol{w}''$ 的连接，NW 能起到重要作用的情况是仅当对 $Z\in\boldsymbol{Z}'$，且 $\boldsymbol{W}'=\boldsymbol{w}'$ 和 $X=x'$ 可推出对 $Z\in\boldsymbol{Z}'$，$\boldsymbol{W}=\boldsymbol{w}$ 且 $Z=z_{x',w}$(在两种情况的第二种下，Y 的取值在 $(M,\boldsymbol{u})$ 和 $(M',\boldsymbol{u})$ 中不一样)。

但是此时 $Y=y$，如果是这种情况，AC2(a)将不成立，并且将再次与以($\boldsymbol{W}''$，$\boldsymbol{w}''$，x'')为证据的 $X=x$ 是 $Y=y$ 在(M'，$\boldsymbol{u}$)中的原因相矛盾。因此，($\boldsymbol{W}'$，$\boldsymbol{w}'$，x'')必须作为 $X=x$ 是 $Y=y$ 在(M'，$\boldsymbol{u}$)中原因的证据，且对于(M，$\boldsymbol{u}$)也一样，到此我们完成了对(c)部分的证明。

引理 4.8.1 不足以完成定理 4.3.1 的证明。根据初始的 HP 定义，$X=x$ 是 $Y=y$ 在(M，$\boldsymbol{u}$)中的原因可能有若干证据。尽管删除了一个证据，但仍有其他一些，因此 $X=x$ 仍有可能是 $Y=y$ 在(M'，$\boldsymbol{u}$)中的原因。但是根据引理 4.8.1(c)，如果在(M'，$\boldsymbol{u}$)中有 $X=x$ 是 $Y=y$ 原因的证据，则它必将也是(M，$\boldsymbol{u}$)中 $X=x$ 是 $Y=y$ 原因的证据。我们也可以重复构造引理 4.8.1 来去除这一证据。由于仅有有限多的证据能证明(M，$\boldsymbol{u}$)中有 $X=x$ 是 $Y=y$ 的原因，经过有限多次延拓，可以将它们全部去除。完成此操作后，有一个因果模型 M 的延拓 M^*，使得根据初始 HP 定义，$X=x$ 并不是在(M^*，$\boldsymbol{u}$)中 $Y=y$ 的原因。

将定理 4.3.1 的构造应用于示例 2.8.1(上膛枪的示例)。构造所添加的变量 NW 几乎与示例 2.8.1 中添加的额外变量 B'(其中 $B'=A\wedge B$ 即 B 开了上膛的枪)相同，这表明了可以使用初始 HP 定义来处理此示例。实际上，唯一的区别是，如果 $A=B=C=1$，则 $NW=0$，$B'=1$。但是由于 $D=1$(如果 $A=B=C=1$ 且 $NW=0$)，则两个因果模型中 D 的方程相同。虽然这看起来很奇怪，但考虑到对变量的理解，如果 $A=B=C=1$，则 $NW=0$，很容易看出，对于根据初始 HP 定义在 $A=1$，$B=0$，$C=1$ 的背景下，$A=1$ 不是 $D=1$ 的原因的情况，该定义的解释同样有效。

4.8.3 4.4 节相关证明和示例

定理 4.4.1 对于所有 $n\geq 0$，M_{n+1} 是 M_n 的保守延拓。此外，$B=1$ 不是(M_{2n}，u_1)中 $VS=1$ 原因的一部分，而 $B=1$ 是(M_{2n+1}，u_1)中 $VS=1$ 的原因的一部分，其中 $n=0,1,2,\cdots$(根据 HP 定义的所有三个版本)。

证明：先将 n 的范围确定为 $n\geq 0$，为了说明 M_{2n+1} 是 M_{2n} 的保守延拓，注意除了原因 VS，所有出现在 M_{2n+1} 和 M_{2n} 中内生变量(即 $B, VS, A_1, \cdots, A_n, PN_1, \cdots, PN_n$)的相关公式在两个模型中都是一样的。因此，显然足以表明，对于变量 U，$B, A_1, \cdots A_n, PN_1, \cdots PN_n$ 的每个设置，VS 在 M_{2n} 和 M_{2n+1} 中的值都是一样的。明显地，在 u_0 条件下，两个模型中都有 $VS=0$。在 u_1 条件下，如果 A_j 和 PN_j 在 $j\in 1,2,\cdots,n$ 的某些值下为 0，那么在 M_{2n} 和 M_{2n+1} 都有 $VS=0$(同样地，回想到 $A_j=0$ 意味着刺客 j 在咖啡中下毒)。如果对于所有 $j\in 1,2,\cdots,n$ 存在 A_j 和 PN_j 中有一个为 1，则在 M_{2n} 和 M_{2n+1} 中都是 $VS=1$(对于后者，原因是在(M_{2n+1}，u_1)中 $A_{n+1}=1$)。

同理，M_{2n+2} 是 M_{2n+1} 的保守延拓，那么在 M_{2n+1} 和 M_{2n+2} 中，对于除 VS 和 PN_{n+1} 外的所有变量的公式都是相同的。同时，可以很清楚的看到，对于 $U,B,A_1,\cdots,A_n,PN_1,\cdots,PN_n$ 等变量的所有设定，VS 的值对于 M_{2n+2} 和 M_{2n+1} 都是一样的。同样在 u_0 条件下，$VS=0$ 对于 M_{2n+1} 和 M_{2n+2} 都成立。在 u_1 条件下，如果 A_j 和 PN_j 在 $j\in 1,2,\cdots,n$ 的某些值下为 0，则 $VS=0$ 对于 M_{2n+1} 和 M_{2n+2} 同时成立。假设 A_j 和 PN_j 在 $j\in 1,2,\cdots,n$ 的一个值为 1，如果 $A_{n+1}=1$，则有 $VS=1$ 对于 M_{2n+1} 和 M_{2n+2} 都成立；而如果 $A_{n+1}=0$，则 $VS=B$ 对于 M_{2n+1} 和 M_{2n+2} 都成立（对于后者，因为当 $A_{n+1}=0$，有 $VS=PN_{n+1}$ 且 $PN_{n+1}=B$）。

为证明 $B=1$ 是 $VS=1$ 在 (M_{2n+1},u_1) 中成立的部分原因，根据 HP 定义的所有三个版本，可观察到

$$(M_{2n+1},u_1)\models[B\leftarrow 0,A_{n+1}\leftarrow 0](VS=0)$$

显然，仅将 B 或者 A_{n+1} 设置为 0，不足以保证 $VS=0$，无论其他变量的值为多少。因此，根据改进后的 HP 定义，只有 $B=1\wedge A_{n+1}=1$ 才能在 (M_{2n+1},u_1) 中保证 $VS=1$。这也遵循了定理 2.2.3 中根据初始和更新的 HP 定义，$B=1$ 是 $VS=1$ 在 (M_{2n+1},u_1) 中的部分原因。

最后，要看到，根据 HP 定义，$B=1$ 不是 $VS=1$ 在 (M_{2n+2},u_1) 中的原因的一部分。首先通过反证法假设，根据初始 HP 定义，将 $B=1$ 作为原因之一，且由 $(\boldsymbol{W},\boldsymbol{w},0)$ 佐证。根据 AC2(a) 的条件，必须有 $(M_{2n+1},u_1)\models[B\leftarrow 0,\boldsymbol{W}\leftarrow\boldsymbol{w}](VS=0)$。因此，本例的情况须为以下两种情况：(1) 存在部分 $j\leqslant n+1$，使得 $A_j,PN_j\in\boldsymbol{W}$，且在 $\boldsymbol{w}$ 中，A_j 和 PN_j 被设置为 0；(2) 对于部分 $j\leqslant n+1$，$A_j\in\boldsymbol{W}$，$PN_j\in\boldsymbol{Z}$，同时 A_j 在 $\boldsymbol{w}$ 中被设置为 0。

在第 (1) 种情况中，有 $(M_{2n+2},u_1)\models[\mathrm{B}\leftarrow 1,\boldsymbol{W}\leftarrow\boldsymbol{w}](VS=0)$，则 AC2($b^o$) 不再成立。在第 (2) 种情况中，因为在真实世界中 $PN_j\in\boldsymbol{E}$，$PN_j=0$，且 $(M_{2n+2},u_1)\models[B\leftarrow 1,\boldsymbol{W}\leftarrow\boldsymbol{w},PN_j\leftarrow 0](VS=0)$（因为 W 设为 w 时 A_j 值为 0），所以 AC2(b^o) 再次不成立。因此，根据初始的 HP 定义，$B=1$ 不是 $VS=1$ 在 (M_{2n+2},u_1) 中的一个原因。（这是第 3.4.1 节所用论证内容的泛化）。由定理 2.2.3，根据初始或改进的 HP 定义，同样可说明 $B=1$ 不是 $VS=1$ 在 (M_{2n+2},u_1) 中原因的一部分。证毕。

定理 4.4.4　假设 M 和 M' 是延拓因果模型，且 M' 是 M 的保守延拓，M' 中的正常排序遵守 $V'-V$ 集合中所有变量相对于 $\boldsymbol{u}$ 的等式方程，其中 V 和 V' 分别是 M 和 M' 中的内生变量集合，φ 中的所有变量都在 v 中。那么以下成立：

(a) 根据初始和更新的 HP 定义，如果 $\boldsymbol{X}=\boldsymbol{x}$ 不是 $(M,\boldsymbol{u})$ 中 φ 的原因，则或者 $\boldsymbol{X}=\boldsymbol{x}$ 不是 $(M',\boldsymbol{u})$ 中 φ 的原因，或存在一个 $\boldsymbol{X}$ 的严格子集 $\boldsymbol{X}_1$ 使得 $\boldsymbol{X}_1=\boldsymbol{x}_1$ 是 $(M,\boldsymbol{u})$ 中变量 φ 的原因，其中 $\boldsymbol{x}_1$ 是 $\boldsymbol{x}$ 对 $\boldsymbol{X}_1$ 中变量的限制。

(b)根据改进后的 HP 定义,$\boldsymbol{X}=\boldsymbol{x}$ 是$(M,\boldsymbol{u})$中 φ 的原因,当且仅当 $\boldsymbol{X}=\boldsymbol{x}$ 是$(M',\boldsymbol{u})$ 中 φ 的原因(因此,特别地,$(M',\boldsymbol{u})$中 φ 的原因无法包含 $\mathcal{V}'-\mathcal{V}$ 中的任何变量)。

证明:根据改进后的定义,从(a)部分开始证明。根据改进后的 HP 定义,假设 $\boldsymbol{X}=\boldsymbol{x}$ 不是 φ 在$(M,\boldsymbol{u})$中的原因,但存在证据$(\boldsymbol{W},\boldsymbol{w},\boldsymbol{x}')$,使 $X=x$ 成为 φ 在$(M',\boldsymbol{u})$中的原因。设 $\boldsymbol{W}_1$ 是 $\boldsymbol{W}$ 与 $\mathcal{V}$ 的交集,即 M 中内生变量的集合,使$\boldsymbol{Z}_1=\mathcal{V}-\boldsymbol{W}$,同时让 $\boldsymbol{w}_1$ 作为 $\boldsymbol{w}$ 在 $\boldsymbol{W}_1$ 上的限制约束条件。因为 $\boldsymbol{X}=\boldsymbol{x}$ 不是 φ 在$(M,\boldsymbol{u})$中的原因,则它在证据$(\boldsymbol{W}_1,\boldsymbol{w}_1,\boldsymbol{x}')$下也肯定无法作为原因。所以会有:

(i) $(M,\boldsymbol{u})\models \boldsymbol{X}\neq\boldsymbol{x}\vee\neg\varphi$ (即违反 AC1);

(ii) $(M,\boldsymbol{u})\models[\boldsymbol{X}\leftarrow\boldsymbol{x}',\boldsymbol{W}_1\leftarrow\boldsymbol{w}_1]\varphi$ 或者 $s_{\boldsymbol{X}=\boldsymbol{x},\boldsymbol{W}_1=\boldsymbol{w}_1,\boldsymbol{u}}\succeq s_{\boldsymbol{u}}$(即违反 AC2$^+$$(a)$);

(iii) 存在 $\boldsymbol{W}_1$ 的子集 $\boldsymbol{W}_1'$和 $\boldsymbol{Z}_1$ 的子集 $\boldsymbol{Z}'_1$,使得$(M,\boldsymbol{u})\models\boldsymbol{Z}'_1=z_l$(即 z_1 给出了 $\boldsymbol{Z}'_1$ 中变量的真值),则$(M,\boldsymbol{u})\models[\boldsymbol{X}\leftarrow\boldsymbol{x},\boldsymbol{W}_1\leftarrow\boldsymbol{w}_1,\boldsymbol{Z}_1\leftarrow z_1]\varphi$ (即违背 AC2(b^{u}));

(iv)存在一个 $\boldsymbol{X}$ 的严格子集 $\boldsymbol{X}_1$,满足 $\boldsymbol{X}_1=\boldsymbol{x}_1$ 是 φ 在$(M,\boldsymbol{u})$中的原因,其中 $\boldsymbol{x}_1$ 是 $\boldsymbol{x}$ 在 $\boldsymbol{X}_1$ 中变量的限制(即违反 AC3 条件)。由于 M'是 M 的保守延拓,根据引理 4.2.2,如果(i)或(iii)成立,那么在 M'代替 M 后,它们仍然成立,这说明存在$(\boldsymbol{W},\boldsymbol{w},\boldsymbol{x}')$,使 $\boldsymbol{X}=\boldsymbol{x}$ 不是$(M,\boldsymbol{u})$中 φ 的原因。

现在假设条件(ii)成立。对于每个变量 $V\in\boldsymbol{W}-\boldsymbol{w}_1$,让 v 作为 $\boldsymbol{w}$ 中 V 的值。再假设对于所有 $V\in\boldsymbol{W}-\boldsymbol{W}_1$,我们有$(M',\boldsymbol{u})\models[\boldsymbol{X}\leftarrow\boldsymbol{x}',\boldsymbol{W}_1\leftarrow\boldsymbol{w}](V=v)$。在这里发现这个额外的假设将导致矛盾。在这个新增假设中,如果$(M,\boldsymbol{u})\models[\boldsymbol{X}\leftarrow\boldsymbol{x}',\boldsymbol{W}_1\leftarrow\boldsymbol{w}_1]\varphi$,那么$(M',\boldsymbol{u})\models[\boldsymbol{X}\leftarrow\boldsymbol{x}',\boldsymbol{W}\leftarrow\boldsymbol{w}]\varphi$,所以,如果 $\boldsymbol{X}=\boldsymbol{x}$ 不能作为 φ 在$(M,\boldsymbol{u})$中的原因的理由是违背了 AC2(a),那么同样在$(M',\boldsymbol{u})$中违背 AC2(a),同时存在$(\boldsymbol{W},\boldsymbol{w},\boldsymbol{x}')$使得 $\boldsymbol{X}=\boldsymbol{x}$ 也不能作为 φ 在$(M',\boldsymbol{u})$中的原因,此与假设矛盾。而且,随之可得 $s_{\boldsymbol{X}=\boldsymbol{x},\boldsymbol{W}_1=\boldsymbol{w}_1,\boldsymbol{u}}=s_{\boldsymbol{X}=\boldsymbol{x},\boldsymbol{W}=\boldsymbol{w},\boldsymbol{u}}$。由保守延拓定义的 CE 条件,如果 $s_{\boldsymbol{X}=\boldsymbol{x}',\boldsymbol{W}_1=\boldsymbol{w}_1,\boldsymbol{u}}\not\succeq s_{\boldsymbol{u}}$,则 $s_{\boldsymbol{X}=\boldsymbol{x}',\boldsymbol{W}_1=\boldsymbol{w}_1,\boldsymbol{u}}\not\succeq' s_{\boldsymbol{u}}$,且因此 $s_{\boldsymbol{X}=\boldsymbol{x}',\boldsymbol{W}_1=\boldsymbol{w}_1,\boldsymbol{u}}\not\succeq' s_{\boldsymbol{u}}$。所以如果 $\boldsymbol{X}=\boldsymbol{x}$ 不是 φ 在$(M,\boldsymbol{u})$中的原因的理由是违反 AC2$^+$(a)中的正态性条件,同时其在$(M',\boldsymbol{u})$中也被违反,结果与假设矛盾。

因此,对于 $V\in\boldsymbol{W}-\boldsymbol{W}_1$ 中的某些变量,必须有$(M',\boldsymbol{u})\models[\boldsymbol{X}\leftarrow\boldsymbol{x}',\boldsymbol{W}_1\leftarrow\boldsymbol{w}](V\neq v)$。这意味着变量 V 选取的变量值不同于$(M',\boldsymbol{u})$方程中指定的值。由此,通过假设,M'遵守 V 相对于 $\boldsymbol{u}$ 的等式,我们有 $s_{\boldsymbol{X}=\boldsymbol{x}',\boldsymbol{W}=\boldsymbol{w},\boldsymbol{u}}\not\succeq' s_{\boldsymbol{u}}$,这与假设中存在$(\boldsymbol{W},\boldsymbol{w},\boldsymbol{x}')$使 $\boldsymbol{X}=\boldsymbol{x}$ 是 φ 在$(M',\boldsymbol{u})$的原因相矛盾。

无论怎样,如果条件(ii)成立,我们都会得到一个与假设矛盾的结果。同样的矛盾在使用 AC2$^+$(a)替代版本的时候同样可以得出,其中正态性是在条件中

定义的(同样地,证明这个结果的其他论点也是如此)。

因此,或者 $\boldsymbol{X}=\boldsymbol{x}$ 不是 φ 在$(M',\boldsymbol{u})$的原因,或者对于 $\boldsymbol{X}$ 的某些真子集 $\boldsymbol{X}_1$,$\boldsymbol{X}_1=\boldsymbol{x}_1$ 是 φ 在$(M,\boldsymbol{u})$中的原因。

同样的论证在初始 HP 定义中基本没有变化,具体留给读者进行验证。作为未来研究的参考,请注意,以上结论对于修改版本的 HP 定义也进行了最低限度的更改,即用 AC2($\mathrm{a^m}$)而不是 AC2(a),同时我们放弃条件(iii)。

对于(b)部分,首先根据反证法进行一下假设:根据改进后的 HP 定义,$\boldsymbol{X}=\boldsymbol{x}$ 不是 φ 在$(M',\boldsymbol{u})$中的原因,但存在$(\boldsymbol{W},\boldsymbol{w},\boldsymbol{x}')$使 $\boldsymbol{X}=\boldsymbol{x}$ 可以作为 φ 在$(M,\boldsymbol{u})$中的一个原因。由于 M'是 M 的保守延拓,因此存在$(\boldsymbol{W},\boldsymbol{w},\boldsymbol{x}')$使条件 AC2$^+$($\mathrm{a^m}$)成立。(这里,使用条件 CE 来论证 $s_{\boldsymbol{W}=\boldsymbol{w},\boldsymbol{X}=\boldsymbol{x}'}$ 比 M'中 S_u 更正常,因为它也是 M 中的实例。)因此,如果 $\boldsymbol{X}=\boldsymbol{x}$ 不是 φ 在 M'中的原因,条件 AC3 肯定不满足,同时肯定有一个 $\boldsymbol{X}$ 的真子集 $\boldsymbol{X}_1$,使得 $\boldsymbol{X}_1=\boldsymbol{x}_1$ 是 φ 在$(M',\boldsymbol{u})$中的原因,其中 $\boldsymbol{x}_1$ 是 $\boldsymbol{x}$ 在 $\boldsymbol{X}_1$ 上的限定。显然,$\boldsymbol{X}_1=\boldsymbol{x}_1$ 不是 φ 在$(M,\boldsymbol{u})$中的原因,否则 $\boldsymbol{X}=\boldsymbol{x}$ 不会是 φ 在$(M,\boldsymbol{u})$中的一个原因。因此,由(a)部分的证明过程可以观察到,根据改进的 HP 定义,既然 $\boldsymbol{X}_1=\boldsymbol{x}_1$ 是 φ 在$(M',\boldsymbol{u})$中的一个原因,肯定存在 $\boldsymbol{X}_1$ 的一个真子集 $\boldsymbol{X}_2$,使得同样根据改进的 HP 定义,$\boldsymbol{X}_2=\boldsymbol{x}_2$ 是 φ 在$(M,\boldsymbol{u})$中的原因,其中 $\boldsymbol{x}_2$ 是 $\boldsymbol{x}$ 在 $\boldsymbol{X}_2$ 上的限定。但是,这个结果与假设中 $\boldsymbol{X}=\boldsymbol{x}$ 是 φ 在$(M,\boldsymbol{u})$中的一个原因相矛盾,因此 AC3 条件无法成立。

反过来,假设存在$(\boldsymbol{W},\boldsymbol{w},\boldsymbol{x}')$使 $\boldsymbol{X}=\boldsymbol{x}$ 是 φ 在$(M',\boldsymbol{u})$的原因。那么$(M',\boldsymbol{u})\models[\boldsymbol{X}\leftarrow\boldsymbol{x}',\boldsymbol{W}_1\leftarrow\boldsymbol{w}]\neg\varphi$。令 $\boldsymbol{X}_1=\boldsymbol{X}\cap v$,$\boldsymbol{W}_1=\boldsymbol{W}\cap v$,$\boldsymbol{X}_2=\boldsymbol{X}-\boldsymbol{X}_1$,$\boldsymbol{W}_2=\boldsymbol{W}-\boldsymbol{W}_1$,同时令 $\boldsymbol{x}'_i$ 和 $\boldsymbol{w}'_i$ 分别作为 $\boldsymbol{x}'$和 $\boldsymbol{w}'$对 $\boldsymbol{X}_i$ 和 $\boldsymbol{W}_i$ 中变量的限定,其中 $i=1,2$。因为 M'上的正常排序对应在 $v'-v$ 中和 $\boldsymbol{u}$ 相关的所有变量的方程,所以不难知道$(M',\boldsymbol{u})\models[\boldsymbol{X}_1\leftarrow\boldsymbol{x}'_1,\boldsymbol{W}_1\leftarrow\boldsymbol{w}_1](\boldsymbol{X}_2=\boldsymbol{x}'_2\wedge\boldsymbol{W}_2=\boldsymbol{w}_2)$。否则,$s_{\boldsymbol{X}\leftarrow\boldsymbol{x}',\boldsymbol{W}\leftarrow\boldsymbol{w},\boldsymbol{u}}\not\succeq s_{\boldsymbol{u}}$,同时 AC2$^+$($\mathrm{a^m}$)将无法成立,造成与假设存在$(\boldsymbol{W},\boldsymbol{w},\boldsymbol{x}')$使 $\boldsymbol{X}'=\boldsymbol{x}'$是 φ 在$(M',\boldsymbol{u})$的原因矛盾。因为$(M',\boldsymbol{u})\models[\boldsymbol{X}\leftarrow\boldsymbol{x}',\boldsymbol{W}\leftarrow\boldsymbol{w}]\neg\varphi$,根据引理 2.10.2,$(M',\boldsymbol{u})\models[\boldsymbol{X}_1\leftarrow\boldsymbol{x}'_1,\boldsymbol{W}_1\leftarrow\boldsymbol{w}'_1]\neg\varphi$。根据修改后的 HP 定义进行证明,$(M',\boldsymbol{u})\models[\boldsymbol{W}=\boldsymbol{w}]\wedge\varphi$,所以 $\boldsymbol{X}_1$ 肯定是非空的。必须有 $\boldsymbol{X}_1=\boldsymbol{x}_1$,否则 $\boldsymbol{X}=\boldsymbol{x}$ 不能作为 φ 在$(M',\boldsymbol{u})$中的一个原因;由此我们得到与 AC3 相违背的结果。根据需要,$\boldsymbol{X}=\boldsymbol{x}$ 是 φ 在$(M,\boldsymbol{u})$中的一个原因。对于不是以上的情况,我们可以使用与上面(a)部分相同的证明(这些证明在改进的 HP 定义下同样适用),以说明肯定存在一个 $\boldsymbol{X}$ 的真子集 $\boldsymbol{X}_1$,使 $\boldsymbol{x}=\boldsymbol{x}_1$ 是 φ 在$(M',\boldsymbol{u})$中的一个原因,其中 $\boldsymbol{x}_1$ 是 $\boldsymbol{x}$ 在 $\boldsymbol{X}_1$ 上的限定。但是,这与此证明假设中的 $\boldsymbol{X}=\boldsymbol{x}$ 是 φ 在$(M',\boldsymbol{u})$的原因相矛盾。证毕。

定理 4.4.5 根据初始和改进的 HP 定义,如果(a)M'是 M 的保守延拓,(b)M''是 M'的保守延拓,(c)$\boldsymbol{X}=\boldsymbol{x}$ 是 φ 在$(M,\boldsymbol{u})$和$(M'',\boldsymbol{u})$中的原因,(d)M'中的正

常排序遵循 M' 中而不是 M 中的所有内生变量和 $\boldsymbol{u}$ 相关的方程式，(e) M'' 中的正常排序遵循 M'' 中而不是 M' 中的所有内生变量和 $\boldsymbol{u}$ 相关的方程式，则 $\boldsymbol{X}=\boldsymbol{x}$ 也是 φ 在 $(M',\boldsymbol{u})$ 中的原因。

证明：初始和改进的 HP 定义均使用相同的论证过程。利用反证法，假设 $\boldsymbol{X}=\boldsymbol{x}$ 不是 φ 在 $(M',\boldsymbol{u})$ 中的原因。由定理 4.4.1(a) 可知，必须存在 $\boldsymbol{X}$ 的严格子集 $\boldsymbol{X}_1$，使得 $\boldsymbol{X}_1=\boldsymbol{x}_1$ 是 φ 在 $(M',\boldsymbol{u})$ 中的原因，其中 $\boldsymbol{x}_1$ 是 $\boldsymbol{x}$ 在 $\boldsymbol{X}_1$ 中变量的限定。但是 $\boldsymbol{X}_1=\boldsymbol{x}_1$ 不能成为 φ 在 $(M,\boldsymbol{u})$ 中的原因，因为通过 AC3 可知，$\boldsymbol{X}=\boldsymbol{x}$ 不能成为 φ 在 $(M,\boldsymbol{u})$ 中的原因。再次根据定理 4.4.1(a)，必须存在 $\boldsymbol{X}_1$ 的严格子集 $\boldsymbol{X}_2$，使得 $\boldsymbol{X}_2=\boldsymbol{x}_2$ 是 φ 在 $(M,\boldsymbol{u})$ 的原因，其中 $\boldsymbol{x}_2$ 是 $\boldsymbol{x}$ 在 $\boldsymbol{X}_2$ 中的限定。但是此时通过 AC3，$\boldsymbol{X}=\boldsymbol{x}$ 不是 φ 在 $(M,\boldsymbol{u})$ 中的原因。

接下来，举一个例子说明，根据改进后的 HP 定义，即使考虑到正态性，$\boldsymbol{X}=\boldsymbol{x}$ 可能从不是 φ 的原因变为是其原因而后又变为不是其原因，这表明了定理 4.4.5 最好。因为仅当原因不是单个组合时才可能发生这种类型的情况，所以这个示例是示例 2.8.2 的变体。该示例表明，根据改进的 HP 定义，一个原因可能涉及多个连接组合。

示例 4.8.2 从示例 2.8.2 中的简化模型开始，其中没有变量 D'。A 此时为候选人投票。A 的投票被记录在两个光学扫描仪 B 和 C 中。D 负责收集扫描仪的输出。如果 A，B，或 D 中的任何一个为 1，则候选者获胜（即 $WIN=1$）。A 的值由外生变量确定。以下结构方程描述了其余的变量：

$$B=A,$$

$$C=A,$$

$$D=B\wedge C,$$

$$WIN=A\vee B\vee D.$$

此结果称为因果模型 M。在实际条件 u 中，$A=1$，所以 $B=C=D=WIN=1$。假设 M 中的所有场景都一样正常。

根据更新的 HP 定义，$B=1$ 是在 $(M,\boldsymbol{u})$ 中 $WIN=1$ 的原因，取 $\boldsymbol{W}=\{A\}$，考虑 $A=0$ 情况。显然，如果 $B=0$，则 $WIN=0$，如果 $B=1$，则 $WIN=1$。很容易验证 AC2 成立。而且，由于 $B=1$ 是在 $(M,\boldsymbol{u})$ 中 $WIN=1$ 的原因，所以根据 AC3，$B=1\wedge C=1$ 不能作为 $(M,\boldsymbol{u})$ 中 $WIN=1$ 的原因。

现在考虑示例 2.8.2 中的模型 M'。它和 M 一样，除了有一个额外的外生变量 D'，其中 $D'=B\wedge\neg A$。WIN 的方程现在变为 $WIN=A\vee D'\vee D$。M' 中的所有其他方程式都与 M 中的方程式相同。定义 M' 的正常排序，使其符合 D' 和 u 相关的方程；所有 $D'=B\wedge\neg A$ 的场景同等正常，所有 $D'\neq B\wedge\neg A$ 的场景也同样正常，但是比 $D'=B\wedge\neg A$ 对应的场景要少一些普遍性。

可以很容易地看出 M' 是 M 的保守延拓。由于 D' 除了 WIN 以外不影响其他任何变量,并且除 WIN 以外的所有方程均不变,因此足以证明对于除 D' 和 WIN 之外的变量,场景 u 下在模型 M' 和 M 中都具有相同的值。显然,如果 $A=1$ 或 $D=1$,则在模型 M' 和 M 中都是 $WIN=1$。因此,假设设置 $A=D=0$。现在,如果 $B=1$,则 $D'=1$(因为 $A=0$),因此在模型 M' 和 M 中还是 $WIN=1$。相反,如果 $B=0$,则 $D'=0$,因此在模型 M' 和 M 中都是 $WIN=0$。条件 CE 显然也成立。如示例2.8.2所示,$B=1 \wedge C=1$ 是 $(M',\boldsymbol{u})$ 中 $WIN=1$ 的原因。

最后,考虑模型 M'',它与 M' 相似,只是模型 M'' 有一个额外的变量 D'',其中 $D''=D \wedge \neg A$ 且 WIN 的方程变为 $WIN=A \vee D' \vee D''$。M'' 中的所有其他方程式都与 M' 相同。在 M' 中定义正常排序,使它符合 D' 和 D'' 与 u 相关的方程。

很容易看出 M'' 是 M' 的保守延拓。由于 D'' 除了 WIN 以外不影响任何变量,并且除 WIN 以外的所有方程均不变,因此足以证明对于除 D'' 和 WIN 之外的变量,在条件 u 下 WIN 在模型 M' 和 M 中都具有相同的值。显然,如果 $A=1$ 或 $D'=1$,则在模型 M' 和 M 中都有 $WIN=1$。而如果设 $A=D=0$,则 $D'=1$ 当且仅当 $D=1$,故模型 M' 和 M'' 中 WIN 取值相同,条件 CE 显然也成立。

最后,根据改进后的 HP 定义,称 $B=1 \wedge C=1$ 不再是 $(M'',\boldsymbol{u})$ 中 $WIN=1$ 的一个原因。假设用反证法,即根据证据 $(\boldsymbol{W},\boldsymbol{w},x')$。$A=0$ 必须是 $\boldsymbol{W}=\boldsymbol{w}$ 的组合。很容易看出或者 $D'=0$ 是 $\boldsymbol{W}=\boldsymbol{w}$ 的关联组合,或者 $D' \in \boldsymbol{W}$,对于 D'' 也同样。由于在条件 u 下有 $D'=D''=0$,$(M'',\boldsymbol{u}) \models [A \leftarrow 0, D' \leftarrow 0, D'' \leftarrow 0](WIN=0)$,容易得出结论,无论 D' 和 D'' 是否在 $\boldsymbol{W}$ 中,AC2(b^{u})都不能成立。

因此,$B=1 \wedge C=1$ 从不是 $(M,\boldsymbol{u})$ 中的 $WIN=1$ 的原因变成了 $(M',\boldsymbol{u})$ 中的 $WIN=1$ 的原因,又变成了不是 $(M'',\boldsymbol{u})$ 中的 $WIN=1$ 的原因。

◇ 扩展阅读

保罗和霍尔[2013]以及其他许多人,似乎理所当然地认为因果关系应该是客观的,但是他们确实支持所谓的"混合方法",这种方法对"给出世界的因果模型恰当客观解释的需要很敏感,但他们同时认识到,任何能够公正对待我们因果直觉的解释都必须具有一些实用主义特征……"[保罗和霍尔 2013,第254页]。可以说,HP 方法是一种混合方法。

4.1~4.4节中的大部分讨论摘自[哈珀恩 2014a]。有关交通事故不同原因的示例是最初由汉森[1958]提出的示例的变体。

稳定性问题在以前曾被考虑过。斯特雷文斯[2008]提供了一个示例,其中如果根据伍德沃德[2003]对因果关系的定义添加了额外的变量,则斯特雷文斯称所谓的原因可能成为非原因(实际上,斯特雷文斯认为这是伍德沃德称的促成因)。埃伯哈特[2014]指出,使用伍德沃德的定义对类型因果关系也可能发生这种情况。但是,[哈伯恩 2014a]是对稳定性的首次系统研究。胡贝尔[2013]使用事件排名函数定义因果关系,并提出了一种本质上类似于方程正态性的条件状态(尽管他未在稳定性方面应用)。

例 4.1.1 是施波恩提出 [私下交流,2012]。例 4.1.2 是威斯利克提出[2015]。例 4.1.3 是霍尔[2007]提出的案例的简化(霍尔[2007]也提出变量 C 和 F,使得 $C=B$ 和 $F=E$;将它们相加不会影响此处(或在霍尔的论文中)的任何讨论)。关于 $D=1$ 是 $E=1$ 在$(M',\boldsymbol{u})$中的原因的结论,霍尔[2007]说:"这个结果显然是愚蠢的,而且,如果您坚持认为因果关系的主张必须总是相对化到一个模型上,那么看起来就不会那么愚蠢了。"这点我并不同意。更确切地说,我认为霍尔有一个特定的世界图像,即模型 M 描述的景象。当然,如果那是"正确"的世界图像,那么 $D=1$ 是 $B=1$ 的原因这个结论确实很愚蠢,但是对于 Xavier 的案例,$D=1$ 是 $B=1$ 的原因这个结论在我看来,一点也不合理。

示例 4.1.4 由格利穆尔等人[2010]提出;例 4.1.5 取自[哈珀恩 2015a]。例 4.6.1 是贝内特[1987]提出的一个例子的简化。希契科克[2012]对示例 4.6.1 进行了深入讨论。

4.5~4.7 节中的大部分讨论摘自[哈珀恩和希契科克 2010],两位作者特别讨论了应如何选择因果模型中的变量和变量范围的问题。伍德沃德[2016]以变量选择为主题,并提供了一些备选标准,例如,选择作为干预措施且有明确定义的目标变量;选择可操控为任意可能值的变量,这些可能取值独立于其他变量的值。

变量可能值的集合问题与"事件"的形而上学讨论有关。请注意,哲学文献中"事件"一词的用法与计算机科学和概率中的典型用法不同,后者事件只是态空间的一个子集。请参阅第 2 章末尾注释中的讨论。假设 4.5 节中的房主用足够的力将门推开。一些哲学家(例如戴维森[1967])认为,这应该被看作只是一个事件,而"推"可以在各个细节层次上加以描述,例如"推"或"大力推"。其他人(例如吉姆[1973]和路易斯[1986c])则认为有许多不同的事件对应于这些不同的描述。如果我们采用后一种观点,那么应该将发生的许多事件中的哪一个视为门被打开的原因?在 HP 定义中,必须在选择描述模型的变量及其范围时处理所有这些问题。然后问题变成"选择什么变量才不会误导或不会模棱两可地描述干预措施的效果。"当然,某一特定描述是否如此是一个可以(由律师等)争论的问题。

如果某人按照"理性人"在类似情况下的做法行事,则不需要对损害承担赔偿责任。关于这一事实,哈特和奥诺雷 [1985, pp. 142]进行了讨论。他们还讨论了将第三方的恶意行为视为"异常"干预,并影响因果关系评估的情况(参见[哈特和奥诺雷 1985, 第 68 页]。

第5章 复杂性与公理化

因果关系的复杂性增加了分析的难度。

—《全能侦探社》,道格拉斯·亚当斯

运用结构方程和延拓的因果模型来评估事实因果关系是否合理?由于人的认知能力是有限的,如果以最直观的方式表示结构方程,即使变量数目较少,模型也会迅速变得庞大而复杂。

为了理解上述问题,考虑有一名医生接诊了一位头痛患者,假设医生仅考虑变量:压力、大脑血管收缩、阿司匹林消耗和头部外伤四个变量。为了简单起见,假设每个变量包括头痛都是二值的。例如,患者的头痛情况只有两种:头痛或者不痛。每个变量都有可能取决于其他四个变量的取值。为了表示变量“头痛”的结构方程,对于其他四个变量的每种取值情况,因果模型都需要为它对应的“头痛”变量分配一个值。这意味着“头痛”有 2^{16}(超过 60000)个可能的方程。考虑所有五个变量都可设为结果变量,有 2^{80}(超过 10^{24})个方程。现在考虑正常排序,若有五个二进制变量,这些变量有 $2^5=32$ 个可能的值分配,将每一种取值情况理解为一个“可能的事件”,对这 32 个事件有 32! 个(大约 2.6×10^{35})可能的排序。如果考虑更复杂的情况,排序个数会更多。总之,仅仅为了表示这一延拓的因果模型,医生就需要存储将近 200 比特的信息。

假设一个模型中有 50 个变量。描述该模型将需要多达 $2^{50\times2^{49}}$ 个方程组,2^{50} 个可能的世界以及 $2^{50\times2^{50}}$ 个正常排序(通常情况下,一个带有 n 个二进制变量的模型,需要 $2^{n2^{n-1}}$ 个方程组,2^{50} 个可能的事件,以及(2^n)! $\sim 2^{n2^n}$ 个严格排序)。因此,如果使用 50 个变量,则大约需要 $2^{50\times2^{50}}$ 比特来表示因果模型,这显然是不现实的。

如果前四章中对实际因果关系的描述符合人们对于因果模型中因果关系的判断,则该类因果关系将需要某种精简表示。幸运的是,正如本章所述,实际情况可能会好得多。可以合理地预判,大多数“自然”模型都可被精简,至少不能以不存在精简表示为由,来说明人们不能使用(类似)因果模型来推理因果关系。

但是即使给出一个精简表示,实际计算 $X=x$ 是否是 $Y=y$ 的原因有多难呢?

如果涉及的变量相对较少或结构具有很多对称性，则检查所有可能性不会太难。本书目前为止所考虑的所有示例都符合该情况。但是，正如第 8 章所述，实际因果关系在推理程序的正确性和数据库查询等方面也很有用。大型程序和数据库很可能包含许多变量，因此确定实际因果关系的复杂性问题已成为当下的一个重要问题。计算机科学领域提供了一些工具来表示实际因果关系的复杂性，第 5.3 节将会讨论这些内容。

在很多情况下，没有指定使用某一类特定的因果模型。相反，我们所知道的是与模型相关的一些事实：例如，可能知道尽管 X 实际上是 1，但如果 X 为 0，则 Y 将为 0。问题是我们可以从此类信息中得出因果关系的哪些结论第 5.4 节讨论了因果推理中的公理。

本章的 4 个部分可以独立阅读，此处，本章技术性强，内容集中在第 5.5 节。

5.1 简化的结构方程

上文对于表示结构方程的计算复杂性仅给出了比较直观的上限，假设患者是否头痛由变量 H 表示，并且如果条件 $X_1,X_2,\cdots,X_k$ 中的任何一个成立，患者都会头痛。不必写出变量 $X_1,X_2,\cdots,X_k$ 的 2^k 个可能的取值和对应的 H 取值，只需简单地写一行：$H=X_1\vee\cdots\vee X_k$。实际上只要所有变量都是二进制的，可以用一个公式描述 $X_1,X_2,\cdots,X_k$ 对 H 的影响。但是通常该公式的长度以 k 为指数，想让所有公式都像本段所述例子这样简短是不现实的。在最差的情况下，也有 2^k 个短方程或一个长方程，有什么方法能进一步简化该情况？

为了得到精简表示，首先要观察到当对概率性结果进行因果推理时，会出现很多相似的且具有代表性的难题。例如，如果存在 50 个描述患者可能出现的症状和潜在疾病的二元变量，医生想从中推理出一个概率性结论，那么仅描述 2^{50} 个可能事件上的概率分布也将需要 2^{50}（更确切地说是 $2^{50}-1$）个数字。贝叶斯网络利用变量之间的条件独立性，给出了概率分布的精简表示。正如第 2 章的扩展阅读中所提到的，用来描述因果模型的因果网络在本质上与贝叶斯网络相似，这种相似性很有意义，贝叶斯网络对概率分布提供精简表示，这一思想可以应用在因果模型中。

尽管对贝叶斯网络的详尽讨论远远超出了本书的范围，但不管是从概率的角度出发还是从因果关系的角度出发，都很容易看出独立性的作用体现在何处。如果 $X_1,X_2,\cdots,X_n$ 是独立的二进制变量，那么可以仅使用 n 个数字（而不是 2^n 个数字）生成 2^n 个可能事件上的概率分布。具体而言，$Pr(X_i=0)$，$i=1,2,\cdots,n$ 完全确定了分布，由此可计算 $Pr(X_i=1)$，$i=1,2,\cdots,n$。由于假设 $X_1,X_2,\cdots,X_n$ 是独立的，因此可以利用独立性直接计算出概率 $Pr(X_1 = i_1 \wedge X_2 = i_2 \wedge \cdots \wedge X_n = i_n)$，其中 $i_j \in \{0,1\}$，$j=1,2,\cdots,n$。

当然，实际中 n 个变量相互独立的情况很少，大多数都会涉及彼此相关的变量。但是，仍然存在一些变量与其他变量条件独立的情况。事实证明，如果每个变量所依赖的余变量个数都不多，那么我们对分布的表示会更加精简。类似地，如果结构方程中每个变量仅取决于少数几个其他变量的值，结构方程会简化很多。

再次考虑掷石子的例子及模型 M'_{RT}，变量 BS 受 BT 的影响。如果 $ST=0$（苏西不抛出），则 $BS=BT$。但是，BT 对 BS 的作用由 BH 作为中介因子，一旦知道了 BH 的值，BS 的值就是不相关的，可以认为 BS 与 BT 关于 BH 条件独立，类似地，BS 与 ST 关于 SH 条件独立。因此，尽管 BS 受到 ST，BT，BH 和 SH 的影响，但其值完全由 SH 和 BH 决定。这里通过 BS 满足的结构方程会更加清楚这一点：$BS = SH \vee BH$。

因果网络描述了这些条件的独立性。关键是图中的变量值完全由其父节点的值确定。如果每个变量在图中最多有 k 个父节点变量，在最坏的情况下，使用 $2^k n$ 个方程（而不是 $2^{n-1}n$ 个方程）就可以描述因果结构（在这点上与贝叶斯网络的相似并非纯属巧合）。同样，如果所有变量是二值的，可以将 $2^k n$ 个（或 $2^{n-1}n$ 个）方程结合成一个方程，但在最坏的情况下，该方程的长度将与原来各个短方程的总长度相等。

实际上，因果网络中每个变量的值通常最多由 k 个其他变量的值确定，其中 k 相对较小，而且当某个变量所依赖的变量个数很少时，由于它们的影响相对较小，有时可以忽略这些变量。如果某个变量所依赖的变量个数较多，则该依赖关系是简单的依赖关系，就像上文头痛的例子一样，这样就可以用一个短方程来描述因果模型。在投票过程中，投票的总结果很可能取决于每个选民的投票，选民可能有很多个，但是投票规则通常可以通过相对简单的方程式来描述（多数投票规则；如果候选人多于两个，若无人弃票则必将有候选者获得50%以上的选票；弃权不超20%；……）。

与现实中出现的概率分布一样，在实际中出现的结构方程很可能可精简表示，当然这一点需要通过实验进行验证。在本书给出的所有示例中，方程都可被精简表示。

这些精简表示有额外的优点。回想一下2.5节讨论了在结构方程中增加概率，并用一种自然的方法来表示概率是有用的。在这方面可以借鉴贝叶斯网络，但是只利用贝叶斯网络并不是一个完整的解决方案。例如，在贝叶斯网络中没有自然的方式能表示反事实结果，如果仅使用掷石示例中出现的变量，没有自然的方式能表示“只要苏西的石头撞到瓶子,瓶子就会倒下”,和“只要比利的石头撞到瓶子,瓶子就会倒下”,这两个事件是独立的(请参见示例 2.5.4)。但是如果在模型中添加变量 SO 和 BO 来表示如果苏西(或比利)撞到瓶子,瓶子是否会倒下,并根据上下文确定这些变量,那么容易看出这两个事件是独立的。利用示例 2.5.4 中的变量,也可以说明比利掷石头和苏西掷石头是独立的事件。当然,还不清楚这些变量是否独立。容易想象苏西是否投掷会影响比利是否投掷,反之亦然,因此,两人都掷石头的可能性比只有一人掷石头的可能性大。关键是使用贝叶斯网络可以表示这些概率上的独立性。当然,变量的选择也会对模型的产生很大的影响。

5.2 正态序简述

本书讨论正态序的精简表示。有两个思想,上文已经说明了第一个,即利用独立性。尽管我们使用偏前序 $\succeq$(而不是概率)来表示正态序,但事实证明,贝叶斯网络的“技术”可以应用的范围远不止概率。这里需要一个满足以下条件的结构,该结构具有多个最小属性并具有与(条件)独立性类似的性质,事实证明偏前序满足这些条件。

第二个思想是正态序在很大程度上反映了因果结构,即正态性与因果结构方程有一致性。下文举例说明这一点,假设因果结构为:如果患者头部受伤,那么他将患有头痛。读者可以预判,在其他条件相同的情况下,患者头部受伤且头痛的情况比患者头部受伤而没有头痛的情况更符合常规。通过这种方式,因果结构方程可通过表示正态序完成“双重任务”。

本节的其他部分将更详细地讨论这些想法。尽管本节讨论的是不同情况之间的偏前序,但是这些思想同样适用于不同场景之间的偏前序。由于场景 $\boldsymbol{u}$ 跟事件 s_u 一一对应,由不同事件之间的偏前序可推出不同场景之间的偏前序,反之亦然(尽管对于有些场景来说其对应的事件不能表示为 s_u)。

5.2.1 代数似然性度量:顾全大局

概率度量只是表示不确定性的方法之一,已有文献还讨论了不确定性的许多其他表示形式,特别是在第 3 章的参考书目中提到的许多典型性和正态性表示都可视为不确定性的表示,其中包括偏前序。解释 $s \succeq s'$ 的一种方法是,事件 s 比事件 s' 发生的可能性更大。似然性度量是不确定性的一般表示,第 3 章的扩展阅读中提到的概率和所有的不确定性表示都是似然性度量的实例。

似然性度量背后的基本思想很简单。记 W 为包含不同事件的有限集，W 上的概率度量将 W 的子集映射到[0,1]。似然性度量更为一般化，该度量是将 W 的子集映射到集合 D，其中集合 D 为一个偏序集。如果 $P1$ 是似然性度量，$P1(U)$ 表示集合 U 的似然性。$P1(U) \leqslant P1(V)$ 表示 V 至少与 U 一样合理。由于偏前序是一种偏序，因此可能存在两个不同集合的似然性是不可比的。D 包含两个特殊元素 $\bot$ 和 $\top$，使得对于所有的 $d \in D$，有 $\bot \leqslant d \leqslant \top$。要求 $P1(\varnothing) = \bot$，$P1(W) = \top$，因此，$\bot$ 和 $\top$ 类似于概率中的 0 和 1。如果 $U \subseteq V$，则 $P1(U) \leqslant P1(V)$。包含 U 的集合至少应该与 U 一样合理。似然性度量与条件独立性结合后，产生条件似然性度量(conditional plausibility measure，cpm)。条件似然性度量将 W 的子集映射到某一偏序集 D。下文将条件似然性写作 $P1(U|V)$ 而不是 $P1(U,V)$，该类写法符合以某一变量为条件的标准写法。若条件为全集 W，下文通常只写 $P1(U)$ 而不是 $P1(U|W)$（因此，无条件的似然性就是以整个空间为条件的似然性）。

对于概率变量 Pr，如果 $Pr(V=0)$，则通常认为 $Pr(U|V)$ 无定义。通常，必须明确 cpm 的第二个参数 V 是什么。为了简单起见，我假设只有 $V \neq \varnothing$ 时 $Pl(U|V)$ 才有定义。对于任意 $V \neq \varnothing$，若需 $P1(\cdot|V)$ 是 W 上的似然性度量，通常需要以下属性：

CP11. $P1(\varnothing|V) = \bot$

CP12. $P1(W|V) = \top$

CP13. 如果 $U \subseteq U'$，则 $P1(U|V) \leqslant P1(U'|V)$

CP14. $P1(U|V) = P1(U \cap V|V)$。

CP11 和 CP12 说明以任意集合 V 为条件，空集的似然性为 $\bot$，全空间的似然性为 $\top$。这些性质与条件概率类似，以任何集合为条件，空集的概率为 0，全空间概率 1。CP13 说明任意集合的似然性均不小于其子集的似然性（请注意，这意味着这些似然性具有可比性；一般情况下两个集合的似然性不可比较）。最后，CP14 说明，以 V 为条件 U 的似然性仅取决于集合 V 中包含的集合 U 的元素。

基于属性 CP11 – 14，还易得到一些其他属性，例如 CP11 和 CP12 的推广，即若 $U \cap V = \varnothing$，则 $P1(U|V) = \bot$；若 $V \subseteq U$，则 $P1(U|V) = \top$。条件概率有以下性质：若 $V_1 \cap V_2 = \varnothing$，则 $Pr(V_1 \cup V_2|V) = Pr(V_1|V) + Pr(V_2|V)$；若 $U \subseteq V \subseteq V'$，则 $Pr(U|V') = Pr(U|V)Pr(V|V')$。这些性质保证了概率分布存在精简表示，因此我们需要对变量的似然性给出类似的性质，类比条件概率中的加法和乘法，得到

$$
\begin{aligned}
&\text{如果 } V_1 \cap V_2 = \varnothing \text{，则 } P1(V_1 \cup V_2 \mid V_3) = P1(V_1 \mid V_3) \oplus P1(V_2 \mid V_3)\text{，} \\
&\text{如果 } V_1 \subseteq V_2 \subseteq V_3 \text{，则 } P1(V_1 \mid V_3) = P1(V_1 \mid V_2) \otimes P1(V_2 \mid V_3)\text{。}
\end{aligned} \tag{5-1}
$$

满足上述性质的 cpm 被称为代数 cpm。(5.5.1 节将给出更正式的定义)。当然,若将(5.1)中$\oplus$和$\otimes$分别替换成 + 和 ×,则该式对概率度量成立。第 3 章的扩展阅读中提到,另一种为正态性和典型性赋予语义的方法为排序函数;如果分别将$\oplus$和$\otimes$分别设为 min 和 +,则式(5-1)对排序函数成立。

正态序的初始方法和可替代方法都基于偏前序,初始方法基于不同的世界之间的偏前序,可替代方法基于不同的场景之间的偏前序,也可以转化成基于场景集合之间的偏前序。我们希望能够将这些偏前序视为代数 cpm,但是似然性度量将合理性对应到一组事件而不是单个事件,这与可替代方法是一致的,对于该方法,事件的排序至关重要。在定义可替代方法时,场景上的偏前序$\succeq$可以延拓到场景集合上的偏前序$\succeq^e$,这一集合上的排序本质上定义了似然性度量,但是我们需要的不只是一个似然性度量,更需要一个代数 cpm,代数 cpm 涉及一些技术细节,其构造过程将在附录 5.5.1 中展示。具体来说,假设可以将场景上的偏前序延拓到在场景集合上定义的代数 cpm。关键是,一旦做到这一点,就可以像概率一样讨论内生变量的独立性和条件独立性。此外,这意味着可以类比因果网络表示正态序,用 X 标记的节点在给定其父节点后条件独立于其所有祖先节点(例如在掷石示例中,给定 BH,BS 独立于 BT)。在上述条件下将贝叶斯网络的"技术"应用于正态序几乎无需做任何更改。尽管该图通常与表示因果模型(结构方程)的图不同,但在许多情况下,两者之间会有很多重叠,如第 5.2.2 节所述。

若不同的事件可基于偏前序进行排序,它就可以被精简表示。如果这一结论成立,问题会被简化,但是从某种意义上讲,这是"错误"的结果。真正的问题是,如何进行正态排序?假设律师认为应判处被告为纵火犯,律师将试图建立一个因果关系:被告点燃火柴的行为是造成森林火灾的实际原因。为此,她将需要陪审团相信某种延拓的因果模型及其中出现的一些初始条件(例如,被告确实点燃了火柴)。为了证明因果模型是正确的,她需要说明因果模型中的方程是正确的,可能需要说服陪审团被告点燃火柴是引发森林火灾的原因,在没有任何触发事件(如雷击或纵火)的情况下不会有火灾发生。

律师还必须说明一种正态序,她可能会辩护说,雷击无法提前预知,被告点燃火柴时,森林处于严禁明火期,所以可以推断森林火灾确实是由于被告点燃火柴所致。验证部分正态序通常比较容易,不必对所有的事件的正态性进行排序,而是说明某些变量在某些情况下会取特定值。通过定义一个变量(或者一个变量以另一个变量取某个值为条件时)的正态序并且给出一些独立性假设,可以完整地刻画正态序。

如果某个示例可由随机变量 $X_1,X_2,\cdots,X_n$ 刻画,那么一个事件的形式为 $(x_1,x_2,\cdots,x_n)$,每个事件的似然性值形如 $a_1\otimes\cdots\otimes a_n$。例如,如果 $n=3$,X_1 和 X_2 是独立的,并且 X_3 取决于在 X_1 和 X_2,将世界(1,0,1)的似然性取值为 $a_1\otimes a_2\otimes a_3$,其中 a_1 是 $X_1=1$ 的无条件似然性,a_2 是 $X_2=0$ 的无条件似然性,a_3 是以 $X_1=1\cap X_2=0$ 为条件 $X_3=1$ 的似然性。不需要实际定义运算⊗,先将 $a_1\otimes a_2\otimes a_3$视为未被完全解释的表达式。如果有些元素之间存在相对排序的约束(在示例或实际中会遇到),可以将此排序转化为似然性值之间的排序,其中 $a_1\otimes a_2\otimes a_3\leqslant a'_1\otimes a'_2\otimes a'_3$ 成立当且仅当对于所有 a_i,存在一个不同的值 a'_j 使得 $a_i\leqslant a'_j$,其中"仅当"是因为最小性假设:两个元素 $a_1\otimes a_2\otimes a_3$ 和 $a'_1\otimes a'_2\otimes a'_3$ 只有在 a_i 和 a'_j 之间有上述序关系时才是可比的。这体现了偏前序与偏序相比的优点。

尽管上述想法看起来很神秘,但其在示例中的应用非常直观,以下两个示例展示了上述排序的构造方式。

例 5.2.1 再次考虑森林火灾的例子。使用图 5.1 中给出的因果网络(其中省略了外生变量)来表示森林火灾示例中的独立性:L 和 MD 是独立的,而 FF 依赖于它们两者。因此,有一个描述相关(非)独立性的精简网络,此处合取和析取模型中的(非)独立性都可用同一网络表示。

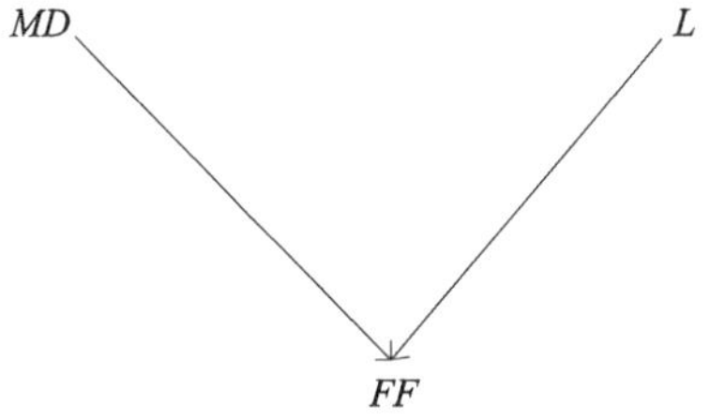

图 5-1 森林火灾的例图

本示例考虑析取模型,即雷击或点燃火柴均足以导致火灾。雷击和纵火是非典型事件,并且这些情况如有一发生,通常会导致森林火灾。假设用 d_L^+ 表示 $L=0$(无雷击发生)的似然性,用 d_L^- 表示 $L=1$ 的似然性;类似地,用 d_{MD}^+表示 $MD=0$ 的似然性,而 d_{MD}^-表示 $MD=1$ 的似然性。现在的问题是,假设给定 L 和 MD 的似然性,在此条件下怎么确定 $FF=0$ 和 $FF=1$ 的似然性。为简单起见,将满足结构方程的四个值都视为同等合理的,且合理性为 d_{FF}^+。然后利用 $P1$ 表示似然性度量,由此可得:

$$\begin{aligned}
&P1(L=0)=d_L^+>d_L^-=P1(L=1)\\
&P1(MD=0)=d_{MD}^+>d_{MD}^-=P1(MD=1)\\
&P1(FF=0|L=0\wedge MD=0)=d_{FF}^+>d_{FF}^-=P1(FF=1|L=0\wedge MD=0)\\
&P1(FF=1|L=1\wedge MD=0)=d_{FF}^+>d_{FF}^-=P1(FF=0|L=1\wedge MD=0)\\
&P1(FF=1|L=0\wedge MD=1)=d_{FF}^+>d_{FF}^-=P1(FF=0|L=0\wedge MD=1)\\
&P1(FF=1|L=1\wedge MD=1)=d_{FF}^+>d_{FF}^-=P1(FF=0|L=1\wedge MD=1)
\end{aligned} \tag{5-2}$$

进一步假设 d_L^+、d_{MD}^+ 和 d_{FF}^+ 都是不可比的，d_L^-、d_{MD}^- 和 d_{FF}^- 也是不可比的，例如，无法将无雷击的典型程度与未发生纵火的典型程度进行比较，且无法比较雷击的非典型度与发生纵火的非典型度。通过使用所讨论的结构构造出图 5－2 所示的事件场景的正态序，其中 w 到 w' 的箭头表示 $w'>w$。

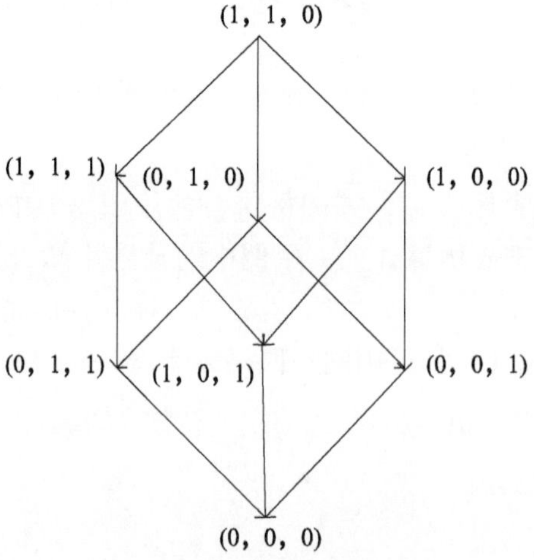

图 5－2　事件场景的正态序

在正态序中，(0,1,1)比(1,1,1)和(0,0,1)更符合常规，但与(1,0,0)和(0,0,1)不可比。这是因为根据我们的构造，(0,1,1)，(1,1,1)，(0,1,0)，(1,0,0)和(0,0,1)的似然性分别为 $d_L^+\otimes d_{MD}^-\otimes d_{FF}^+$，$d_L^-\otimes d_{MD}^-\otimes d_{FF}^+$，$d_L^+\otimes d_{MD}^-\otimes d_{FF}^-$，$d_L^-\otimes d_{MD}^+\otimes d_{FF}^-$ 和 $d_L^+\otimes d_{MD}^+\otimes d_{FF}^-$。事实上，因为 $d_L^+\geqslant d_L^-$，所以 $d_L^+\otimes d_{MD}^-\otimes d_{FF}^+\geqslant d_L^-\otimes d_{MD}^-\otimes d_{FF}^+$。因为 $d_L^-\otimes d_{MD}^-\otimes d_{FF}^+\geqslant d_L^+\otimes d_{MD}^-\otimes d_{FF}^+$ 不成立，所以(5－2)中的不等号是 > 而不是 ≥！其他的不等式也同理。举例来说，因为 $d_L^+\otimes d_{MD}^-\otimes d_{FF}^+\leqslant d_L^+\otimes d_{MD}^+\otimes d_{FF}^-$ 和 $d_L^+\otimes d_{MD}^+\otimes d_{FF}^-\leqslant d_L^+\otimes d_{MD}^-\otimes d_{FF}^+$ 都不成立。(0,1,1)和(1,0,0)不可比。

例 5.2.1　使用“贝叶斯网络技术”来计算所有相关的似然性（以及正态序），为了将因果网络中的(非)独立性从定性表示转化成定量表示，对于有父节点的变量,任意给定父节点的取值后,需要给出该变量各个取值对应的条件似然性。对于没有父节点的变量,需要给出该变量每种取值的似然性。表(5－2)的前两行给出了无父节点(外生变量除外)的变量 L 和 MD 的似然性。表(5－2)的后四行分别给出 FF 在给定其父节点 L 和 MD 的四种取值后两种取值对应的似然性。给定上述这些值后,可以计算所有相关的似然性值。

尽管上述例子所节省的计算量不是很多,但是对于变量数目较多的模型,节省的计算量会非常可观。若存在 n 个二进制变量,并且每个变量最多具有 k 个父节点,对每个变量只需给出至多 2^{k+1} 个似然性值,不必描述 2^n 个世界的似然性。(对于其父节点的 2^k 个取值,计算以每种取值为条件时该变量的似然性)。因此,最多需要 $2^{k+1}n$ 个似然性值。当然,如果 k 接近 n,则节省不了多少计算量,但是如果 k 相对较小,而 n 较大,则 $2^{k+1}n$ 远小于 2^n。例如,如果 $k=5$ 且 $n=100$(在医药问题中,n 可能更大),则 $2^{k+1}n=6400$,而 $2^n=2^{100}>10^{33}$。通常,我们必须考虑这 6400 种(或 2100!)合理性值的排序,但是如上文示例所示,形如 $a_1\otimes\cdots\otimes a_n$ 的表达式令似然性值的排序在形式上更加简洁。

例 5.2.2　上例中,由贝叶斯网络得到的不同场景编前序,该序关系将雷击和纵火犯的行为视为不可比的。例如,在事件(1,0,1)中,发生雷击,纵火犯未点燃火柴,有森林火灾发生,这与无雷击,纵火犯点燃火柴,火灾不发生的事件无可比性。但这不是唯一可能出现的情况。假设我们判断,纵火者点燃火柴比雷击更不具有典型性,并且纵火者不点燃火柴比没有雷击更具有典型性(这一点与概率不同,概率中可由前者推出后者)。上述排序或许反映了纵火是非法和不道德的事实,而不是将发生纵火和雷击的频率进行比较。表(5－2)描述了条件合理性关系,现在得到 $d_L^+>d_{MD}^+$ 和 $d_{MD}^->d_L^-$。由此推出了图 5－3 中描述的不同事件场景的排序。

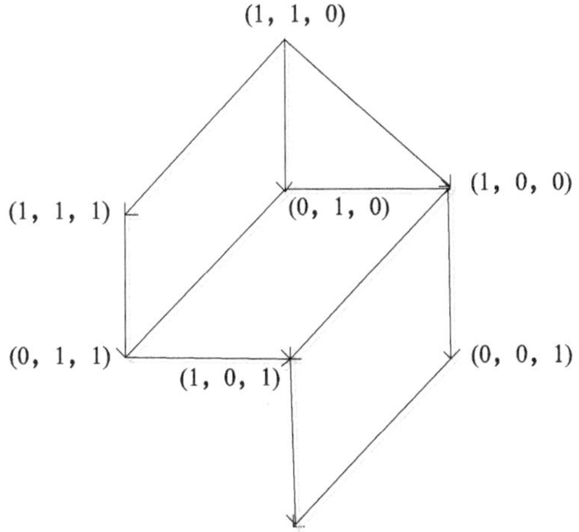

图 5－3　不同事件场景的正态序

例如(0,1,1)的合理性大于(1,0,1),前者似然性为$d_L^+ \otimes d_{MD}^- \otimes d_{FF}^+$,而后者具有似然性 $d_L^- \otimes d_{MD}^+ \otimes d_{FF}^+$。但由于根据假设 $d_{MD}^- > d_L^-$ 且 $d_L^+ > d_{MD}^+$,由此得出 $d_L^+ \otimes d_{MD}^- \otimes d_{FF}^+ > d_L^- \otimes d_{MD}^+ \otimes d_{FF}^+$。

5.2.2 因果模型的再利用

如前文所述,表示正态序图通常可以与表示因果模型图不同,但是,多数情况下这两者有很多一致之处。这将有可能使因果模型的某些部分执行“双重职责”:既代表因果结构,又代表正态排序的结构。在示例 5.2.1 和 5.2.2 中,描述因果结构的图与表示正态性的图相同。假设 L 和 MD 在结构方程和正态性中都是独立的,但是 FF 依赖于 L 和 MD。在结构方程中,L 和 MD 的独立性意味着,一旦我们设置了所有其他变量的值,L 值的更改就不会影响 MD 的值,反之亦然。在正态性中,L 和 MD 的独立性意味着(不)发生雷击的世界的正态性不影响纵火犯(不)点燃火柴的世界的正态性,反之亦然。

除了对独立性的定性描述,我们可以说些“定量”的描述。考虑式(5-2)中对变量 FF 的条件合理性表述,可总结如下:

$$P1(FF = f \mid L = l \wedge MD = m) = \begin{cases} d_{FF}^+, ff = \max(l,m) \\ d_{FF}^-, ff \neq \max(l,m) \end{cases}$$

回想一下,$FF = \max(L, MD)$ 是因果模型中 FF 的结构方程。因此,条件合理性表实际上表明,FF 满足结构方程式比不满足结构方程更加典型。

变量通常满足结构方程式。为了提高效率,通常假设这一情况自动成立,并列举不成立的情况,而不是刚开始就列举出所有方程式。考虑以下默认规则。

默认规则 1(正常因果关系):设 X 为因果模型中没有外生父节点的变量,设 $Y_{PA(X)}$ 为 X 的父节点变量。设 X 的结构方程为 $X = F_X(Y_{PA(X)})$,除非有特殊说明,否则存在两个似然性值 d_X^+ 和 d_X^- 满足 $d_X^+ > d_X^-$ 且

$$P1(X = x \mid Y_{PA(X)} = \boldsymbol{y}) = \begin{cases} d_X^+, x = F_X(\boldsymbol{y}) \\ d_X^+, x \neq F_X(\boldsymbol{y}) \end{cases}$$

默认规则 1 表示,变量满足结构方程式,在默认情况下,所有满足方程式的变量取值都是同等典型的,而所有不满足方程式的变量值都是同等非典型的。在示例 5.2.1 和 5.2.2 中,FF 满足默认规则 1。当然也存在不满足该规则的情况,称此类情况为非典型的情况,但这将违反默认规则。无特殊说明时,认为默认规则满足。我们希望违规行为相对较少,这样在遵循规则的情况下可有效增大表示效率。另外,一旦给出了因果模型,可以通过仅为那些违反默认规则的变量或者其似然性值不是由默认规则确定的变量(因为他们有外生父节点)提供

条件似然性表来表示合理性。当然,可以制定出更复杂的默认规则1,以允许存在外生的父节点并允许变量有两个以上的默认值。上文中的规则似乎是在简单性和通用性之间做了个折中。

正常因果关系规则并不能告诉我们一个变量的似然性值与另一变量的似然性值之间的大小关系。可以使用第二个规则作为默认规则1的补充:

默认规则2(最小性):如果 d_x 和 d_y 分别是变量 X 和 Y 的似然性值,并且没有明确给出有关 d_x 和 d_y 相对顺序的信息,则 d_x 和 d_y 是不可比的。

同样,无特殊说明时假定默认规则2成立。默认规则2表示,不同事件之间的正态序应该只包括通过方程式(通过默认规则1)与另外给出的信息得到的排序。在概率论中,在某些约束下,使熵最大化的分布是(非常粗略地)在该约束下使事件概率均匀分布。如果没有任何约束,它将简化为无差异的经典原理,该原理在没有理由认为某些可能性概率更高的情况下,将不同可能性的概率设为相等。在似然性中,仅确定了合理性的部分顺序,其余视为不可比,这一想法可视为概率中无差异的经典原理的进一步推广。在例5.2.1中,所有三个变量都满足最小性。在示例5.2.2中,FF 相对于其他两个变量满足最小性,但是变量 L 和 MD 相对于彼此不满足最小性(因为规定了它们的似然性值是可比较的)。

使用这两个默认规则,森林火灾的析取模型的延拓因果模型可以简洁地表示为

$$\begin{cases} FF = \max(L, MD) \\ P1(L=0) > P1(L=1) \\ P1(MD=0) > P1(MD=1) \end{cases}$$

正态排序的其余结构由默认规则得出。

用以下方程式和不等式即可表示示例5.2.2中的延拓因果模型:

$$\begin{cases} FF = \max(L, MD) \\ P1(MD=0) > P1(L=0) > P1(L=1) > P1(MD=1) \end{cases}$$

同样,正态序的其余结构遵循默认规则。在每种情况下,通过在因果模型中添加少数几个似然性值就可以表示8个事件之间的正态序。因此,从因果模型转变为延拓的因果模型无需增加很多新的认知。

不满足默认规则的例子有多种形式,例如可能存在变量值,对于这些变量不满足结构方程要比满足结构方程更有典型性。或者对每个变量可能有多个典型值,而不是只有两个。或者一个变量的条件似然性值可以与另一变量的具有可比性。上文中默认规则的有用之处在于,它们在大多数情况下都是满足的。在某些场景中,其他默认规则也可能适用。

读者可能会怀疑因果结构是否总是等同于正态排序。容易举出一些反例,

回想一下第 3.1 节中的克诺比和弗雷泽实验，其中史密斯教授和行政助理拿走了剩下的两支笔。下文稍微修改一下示例，假设系主任制定一项政策来禁止教职人员使用笔，史密斯教授对该制度不予理会，在需要时即取走笔。使用二进制变量 GP（如果系主任制定政策则为 1，否则为 0），PS（如果史密斯教授取走钢笔则为 1，否则为 0）和 PO（如果出现问题则为 1，否则为 0）来建模，就因果关系而言，PS 独立于 GP：无论有没有制度，史密斯教授都会拿走笔，但是，就正态序而言，PS 确实取决于 GP。

5.3 确定因果关系的复杂性

本节将讨论确定因果关系的计算复杂性。显然，改进后的 HP 定义在概念上比初始的和更新的 HP 定义更简单。准确地说，比起初始或更新的 HP 定义，根据改进的定义确定 $\boldsymbol{X}$ 是否是 φ 的原因更简单。

为了使上文中的描述更准确，首先回顾一些复杂性的基本概念。这里描述下述问题的困难程度：对于某一给定的 x，判断其是否属于集合 L（或语言）。其中语言指的是

$$L_{\text{cause}} = \{(M,\boldsymbol{u},\varphi,\boldsymbol{X},\boldsymbol{x}):\boldsymbol{X}=\boldsymbol{x}\text{ 是}(M,\boldsymbol{u})\text{中 }\varphi\text{ 的一个原因}\}$$

我们需要知道确定某个元组是否属于 L_{cause} 这一问题的困难程度。

确定某一元组是否在 L_{cause} 中，如何表示该问题的困难程度？当元组 $(M,\boldsymbol{u},\varphi,\boldsymbol{X},\boldsymbol{x})$ 越大，确定元组是否在 L_{cause} 中越有难度；直观来讲，较大因果模型 M 比小模型计算复杂性更大，问题是要难多少。复杂性类别 P（多项式时间）由所有语言 L 组成，要想确定 x 是否在 L 中，所需要花费的时间是 x 的多项式函数（其中 x 的值指输入 x 的长度，可将其看作一串符号）。通常情况下，可以在多项式时间内确定属于关系的语言，这被认为是容易的。类似地，PSPACE（多项式空间）是指随着输入长度的增大，其确定隶属关系所需要的空间呈多项式速度增长，EXPTIME 是指随着输入长度的增大，其确定隶属关系所需要的空间大小呈指数速度增长。

NP 难由可以在非确定型（non - deterministic）多项式时间内确定隶属关系的语言组成。如果对于一个猜测的实例，可以在多项式时间内确定其是否属于 L，则语言 L 属于 NP 难。NP 难中的经典语言是包含了所有可满足命题公式（即由某些真值所满足的公式）的语言。给定一个公式，我们首先猜测一个真值分配，然后可在多项式时间内确定猜测的分配值是否满足该公式。

co - NP 难包含所有补集在 NP 里的语言，例如，由所有不可满足命题公式组成的语言在 co - NP 中，因为它的补集（一组可满足的命题公式）在 NP 中。类似

地，有效命题公式的集合在 co－NP 中。

可以证明以下是 NP 的等价定义：语言 L 包含在 NP 中当且仅当存在一个多项式时间算法 A，该算法有两个自变量 x 和 y，使得 $x \in L$ 当且仅当存在一个 y 使得 $A(x,y)=1$。读者可将 y 视为“猜测”。例如，如果 L 是可满足命题公式组成的语言，则 x 表示命题公式，y 是真值分配，如果真值分配 y 满足 x，则 $A(x,y)=1$。x 是可满足的，当且仅当存在 y 使得 $A(x,y)=1$，而且，A 算法是多项式时间的。同样地，一种语言是在 co－NP 中，当且仅当存在一个多项式时间算法 A，该算法有两个自变量 x 和 y，且 $x \in L$ 当且仅当对于所有 y，$A(x,y)=1$ 成立。出于有效性考虑，可再次用 x 表示命题公式，y 表示真值分配，x 是有效的当且仅当对于所有的真值分配 y 都有 $A(x,y)=1$。

多项式层次结构(polynomial hierarchy)是将 NP 和 co－NP 问题一般化的层次结构。令 $\sum_1^P$ 等于 NP，$\sum_2^P$ 包含所有满足以下条件的语言 L，存在一个多项式时间的算法 A，该算法有三个自变量，$x \in L$ 当且仅当存在 y_1 使得对于所有的 y_2 都有 $A(x,y_1,y_2)=1$。同理，$\sum_3^P$ 有四个自变量，比 $\sum_2^P$ 多一个量词变换(存在 y_1 使得对于所有的 y_2，都存在 y_3，使得 $A(x,y_1,y_2,y_3)=1$)。由此类似定义 $\prod_k^P$，由任意量词开始，(对于所有的 y_1，存在 y_2，使得对于所有的 $y_3\cdots$)。最后定义 D_k^P 如下：

$$D_k^P = \{L: \exists L_1, \mathrm{L}_2 : \mathrm{L}_1 \in \sum_k^P, L_2 \in \prod_k^P, L = \mathrm{L}_1 \cap \mathrm{L}_2\}$$

也就是说，D_k^P 包含所有可以写成一种 $\sum_k^P$ 语言和一种 $\prod_k^P$ 语言的交集的语言。

可将 NP 看作由所有满足下述条件的语言 L 组成，如果 $x \in L$，则存在一个简短的证明论述该事实(虽然该证明可能不易找到)。类似地，co－NP 由所有满足下述条件的语言 L 组成，如果 $x \notin L$，则存在相关证明陈述该事实。因此，D_1^P 包含所有满足下述条件的语言 L，存在一个证明论述以下两个命题有一个为真：$x \in L$ 或 $x \notin L$。D_k^P 将上述思想一般化到更高级别的多项式层次结构。将语言 L 按照复杂性等级归类，可帮助我们确定了判断一个元素是否属于 L 这一问题的困难程度。

如果一个复杂性等级 C_1 是复杂性等级 C_2 的一个子集，则每个 C_1 里的语言都包含在 C_2 里，因此 C_2 里的问题至少跟 C_1 里的问题一样难。由此可得

$$P \subseteq NP(=\sum_1^P) \subseteq \cdots \subseteq \sum_k^P \subseteq \cdots \subseteq \mathrm{PSPACE} \subseteq \mathrm{EXPTIME}$$

已知 $P \neq$ EXPTIME(因此，确定 EXPTIME 里一个语言的隶属关系比 P 中一个语言的隶属关系要难得多)，由 P 到 EXPTIME 的包含关系是真包含，但上式中的其他包含关系不确定是否为真包含(虽然有人推测这些包含关系全是真

包含）。

将上述不等式中的 NP 和 $\sum_k^P$ 替换成 co－NP 和 $\prod_k^P$，可得

$$\sum_k^P \cup \prod_k^P \subseteq D_k^P \subseteq \sum_{k+1}^P \cap \prod_{k+1}^P$$

举例来说，取 D_k^P 中的 L_2 为全集，得到 $L_1 \cap L_2 = L_1$，所以 $\sum_k^P \subseteq D_k^P$，同理可得 $\prod_k^P \subseteq D_k^P$，因此 D_k^P 表示一类问题，这类问题至少跟 $\sum_k^P$ 和 $\prod_k^P$ 一样难，但是没有 $\sum_{k+1}^P$ 或 $\prod_{k+1}^P$ 难。值得注意的是，由定义可知，D_k^P 中的语言可以写成 $\sum_k^P$ 和 $\prod_k^P$ 中的语言的交，但这不代表 $D_k^P = \sum_k^P \cap \prod_k^P$。

下面给出另一组定义：如果 C 中的每个语言都可被有效地约简成语言 L，则称 L 关于复杂性等级 C 是难的（例如 NP－难，PSPACE－难等）；也就是说，对于 C 中的每个语言 L'，确定语言 L' 的隶属关系的算法可转化成确定语言 L 中的隶属关系的算法。更确切地说，存在一个多项式时间算法 f 使得 $x \in L'$ 当且仅当 $f(x) \in L$。因此，给定一个算法 F_L 来确定某一元素是否属于 L，可将 $f(x)$ 看作算法 F_L 的输入。如果一个语言既属于 C 也属于 C－难的，则该语言被称为 C－完全的。可满足问题里的语言包含所有可满足的命题公式，该问题是一个 NP－完全问题。由此可推出可满足问题的补集（包含了所有不可满足的命题公式）是 *co*－NP－完全的。

上面说明了多项式层次结构中的复杂性等级，该内容是确定因果关系的复杂性时所需要了解的理论知识。具体的复杂性取决于前文中的定义。用改进定义确定因果关系是最容易的，因为不需要处理 AC2(b^o) 和 AC2(b^u)。如果用初始的定义，原因总是单一的（single conjuncts），初始定义比更新定义更容易处理。当然这个事实也不会令人惊讶，因为初始定义下，需要的验证的公式更少。

前文中提到 $\boldsymbol{X}=\boldsymbol{x}$ 是否是 $(M,\boldsymbol{u})$ 中 φ 的原因这一问题的复杂性，下面确定元组 $(M,\boldsymbol{u},\varphi,\boldsymbol{X},\boldsymbol{x})$ 是否属于 L_{cause} 这一问题的复杂性。根据 5.1 的启示，需要知道怎么表示 M。如果不加修饰地直接表示 M，该表示过程所需要的空间随着特征 S 的增大呈指数增长（随着 φ 的长度，S 中内生变量的个数，以及这些变量的值域基数的增大呈指数速度增长）。不难看出，随着 φ 的长度，S 中内生变量的个数，以及这些变量的值域基数的增长，所有相关计算量的增长速度低于指数级，所以计算复杂性是多项式的，这使得对于一个错的输入，算法的复杂性随着其增加而呈多项式增加。对输入的长度的错误估计掩盖了这个问题的真正复杂性。假设可以简洁地描述因果模型，即在建模过程中可简洁地表示结构方程。例如在掷石子的“复杂”模型 M'_{RT} 中，变量 BS 对应的结构方程为 $BS = SH \vee EH$，

该结构方程的简洁之处在于我们不需要针对 BT、ST、BH、SH 的16种取值情况都一一给出对应的变量 BS 的值。上述例子说明了模型表示可以更为简单（但不是必须）。另外，这种表达方式随着输入的增大呈多项式速度增长，对于每个场景 $\boldsymbol{u}$，都容易确定结构方程的唯一解，按 $\preceq_u$ 决定的"影响"顺序列出方程，每个内生变量的值都可以依次被确定。

定理 5.3.1

（a）在初始 HP 定义下，确定 $(M,\boldsymbol{u})$ 中 $\boldsymbol{X}=\boldsymbol{x}$ 是否为 φ 的原因的复杂性是 $\sum_2^P$ –完全的。

（b）在更新 HP 定义下，确定 $(M,\boldsymbol{u})$ 中 $\boldsymbol{X}=\boldsymbol{x}$ 是否为 φ 的原因的复杂性是 D_2^P –完全的。

（c）在改进 HP 定义下，确定 $(M,\boldsymbol{u})$ 中 $\boldsymbol{X}=\boldsymbol{x}$ 是否为 φ 的原因的复杂性是 D_1^P –完全的。

定理5.3.1（a）和（b）的证明超出了本书的范围（相关证明请参考本章末尾的批注）；（c）的证明在第5.5.2节给出。

可能有些读者对上述结果感到困惑，即使是 D_1^P –完全也很难计算，这表明通常很难确定 $\boldsymbol{X}=\boldsymbol{x}$ 是否为 φ 的原因。然而实际的情况并没有这么糟糕，主要理由有以下几点：首先，在实际中出现的因果模型有相当多的结构性，这会使计算变得更加简单，能得到上述复杂性的模型种类不是典型的；其次，存在两个比较重要又不复杂的特例，如下述定理所示。

定理 5.3.2

（a）在初始 HP 定义下，在二值模型中，即模型中所有的变量都是二值的，确定 $(M,\boldsymbol{u})$ 中 $X=x$ 是否为 φ 的原因的复杂性是 NP –完全的。

（b）在改进 HP 定义下，确定 $(M,\boldsymbol{u})$ 中 $X=x$ 是否为 φ 的原因的复杂性是 NP –完全的。

读者可能观察到，初始 HP 定义中原因都是单一的，这一约束不失一般性。虽然将模型种类约束至二元模型确实失去一般性，但二元模型在实际中经常出现，实际上本书的所有例子都包含了二元模型。在改进 HP 定义中只考虑单一的原因确实失去了一般性。而在前文的投票模型和森林火灾的析取模型中，原因不是单一的，实际上仍有许多现实中的例子涉及单一原因。

上文对复杂性的讨论似乎进展不大，因为从前人的研究成果来看，即使是 NP 完全问题也被认为是难处理的，但是最近许多用于解决 NP 完全问题的算法都取得了重大进展。

5.4 公理化因果推理

本节将更详细地介绍因果关系的性质,所用的方法是根据公理来进行因果推理。在做此工作之前,首先回顾一些标准定义。

公理系统 AX 由公理和推理规则的集合组成,公理是一个公式(用某种特定语言 L 表示),推理规则的形式为"从 $\varphi_1,\varphi_2,\cdots,\varphi_k$ 推断 ψ",其中 $\varphi_1,\varphi_2,\cdots,\varphi_k$,$\psi$ 是 L 中的公式。AX 中的证明由 L 中的一系列公式组成,每个公式要么是 AX 中的公理,要么可由推理规则中的一个应用推导。如果证明中的最后一个公式是 φ,则该证明被称作公式 φ 的证明。如果在 AX 中有 φ 的证明,则称公式 φ 在 AX 中是可证明的,写为 AX$\vdash\varphi$。类似地,如果无法在 AX 中证明 $\neg\varphi$,则称 φ 与 AX 一致。

如果在所有场景 $\boldsymbol{u}$ 中都有 $(M,\boldsymbol{u})\models\varphi$,则称公式 φ 在因果结构 M 中有效,写作 $M\models\varphi$。如果对于所有的 $M\in\boldsymbol{T}$ 都有 $M\models\varphi$,则称公式 φ 在集合 $\boldsymbol{T}$ 中是有效的。注意 φ 在集合 $\boldsymbol{T}$ 中是有效的当且仅当 $\neg\varphi$ 在 $\boldsymbol{T}$ 中不满足。

可靠性和完整性的概念与可证明性和有效性有关。如果 L 中的每个在 AX 中可证明的公式关于 $\boldsymbol{T}$ 都是有效的,则称 AX 对于因果模型集合 $\boldsymbol{T}$ 中的语言 L 是合理的。如果 L 中的每个在 AX 中有效的公式关于 $\boldsymbol{T}$ 都是可证明的,则称公理系统 AX 对于因果模型集合 $\boldsymbol{T}$ 中的语言 L 是完整的。

本书考虑的因果模型和参数化语言可记为 $S=(U,V,R)$(回想前文中的定义,U 是外生变量的集合,V 是内生变量的集合,对于每个变量 Y,$R(Y)$ 表示 Y 的值域)。本书要求 S 里面的 V 是有限集并且每个内生变量的范围是有限的,所有的例子都满足该约束。对于每个 S,$M_{\mathrm{rec}}(S')$ 为 S' 中所有递归因果模型的集合。在 2.2.1 节中定义了语言因果公式 $L(S)$,其中变量由 V 给出,且这些变量的范围由 R 给出,用 $L(S)$ 表示 $M_{\mathrm{rec}}(S)$ 模型中的因果关系,更准确地讲,给定 $\boldsymbol{X},\boldsymbol{u},\varphi$,S,对于 HP 定义的每一种变体,在该语言中构造公式 ψ,使得对于因果模型 $M\in M_{\mathrm{rec}}(S)$,$(M,\boldsymbol{u})\models\varphi$ 当且仅当 $\boldsymbol{X}=\boldsymbol{x}$ 在$(M,\boldsymbol{u})$中为 φ 的原因(因为内生变量的集合是有限的,AC2(a)和 AC2(a^{m})中隐含的存在性量词可用析取符号来表示,AC2(b^{o})和 AC2(b^{u})中隐含的任意性量词可用合取符号来表示)。另外,该语言可以表示模型的特征,例如干预的效果。因此,在理解了各种干预的效果之后,可以判断有何种推论,例如,命题 2.4.3 和 2.4.4 根据公理提供了因果关系传递性的充分条件。

为了帮助描述 $M_{\mathrm{rec}}(S)$ 中的因果推理,这里记 $S=(U,V,R)$,对于 $Y,Z\in V$,定义公式 $Y\to Z$ 为"Y 影响 Z"。直觉上说,如果除 Y 和 Z 以外的其他变量存在一组取值，在该取值下改变 Y 的值，Z 的值会相应发生改变，则上述公式在模型 M 和场景 $\boldsymbol{u}$ 中是正确的。取 $\boldsymbol{X}=V-\{Y,Z\}$（$\boldsymbol{X}$ 包含了除了变量 Y 和 Z 的其他外生变量），取 $R(\boldsymbol{X})$ 为 $\boldsymbol{X}$ 的范围（所以 $R(\boldsymbol{X})=\times_{X\in\boldsymbol{X}}R(\boldsymbol{X})$），$Y\to Z$ 是下述式子的缩写

$$\bigvee_{\boldsymbol{x}\in R(\boldsymbol{X}),y\in R(\boldsymbol{Y}),z\in R(\boldsymbol{Z}),y\neq y',z\neq z'}([\boldsymbol{X}\leftarrow\boldsymbol{x},Y\leftarrow y](Z=z)\wedge[\boldsymbol{X}\leftarrow\boldsymbol{x},Y\leftarrow y'](Z=z'))$$

上式也是 $L(S)$ 中的一个公式（在统计学的概念里，如果存在 y,y',z 和 z'，其中 $z\neq z'$ 使得 $Z_{xy}(\boldsymbol{u})=z\wedge Z_{xy'}(\boldsymbol{u})=z'$，则在场景 $\boldsymbol{u}$ 中 $Y\to Z$ 是正确的）。上文中的析取符号表示存在量词，此处假设每个内生变量的范围都是有限的，因为语言中用到了存在量词，所以默认这个假设成立。

考虑公理 C0－5 和推理规则 MP（我将前四个公理转换为统计学中的表示方法，其中省略了场景，因为它们在所有场景中均适用，这样表示会更加简洁。可对统计中的表示方法进行拓展来翻译公理 C6）。

C0. $p\vee\neg p$ 的所有替换实例都成立（定义见下文）

C1. 若 $x,x'\in R(X)$，$x\neq x'$，则 $[\boldsymbol{Y}\leftarrow\boldsymbol{y}](X=x)\vee\neg[\boldsymbol{Y}\leftarrow\boldsymbol{y}](X\neq x')$

（即若 $x\neq x'$，则 $X_{\boldsymbol{y}}=x\Rightarrow X_{\boldsymbol{y}}\neq x'$）

C2. $\bigvee_{x\in R(X)}[\boldsymbol{Y}\leftarrow\boldsymbol{y}](X=x)$

（即 $\bigvee_{x\in R(X)}X_{\boldsymbol{y}}=x$）

C3. $([\boldsymbol{X}\leftarrow\boldsymbol{x}](W=w)\wedge[\boldsymbol{X}\leftarrow\boldsymbol{x}](Y=y))\Rightarrow[\boldsymbol{X}\leftarrow\boldsymbol{x},W\leftarrow w][(Y=y)$

（即 $(W_{\boldsymbol{x}}=\mathrm{w})\wedge \mathrm{Y}_{\boldsymbol{x}}=\mathrm{y})\Rightarrow(\mathrm{Y}_{\boldsymbol{x}w}=y))$

C4. $[X\leftarrow x,\boldsymbol{W}\leftarrow\boldsymbol{w}](X=x)$ 即 $(X_{x\boldsymbol{w}}=x)$

C5. 若 $X_k\neq X_0$，则 $(X_0\to X_1\wedge\cdots\wedge X_{k-1}\to X_k)\Rightarrow\neg(X_k\to X_0)$

C6. (a) $[\boldsymbol{X}\leftarrow\boldsymbol{x}]\neg\varphi\Leftrightarrow\neg[\boldsymbol{X}\leftarrow\boldsymbol{x}]\varphi$

(b) $[\boldsymbol{X}\leftarrow\boldsymbol{x}](\varphi\wedge\psi)\Leftrightarrow([\boldsymbol{X}\leftarrow\boldsymbol{x}]\varphi\wedge[\boldsymbol{X}\leftarrow\boldsymbol{x}]\psi)$

(c) $[\boldsymbol{X}\leftarrow\boldsymbol{x}](\varphi\vee\psi)\Leftrightarrow([\boldsymbol{X}\leftarrow\boldsymbol{x}]\varphi\vee[\boldsymbol{X}\leftarrow\boldsymbol{x}]\psi)$

MP. 由 φ 和 $\varphi\Rightarrow\psi$，推断 ψ。

为了解释 C0 中替换实例的概念，例如，$[\boldsymbol{Y}\leftarrow\boldsymbol{y}](X=x)\vee\neg[\boldsymbol{Y}\leftarrow\boldsymbol{y}](X\neq x')$ 是 $p\vee\neg p$ 的替换实例，其中将 p 替换为 $[\boldsymbol{Y}\leftarrow\boldsymbol{y}](X=x)$。一般而言，$\varphi$ 的一个替换实例是指将 φ 中的所有初始命题替换成 $L(S)$ 中的任意公式。C1 说明了一个显而易见的等式性质：如果在模型 $M_{Y\leftarrow y}$ 和场景 $\boldsymbol{u}$ 中，$X=x$ 是方程式的唯一解，则若 $x'\neq x$，不能推出 $X=x'$。C2 说明了存在 $x\in \mathrm{R}(X)$ 使得在 $M_{Y\leftarrow y}$ 和场景 $\boldsymbol{u}$ 中，在方程的所有解中，x 是 X 的值。注意 C2 的陈述中用到了 $R(X)$ 是有限的这一事实（否则 C2 将包含一个无限析取符号）。C3 说明了如果将 $\boldsymbol{X}$ 的值设为 x，$Y=y$ 且 $W=w$，若将 $\boldsymbol{X}$ 的值设为 x，Y 设为 y，则有 $W=w$，引理 2.10.2 证明了这一点。C4 表示将 X 的值设为 x 后，在得到的方程的所有解里，X 的值是 x。C5 在递归

模型中显然成立。因为若$(M,\boldsymbol{u})\models Y\rightarrow Z$,则$Y\leq_{\boldsymbol{u}}Z$。因此,若$(M,\boldsymbol{u})\models X_0\rightarrow X_1\wedge\cdots\wedge X_{k-1}\rightarrow X_k$,则$X_0\leqslant_{\boldsymbol{u}}X_k$,若$X_0\neq X_k$,$X_k\leq_{\boldsymbol{u}}X_0$不成立。所以,$(M,\boldsymbol{u})\models\neg(X_k\rightarrow X_0)$,C6的有效性由相关公式的含义即得。

可将C5看作公理的集合(实际为公理体系),其中k是任意的。当$k=1$时,对于不同的变量Y和Z,有$\neg(Y\rightarrow Z)\vee\neg(Z\rightarrow Y)$,即对任意一对变量,至多一个影响另一个,但是,仅仅限制C5到$k=1$的情况不足以刻画$M_{\text{rec}}(S)$。

令$\text{AX}_{\text{rec}}(S)$为包含C0-C6以及$MP$的集合,$\text{AX}_{\text{rec}}(S)$刻画了递归模型中的因果推理,有以下定理。

定理5.4.1 模型$M_{\text{rec}}(S)$中$\text{AX}_{\text{rec}}(S)$对于语言$L(S)$是合理且完整的公理。

证明:见5.5.3节。

考虑确定公式φ在$M_{\text{rec}}(S)$中是否有效这一问题的复杂性(或者等价地,在$AX_{\text{rec}}(S)$中是否可证明),这部分取决于怎么表述该问题。

上述问题可以表述为:对于给定的S,考虑确定$\varphi\in L(S)$是否有效这一问题的复杂性,该问题相对比较容易。

定理5.4.2 如果给定S,决定公式$\varphi\in L(S)$在$M_{\text{rec}}(S)$中是否有效这一问题的算法复杂性随着$|\varphi|$的增加呈线性增长(其中$|\varphi|$指φ的长度)。

证明:若S是有限的,$M_{\text{rec}}(S)$中只有有限个与φ独立的因果模型,给定φ,可在(关于$|\varphi|$)线性时间内验证φ是否在上述任一因果模型中有效。因为S不是该问题的一个参数,在不同的因果模型中验证上述问题的复杂性只差一个常数倍。

定理5.4.2的结论其实还可以进一步优化,假设V包含100个变量且φ中只涉及到其中的3个变量。一个因果模型需要给出这100个变量对应的方程。然而为了确定φ是否可满足,真的有必要考虑剩下的97个变量么?正如下述结论所述,只需要对φ中出现的变量进行验证。给定$S=(U,V,R)$和一个场景$\boldsymbol{u}\in U$,令$S_{\varphi,\boldsymbol{u}}=(U^*,V_\varphi,R_{\varphi,\boldsymbol{u}})$,其中$V_\varphi$表示$V$中出现在$\varphi$中的变量,$R_{\varphi,\boldsymbol{u}}(U^*)=\boldsymbol{u}$,且对任意变量$Y\in V_\varphi$,$R_{\varphi,\boldsymbol{u}}(Y)=R(Y)$。

定理5.4.3 公式$\varphi\in L(S)$满足于$M_{\text{rec}}(S)$当且仅当存在$\boldsymbol{u}$使得φ满足于$M_{\text{rec}}(S_{\varphi,\boldsymbol{u}})$。

证明:见5.5.3节。

定理5.4.2与命题逻辑类似,如果将可满足问题中的基本命题个数限制为有限个,则该问题可在线性时间内解决。可满足问题是NP-完全的这一类命题包含着一个隐藏的假设,即可利用的基本命题的个数有无穷多个。有两种方式可以得到类似的结论。第一个是允许特征S为无限个,第二个是将特征作为问题输入的一部分。上述两种情况中得到的结论是类似的,所以只考虑第二种方式即可。

定理 5.4.4 给定一对输入(φ,S),这里$\varphi\in L(S)$,S是一个有限的特征,如果φ满足于$M_{\text{rec}}(S_{\varphi,u})$,则$\varphi$决定的问题是NP-完全。

证明:见5.5.3节。

因此因果语言中的可满足问题并不比用命题逻辑中的可满足问题更难,因为可满足性是有效性的对偶,对于有效性问题上句也成立(有效性问题是一个co-NP问题)。不久的将来可能在命题公式的可满足问题中运用的技术也可运用于因果公式的可满足性问题中。

5.5 技术细节和证明

本节将介绍前文中提到的一些技术细节。

5.5.1 代数似然性度量:具体细节

本节将补充构造代数似然性度量时的技术细节,首先给出正式的定义。

定义 5.5.1 W上的代数条件似然性度量(代数cpm)$P1$将W的子集对映射到域D,该域D上定义了运算$\oplus$和$\otimes$,分别定义在域$Dom(\oplus)$和$Dom(\otimes)$上,且满足以下性质:

Alg1. 如果U_1和U_2是W中两个不相交的集合且$V\neq\varnothing$,则

$$P1(U_1\cup U_2\mid V)=P1(U_1\mid V)\oplus P1(U_2\mid V)$$

Alg2. 如果$U\subseteq V\subseteq V'$且$V\neq\varnothing$,则$P1(U\mid V')=P1(U\mid V)\otimes P1(V\mid V')$

Alg3. $\otimes$对$\oplus$有分配律,准确地讲,若$(a,b_1),\cdots,(a,b_n),(a,b_1\oplus\cdots\oplus b_n)\in Dom(\otimes)$,$(b_1,b_2,\cdots,b_n)$,$(a\otimes b_1,\cdots,a\otimes b_n)\in Dom(\oplus)$,则$a\otimes(b_1\oplus\cdots\oplus b_n)=(a\otimes b_1)\oplus\cdots\oplus(a\otimes b_n)$,其中$Dom(\oplus)=\{P1(U_1\mid V),\cdots,P1(U_n\mid V'),U_1,\cdots,U_n$两两不相交,$V\neq\varnothing\}$,$Dom(\otimes)=\{(P1(U\mid V),P1(V\mid V')),U\subseteq V\subseteq V',V\neq\varnothing\}$。

这一性质只针对$Dom(\oplus)$和$Dom(\otimes)$中的元组成立即可,虽然一般情况下,$\oplus$不需要满足结合律,但在表达式$b_1\oplus b_2\oplus\cdots\oplus b_n$中不需要圆括号,这是因为由Alg1可得$Dom(\oplus)$中的元组满足$\oplus$交换律和结合律。

Alg4. 若$(a,c),(b,c)\in Dom(\otimes)$,$a\otimes c\leqslant b\otimes c$,且$c\neq\perp$,则$a\leqslant b$。

在$Dom(\oplus)$和$Dom(\otimes)$中,Alg3和Alg4的约束使上述条件对整体增加一点难度,Alg4作为加强版似乎更自然应用在$D\times D$的所有元组对中。这就要求Alg3和Alg4在满足中子域,可将代数似然性度量的定义运用到更大的度量集合中。

粗略地说,$Dom(\oplus)$和$Dom(\otimes)$仅为运算$\oplus$和$\otimes$的集合,用$\oplus$确定两个无交集合的并集的(条件)似然性。因此若a和b形式为$P1(U_1\mid V)$和$P1(U_2\mid V)$,

其中 U_1 和 U_2 无交集，$a \oplus b$ 等于 $P1(U_1 \cup U_2 | V)$。更为一般地，只有当 a_i 为 $P1(U_i | V)$，考虑 $a_1 \oplus a_2 \oplus \cdots \oplus a_n$ 才有意义，其中 $U_1, U_2, \cdots, U_n$ 两两不相交。$Dom(\oplus)$ 包含了似然性值组成的元组。类似地，当 a 和 b 为 $P1(U|V)$ 和 $P1(V|V')$ 时，考虑 $a \otimes b$ 才有意义，其中 $U \subseteq V \subseteq V'$，这种情况下 $a \otimes b$ 的值为 $P1(U|V)$，$Dom(\otimes)$ 包含了上述提到的 (a,b)。只考虑 $Dom(\oplus)$ 和 $Dom(\otimes)$ 作为运算 $\oplus$ 和 $\otimes$ 所作用的集合，可更容易地将偏前序看作代数似然性度量。因为 $\oplus$ 和 $\otimes$ 对性质 1 和性质 2 的成立起着至关重要的作用，性质 1 和性质 2 分别作用在 $Dom(\oplus)$ 和 $Dom(\otimes)$ 中，因此只要求性质 3 和性质 4 作用在这些元组上是合理的即可。

在代数 cpm 中，若 $V \cap V' = \varnothing$ 可推出 $P1(U | V \cap V') = P1(U | V')$，则称 U 和 V 关于 V' 似然性独立。该定义的出发点是给定 V' 后，V 不影响 U 的条件似然性，条件独立性是非对称的。U 跟 V 条件独立不代表 V 和 U 条件独立。这与标准的条件独立性相违背，如果 $P1(V \cap V') \neq 0$，在似然性度量就是概率性度量时，不难看出在上述定义与标准定义($Pr(U \cap V | V') = Pr(U | V') Pr(V | V')$)有一致性。这种情况下，定义有对称性。

下一步展示怎么将定义在不同事件上的偏前序定义为代数似然性度量。给定一个延拓因果模型 $M = (S, F, \succeq)$，根据 3.5 节中定义的 W 的子集上的前序 $\succeq^e$：若对于所有的 $w \in V$，存在 $w' \in U$ 使得 $w' \succeq w$，则称 $U \succeq^e V$。这里 $\succeq^e$ 为不同事件之间的偏前序 $\succeq$ 的拓展。还可考虑将 $P1_{\succeq}$ 定义在 W 的子集上，定义 $P1_{\succeq}$ 为单元变换(即 $P1_{\succeq}(U) = [U]$)，且令 $U \geqslant V$ 当且仅当 $U \succeq^e V$，进而将定义在不同事件上的偏前序拓展为一个无条件的合理性度量 $P1_{\succeq}$。

上述拓展的效果很好，但还有一个小问题。似然性度量中的 $\succeq$ 除了是一个偏前序，还必须是一个偏序，$\succeq$ 是定义在集合 X 上的偏序，若 $x \succeq x'$ 且 $x' \succeq x$，则 $x' = x$；在偏前序中没有这个性质。因此，若 $w \succeq w'$ 且 $w' \succeq w$，则 $P1_{\succeq}(\{w\}) = P1_{\succeq}(\{w'\})$。

若 $U \succeq^e V$ 且 $V \succeq^e U$，则定义 $U \equiv V$. 记 $[U] = \{U' \subseteq W : U' \equiv U\}$，即 $[U]$ 包含了所有在关系 $\succeq^e$ 下与 U 等价的所有集合，我们称 $[U]$ 为 U 的等价类。定义 $P1_{\geqslant}(U) = [U]$，定义等价类之间的排序方式为 $[U] \geqslant [V]$，当且仅当存在 $U' \in [U]$，$V' \in [V]$ 使得 $U' \succeq^e V'$。容易验证 $\succeq$ 在等价类上是一个好的定义(因为若存在 $U' \in [U]$，$V' \in [V]$ 使得 $U' \succeq^e V'$，则对于所有的 $U' \in [U]$，$V' \in [V]$，$U' \succeq^e V'$ 都成立 - 对于所有的 $w \in V'$，存在 $w' \in U'$ 使得 $w' \geqslant w$)且是一个偏序。

除了上文给出的将 $\succeq$ 延拓后的无条件似然性度量，还需要一个条件似然性度量以及 $\oplus$ 和 $\otimes$ 的定义，若 $U_1, U_2 \in [U]$，则 $U_1 \cup U_2 \in [U]$，因为 W 是有限的，所以集合 $[U]$ 中有一个最大元素，也即 $[U]$ 的并集。

记 D 为 $\bot$、$\top$，以及所有形式为 $d_{[U][V]}$ 的元素组成的域，其中 $[U]$ 中最大元素是 $[V]$ 中最大元素的真子集。$d_{[U][V]}$ 表示的 V 为条件，U 的似然性；将 D 上的排序定义为 $\bot \leq d_{[U][V]} \leq \top$ 且若 $[V]=[V']$ 且 $U' \geq^{e} U$，则有 $d_{[U][V]} \geq d_{[U'][V']}$。$D$ 可看作代数似然性度量的值域，定义为

$$P1_{\geq}(U|V)=\begin{cases}\bot, U\cap V=\varnothing\\ \top, U\cap V=V\\ d_{[U\cap V][V]}, \text{其他条件}\end{cases}$$

为了满足性质 1 和性质 2，还需定义 D 上的运算 $\oplus$ 和 $\otimes$。因为运算 $\oplus$ 和 $\otimes$ 必须定义在 $Dom(\oplus)$ 和 $Dom(\otimes)$ 中，所以由性质 1 和性质 2 可快速得到 $\oplus$ 和 $\otimes$ 的定义。容易验证上述条件和定义 $P1$ 可得 $P11-4$ 满足，再加上一些推理即可得到上述条件可以推出性质 3 和性质 4（性质 3 和性质 4 只能应用到 $Dom(\oplus)$ 和 $Dom(\otimes)$ 中，这一条件有些严格，由 $U\equiv V$ 可推出 $U\equiv U\cup V$）。本书将更多细节留给有兴趣的读者。

5.5.2 定理 5.3.1(c) 和 5.3.2(b) 的证明

本节将证明在改进 HP 定义下，确定 $\boldsymbol{X}=\boldsymbol{x}$ 是否为 $(M,\boldsymbol{u})$ 中 φ 的原因这一问题的复杂性为 D_1^P - 完全，也即我们需要证明语言

$L=\{(M,\boldsymbol{u},\varphi,\boldsymbol{X},\boldsymbol{x}):(M,\boldsymbol{u})$ 中 $\boldsymbol{X}=\boldsymbol{x}$ 关于 φ 满足 AC1，AC2(a^m)，AC3$\}$

是 D_1^P - 完全。令

$L_{AC2}=\{(M,\boldsymbol{u},\varphi,\boldsymbol{X},\boldsymbol{x}):(M,\boldsymbol{u})$ 中 $\boldsymbol{X}=\boldsymbol{x}$ 关于 φ 满足 AC1，AC2$(a^m)\}$

$L_{AC3}=\{(M,\boldsymbol{u},\varphi,\boldsymbol{X},\boldsymbol{x}):(M,\boldsymbol{u})$ 中 $\boldsymbol{X}=\boldsymbol{x}$ 关于 φ 满足 AC1，AC3$\}$

显然 $L=L_{AC2}\cap L_{AC3}$。

容易验证 L_{AC2} 属于 NP 问题，而 L_{AC3} 属于 co-NP 问题。验证 AC1 是否满足这一问题有多项式时间算法，为了验证 AC2(a^m) 是否满足，可首先给出 $\boldsymbol{W}$ 和 x'，之后在多项式时间内验证 $[\boldsymbol{X}\leftarrow\boldsymbol{x}', \boldsymbol{W}\leftarrow\boldsymbol{w}^*]\neg\varphi$（其中 $\boldsymbol{w}^*$ 满足 $(M,\boldsymbol{u})\models\boldsymbol{W}=\boldsymbol{w}^*$）。最后，可通过猜测一个反例验证 AC3 是否不满足。由定义可知 L 是 D_1^P 问题。

为了说明 L 是 D_1^P - 完全问题，首先注意到 $Sat\times Sat^c$ 是 D_1^P - 完全的，$Sat\times Sat^c$ 包含了所有形如 (ψ,ψ') 的公式，其中 ψ 是可满足的，ψ' 是不可满足的。若 L(Prop) 为所有命题逻辑公式的集合，则 $Sat\times Sat^c$ 可写成一种 NP 语言（$Sat\times L$(Prop)）和一种 co-NP 语言（L(Prop)$\times Sat^c$）的交集。且分别存在 NP 中的一种语言 L_1 和 co-NP 中的一种语言 L_2，使得 $L'=L_1\cap L_2$。因为 Sat 是 NP 完全的，必存在一个多项式时间的函数 f 可将 L_1 约简到 Sat 问题，即 $x\in L_1$ 当且仅当

$f(x) \in Sat$。类似地,一定存在一个多项式时间的函数 g 可将 L_2 约简到 Sat^c 问题。函数(f,g)将 x 映射到$(f(x),g(x))$,多项式时间内将 L'约简到 $Sat \times Sat^c$:$x \in L'$当且仅当$(f(x),g(x)) \in Sat \times Sat^c$。

为了说明 L 是 D_1^P – 完全问题,只需要将 $Sat \times Sat^c$ 约简到 L 中,现在将公式(ψ,ψ')映射到$(M,\boldsymbol{u},Z=0,(X_0,X_1),(0,0))$使得$(\psi,\psi') \in Sat \times Sat^c$ 当且仅当根据修改 HP 定义,$(M,\boldsymbol{u})$中 $X_0=0 \wedge X_1=0$ 是 $Z=0$ 的原因。

不失一般性,假设 C1 中包含了不在 ψ'中出现的变量集合(如果不包含的话,将 ψ'中的变量重新命名,使得它们不出现在 ψ 中,这样做显然不会影响 ψ'的可满足性)。假设在 ψ 和 ψ'中出现的变量包含在 $Y_1,Y_2,\cdots,Y_n$ 中。考虑一个因果模型 M,该模型有内生变量 $X_0,X_1,Y_1,\cdots,Y_n,Z$ 和外生变量 U,包含以下方程组:

$$\begin{cases} X_0 = U \\ X_1 = U \\ Y_i = X_0, i=1,2,\cdots,n \\ Z = (X_0=1) \wedge \psi \wedge (X_1=1 \vee \psi') \end{cases}$$

可以确定,(a)如果 ψ 满足,则根据改进 HP 定义,$(M,0)$中没有$Z=0$ 的原因;(b)如果 ψ 和 ψ'满足,则 $X_0=0$ 是$(M,0)$中 $Z=0$ 的原因;(c)如果 ψ 满足,ψ'不满足,则 $X_0=0 \wedge X_1=0$ 是$(M,0)$中 $Z=0$ 的原因。(a)显然成立,如果 ψ 不是可满足的,则没有变量集合使得 $Z=1$。对于(b),假设 ψ 和 ψ'均满足,因为 ψ 和 ψ'包含了不相交的变量集合,对于变量 $Y_1,Y_2,\cdots,Y_n$ 有一个真值分配 a 使得 $\psi \wedge \psi'$为真。令 $\boldsymbol{W}$ 为$\{Y_1,Y_2,\cdots,Y_n\}$的一个子集,其在 a 中分配的值为 0。由此可得$(M,0) \models [X_0 \leftarrow 1, \boldsymbol{W} \leftarrow 0](\psi \wedge \psi')$,因此$(M,0) \models [X_0 \leftarrow 1, \boldsymbol{W} \leftarrow 0](Z=1)$且 AC2(a^m)满足。也可得到 AC3 满足。因此 $X_0=0$ 实际上是 $Z=0$ 的原因。最后对于(c)如果 ψ'不满足,则显然$(M,0)$中 $Z=0$ 的原因不能单是 $X_0=0$ 或 $X_1=0$。为了令 $Z=1$,必须有 $X_0=1$ 且 $X_1=1$。另外,与(b)部分同理,因为 ψ 满足,可以找到$\{Y_1,Y_2,\cdots,Y_n\}$的一个子集 $\boldsymbol{W}$ 使得$(M,0) \models [X_0 \leftarrow 1, \boldsymbol{W} \leftarrow 0]\psi$,所以$(M,0) \models [X_0 \leftarrow 1, X_1 \leftarrow 1, \boldsymbol{W} \leftarrow 0](Z=1)$。由此可得 $X_0=1 \wedge X_1=1$ 是 $Z=0$ 的原因当且仅当$(\psi,\psi') \in Sat \times Sat^c$。

定理 5.3.2(b)的证明也可迅速得到。现在需要说明语言

$L' = \{(M,\boldsymbol{u},\varphi,\boldsymbol{X},\boldsymbol{x}):(M,\boldsymbol{u})$中 $\boldsymbol{X}=\boldsymbol{x}$ 关于 φ 满足 AC1,AC2(a^m),AC3$\}$

是 NP – 完全。AC3 显然成立,我们已经验证 AC1 和 AC2(a^m)在 NP 中满足。另外,上述证明中也说明即使我们考虑单个原因,AC2(a^m)属于 NP – 难。

5.5.3　定理5.4.1、5 4.2和5.4.4的证明

本节证明定理5.4.1、5.4.2和5.4.4。为了方便读者阅读，下文将重述这些定理内容。

定理5.4.1　$M_{rec}(S)$中$AX_{rec}(S)$对于语言$L(S)$是合理且完整的。

证明：C1、C2、C4和C6有效性容易得到，C3的完整性在引理2.10.2中已经证明，C5的完整性在5.4节定理之前有相关讨论。

对于完整性，只需证明如果$L(S)$中的公式φ与$AX_{rec}(S)$一致，则φ满足$M_{rec}(S)$因为假设每个一致的公式可满足$L(S')$且φ有效。若φ不可证明，则φ与$\neg\varphi$一致。根据假设，这意味着$\neg\varphi$可满足$L(S')$，与φ是有效的这一假设矛盾。

假设公式$\varphi\in L(S)$与$AX_{rec}(S)$一致，这里$S=(U,V,R)$，考虑一个包含φ的最大一致公式集合C（最大一致集合是指该集合包含的公式有一致性，对于更大的集合则不具有一致性），从标准的命题推理（也即只用C0和MP）易得这样的最大一致集存在，另外，一个最大的$AX_{rec}(S)$－一致集合C有以下性质：

对于每个公式$\psi\in L(S)$，要么$\psi\in C$或$\neg\psi\in C$；

$\psi\wedge\psi'\in C$当且仅当$\psi\in C$且$\psi'\in C$；

$\psi\vee\psi'\in C$当且仅当$\psi\in C$或$\psi'\in C$；

$AX_{rec}(S)$中公理的每个实例都在C中。

（参看这一标准结论的参考扩展阅读。）另外，从C1和C2可得，对于每个变量$X\in V$和向量$\boldsymbol{Y}$的取值$\boldsymbol{y}$，有且仅有一个元素$x\in R(X)$使得$[\boldsymbol{Y}\leftarrow\boldsymbol{y}](X=x)$（用统计学中的符号可表示为$X_{\boldsymbol{y}}=x\in C$）。现在构造一个因果模型$M=(S,F)\in M_{rec}(S)$和场景$\boldsymbol{u}$使得$(M,\boldsymbol{u})\models\psi$对每个$\psi\in C$都成立（特别地，对$\varphi$成立）。

C中的公式确定了F，对于每个变量$X\in V$，令$\boldsymbol{Y}_X\in V-\{X\}$。由C1和C2可得，对所有的$\boldsymbol{y}\in R(\boldsymbol{Y}_X)$，存在唯一的$x\in R(X)$使得$[\boldsymbol{Y}_X\leftarrow\boldsymbol{y}](X=x)\in C$。对于所有的场景$\boldsymbol{u}\in R(U)$定义$F_X(\boldsymbol{y},\boldsymbol{u})=x$。（注意$F_X$与情景$\boldsymbol{u}$独立。）令$M=(S,F)$，对于所有的内生变量$X$，都定义了$F_X$，也即$F$。

对于所有的公式$\psi\in L(S)$，有$\psi\in C$，当且仅当对于所有的$\boldsymbol{u}$，都有$(M,\boldsymbol{u})\models\psi$。在证明之前，需要先处理一个小问题。在2.2.1节假设M是递归的（$M\in M_{rec}$）之后给出$\models$的定义，下文将会说明这点。若在模型$M_{\boldsymbol{Y}\leftarrow\boldsymbol{y}}$和$\boldsymbol{u}$中的方程有唯一解，且上述解满足$\psi$，则定义$(M,\boldsymbol{u})\models[\boldsymbol{Y}\leftarrow\boldsymbol{y}]\psi$，且$\psi$满足上述解。该定义与2.2.1中的定义有一致性并且$M\notin M_{rec}$也有意义。在2.7.1节中，已给出$\models$在非递归模型中作用的定义。这里本可以用此定义，但用此处定义会让证明更容易

一点。

首先证明对于形如$[\boldsymbol{Y}\leftarrow\boldsymbol{y}](X=x)$的公式$\psi$，当且仅当$(M,\boldsymbol{u})\models\psi$时有$\psi\in C$。通过数学归纳法进行证明，首先考虑$|V|-|\boldsymbol{Y}|=0$的情况。在该情况下，$X\in\boldsymbol{Y}$，若$[\boldsymbol{Y}\leftarrow\boldsymbol{y}](X=x)\in C$，则每个内生变量的值由其在$\boldsymbol{y}$中的值决定，所以在该解中对每一个场景$\boldsymbol{u}$和$X=x$，模型$M_{\boldsymbol{Y}\leftarrow\boldsymbol{y}}$中的方程都有唯一解。相反地，若$M_{\boldsymbol{Y}\leftarrow\boldsymbol{y}}=[\boldsymbol{Y}\leftarrow\boldsymbol{y}](X=x)$，则$[\boldsymbol{Y}\leftarrow\boldsymbol{y}](X=x)$是C4的一个实例，且必定属于$C$。

若$|V|-|\boldsymbol{Y}|=1$且$[\boldsymbol{Y}\leftarrow\boldsymbol{y}](X=x)\in C$，则对每一个情景，模型$M_{\boldsymbol{Y}\leftarrow\boldsymbol{y}}$中的方程都有唯一解，每个变量$Y\in\boldsymbol{Y}$的值由$\boldsymbol{y}$确定，不属于$\boldsymbol{Y}$的内生变量W由方程$\mathrm{F}_W$确定。若$[\boldsymbol{Y}\leftarrow\boldsymbol{y}](X=x)\in C$且$X\in\boldsymbol{Y}$，由C4可知$X=x$是方程的唯一解，若$X\notin\boldsymbol{Y}$，由$\mathrm{F}_X$可得结论。相反地，若$M_{\boldsymbol{Y}\leftarrow\boldsymbol{y}}=[\boldsymbol{Y}\leftarrow\boldsymbol{y}](X=x)$且$X\in\boldsymbol{Y}$，则$[\boldsymbol{Y}\leftarrow\boldsymbol{y}](X=x)$是C4的一个实例，所以必属于$C$，而若$X\notin\boldsymbol{Y}$，由$F_X$的定义方式有$[\boldsymbol{Y}\leftarrow\boldsymbol{y}](X=x)\in C$。

对于更一般的情况，假设$|V|-|\boldsymbol{Y}|=k>1$且$[\boldsymbol{Y}\leftarrow\boldsymbol{y}](X=x)\in C$。我们需要证明对于每个场景$\boldsymbol{u}$，模型$M_{\boldsymbol{Y}\leftarrow\boldsymbol{y}}$中的方程都有唯一解且在该解中，$X$的值为$x$。为了验证存在一个解，首先定义一个向量$\boldsymbol{v}$并且验证该向量是一个解。若$W\in\boldsymbol{Y}$且$W\leftarrow w$，其中$w$是$y$中$W$变量对应的元素，则将$\boldsymbol{v}$中的$W$元素设为$w$，如果$W$不属于$\boldsymbol{Y}$，则$v$中的$W$元素值$w$是唯一满足$[\boldsymbol{Y}\leftarrow\boldsymbol{y}](W=w)\in C$的值(由C1和C2存在唯一的$w$)因此，对于所有的$\boldsymbol{u}$，$\boldsymbol{v}$是模型$M_{\boldsymbol{Y}\leftarrow\boldsymbol{y}}$中方程的解。

为了说明这点，令V_1为$V-\boldsymbol{Y}$中的一个变量，V_2是V中的任一变量，令v_1和v_2为$\boldsymbol{v}$中这些变量对应的值。根据假设，$[\boldsymbol{Y}\leftarrow\boldsymbol{y}](V_1=v_1)\in C$，$[\boldsymbol{Y}\leftarrow\boldsymbol{y}](V_2=v_2)\in C$，$C$包含了C3的每个实例，由此可得$[\boldsymbol{Y}\leftarrow\boldsymbol{y},V_1\leftarrow v_1](V_2=v_2)\in C$，因为$V_2$是任意的，对于所有情景$\boldsymbol{u}$，$\boldsymbol{v}$是模型$M_{\boldsymbol{Y}\leftarrow\boldsymbol{y},V_1\leftarrow v_1}$的唯一解，可得上述结论。对于每个不是$V_1$的内生变量$Z$，关于$Z$的等式$F_Z$在$M_{\boldsymbol{Y}\leftarrow\boldsymbol{y}}$和$M_{\boldsymbol{Y}\leftarrow\boldsymbol{y},V_1\leftarrow v_1}$中是同等的，因此对于任意$\boldsymbol{u}$，模型$M_{\boldsymbol{Y}\leftarrow\boldsymbol{y}}$中除了关于$V_1$的方程都被$\boldsymbol{v}$满足。因为对于$|V|-|\boldsymbol{Y}|\geqslant 2$，可对$V-\boldsymbol{Y}$中除去$V_1$的任一变量重复上述操作，对于任意$\boldsymbol{u}$，模型$M_{\boldsymbol{Y}\leftarrow\boldsymbol{y}}$中的每个方程都被$\boldsymbol{v}$满足。也就是说，对于所有$\boldsymbol{u}$，$\boldsymbol{v}$都是模型$M_{\boldsymbol{Y}\leftarrow\boldsymbol{y}}$中方程的解。

余下需要证明的是，对于任意$\boldsymbol{u}$，$\boldsymbol{v}$是模型$M_{\boldsymbol{Y}\leftarrow\boldsymbol{y}}$中方程的唯一解。假设对于某些场景$\boldsymbol{u}$，模型$M_{\boldsymbol{Y}\leftarrow\boldsymbol{y}}$中方程存在另一个解$\boldsymbol{v}'$，必定存在某个变量$V_1$，在$\boldsymbol{v}$中对应的值不等于在$\boldsymbol{v}'$中的值，假设$\boldsymbol{v}$中$V_1$对应的值为$v_1$，$\boldsymbol{v}'$中对应的值为$v'_1$且$v_1\neq v'_1$。由$[\boldsymbol{Y}\leftarrow\boldsymbol{y}](V_1=v_1)\in C$，由C1，有$[\boldsymbol{Y}\leftarrow\boldsymbol{y}](V_1\neq v'_1)\in C$。因为$\boldsymbol{v}'$是$\boldsymbol{u}$中模型$M_{\boldsymbol{Y}\leftarrow\boldsymbol{y}}$的解，容易验证$\boldsymbol{v}'$是情景$\boldsymbol{u}$和模型$M_{\boldsymbol{Y}\leftarrow\boldsymbol{y},V_1\leftarrow v'_1}$的解。根据递归假设，$\boldsymbol{v}'$是任一场景和模型$M_{\boldsymbol{Y}\leftarrow\boldsymbol{y},V_1\leftarrow v'_1}$的解。令$V_2$为$V-\boldsymbol{Y}$中的一个非$V_1$变量，令$v_2'$为$\boldsymbol{v}'$中变量$V_2$对应的值。

综上所述，$\boldsymbol{v}'$是所有的场景中模型 $M_{\boldsymbol{Y}\leftarrow\boldsymbol{y},V_2\leftarrow v'_2}$ 中方程的唯一解。由递归假设中$[\boldsymbol{Y}\leftarrow\boldsymbol{y},V_1\leftarrow v'_1](V_2=v'_2)\in C$ 且$[\boldsymbol{Y}\leftarrow\boldsymbol{y},V_2\leftarrow v'_2](V_1=v'_1)\in C$ 可得结论。现在$[\boldsymbol{Y}\leftarrow\boldsymbol{y}](V_1=v_1')\in C$，结合$[\boldsymbol{Y}\leftarrow\boldsymbol{y}](V_1\neq v'_1)\in C$，因此由 C6(a)可知$\neg[\boldsymbol{Y}\leftarrow\boldsymbol{y}](V_1=v'_1)\in C$ 这与 C 的一致性矛盾。

为了证明$[\boldsymbol{Y}\leftarrow\boldsymbol{y}](V_1=v'_1)\in C$，根据 C5 可知，$V_1\to V_2$ 和 $V_2\to V_1$ 至多有一个属于 C。若 $V_2\to V_1\notin C$，则$\neg(V_2\to V_1)\in C$，所以 V_2 不影响 V_1。因为$[\boldsymbol{Y}\leftarrow\boldsymbol{y},V_2\leftarrow v'_2](V_1=v'_1)\in C$，所以$[\boldsymbol{Y}\leftarrow\boldsymbol{y}](V_1=v'_1)\in C$，证毕。

假设 $V_1\to V_2\notin C$，与上一节所述，同理可得$[\boldsymbol{Y}\leftarrow\boldsymbol{y}](V_2=v'_2)\in C$。若$[\boldsymbol{Y}\leftarrow\boldsymbol{y}](V_1=v_1')\notin C$，由 C2 可知，存在 $v''_1\neq v'_1$，使得$[\boldsymbol{Y}\leftarrow\boldsymbol{y}](V_1=v''_1)\in C$。再由 C3 可得$[\boldsymbol{Y}\leftarrow\boldsymbol{y},V_2\leftarrow v'_2](V_1=v''_1)\in C$，结合$[\boldsymbol{Y}\leftarrow\boldsymbol{y},V_2\leftarrow v'_2](V_1=v'_1)\in C$ 以及 C1，可知这与 C 的一致性矛盾，唯一性得以证明。

相反地，假设$(M,\boldsymbol{u})=[\boldsymbol{Y}\leftarrow\boldsymbol{y}](X=x)$，用反证法，假设$[\boldsymbol{Y}\leftarrow\boldsymbol{y}](X=x)\notin C$，则由 C2 可得，存在 $x'\neq x$，使得$[\boldsymbol{Y}\leftarrow\boldsymbol{y}](X=x')\in C$。参照前文同理可得$(M,\boldsymbol{u})=[\boldsymbol{Y}\leftarrow\boldsymbol{y}](X=x')$，矛盾。

对于所有的形如$[\boldsymbol{Y}\leftarrow\boldsymbol{y}]\psi'$的公式 ψ，$\psi\in C$ 当且仅当对于所有的场景 $\boldsymbol{u}$ 有$(M,\boldsymbol{u})\models\psi$。可通过对 ψ'的结构进行递归来证明，因为 ψ'是对形如 $X=x$ 的公式进行布尔结合，在最简单的情况下，ψ'形式为 $X=x$。这一情况前文已考虑。若ψ'的形式为$\neg\psi''$，则

$$\psi\in C$$

当且仅当　$\neg[\boldsymbol{Y}\leftarrow\boldsymbol{y}]\psi''\in C$　　　　[由 C6(a)]

当且仅当　$[\boldsymbol{Y}\leftarrow\boldsymbol{y}]\psi''\notin C$

当且仅当　对于所有的 $\boldsymbol{u}$，有$(M,\boldsymbol{u})\not\models[\boldsymbol{Y}\leftarrow\boldsymbol{y}]\psi''$[由递归假设]

当且仅当　对于所有的 $\boldsymbol{u}$，有$(M,\boldsymbol{u})\models\neg[\boldsymbol{Y}\leftarrow\boldsymbol{y}]\psi''$

当且仅当　对于所有的 $\boldsymbol{u}$，有$(M,\boldsymbol{u})\models[\boldsymbol{Y}\leftarrow\boldsymbol{y}]\neg\psi''$

若 ψ'的形式为 $\psi_1\wedge\psi_2$，则

$$\psi\in C$$

当且仅当　$[\boldsymbol{Y}\leftarrow\boldsymbol{y}]\psi_1\wedge[\boldsymbol{Y}\leftarrow\boldsymbol{y}]\psi_2\in C$　　　　[由 C6(b)]

当且仅当　$[\boldsymbol{Y}\leftarrow\boldsymbol{y}]\psi_1\in C$ 且$[\boldsymbol{Y}\leftarrow\boldsymbol{y}]\psi_2\in C$

当且仅当　对于所有的 $\boldsymbol{u}$，有$(M,\boldsymbol{u})\models[\boldsymbol{Y}\leftarrow\boldsymbol{y}]\psi_1\wedge[\boldsymbol{Y}\leftarrow\boldsymbol{y}]\psi_2$[由递归假设]

当且仅当　对于所有的 $\boldsymbol{u}$，有$(M,\boldsymbol{u})\models[\boldsymbol{Y}\leftarrow\boldsymbol{y}](\psi_1\wedge\psi_2)$

若 ψ'的形式为 $\psi_1\vee\psi_2$，则根据 C6(c)，参照上文同理可得结论，相关证明留给读者。

最后设 ψ 为将形如 $[\boldsymbol{Y}\leftarrow\boldsymbol{y}]\psi'$的公式进行布尔组合，再通过对结构进行递

归得到结论,证明过程与上文同理,留给读者。

另外,还需要验证 $M \in M_{rec}(S)$。因为 C5 的每个实例都在 C 中,对于任一 $\boldsymbol{u}$,模型$(M,\boldsymbol{u})$中 C5 的每个实例都是真命题,由此可得 M 是递归的。定义内生变量之间的关系$\preceq'$:若$(M,\boldsymbol{u}) \models X \rightarrow Y$ 可得 $X \preceq' Y$,容易验证$\preceq'$由自反性,则$(M,\boldsymbol{u}) \models X \rightarrow X$。令$\preceq$为$\preceq'$的传递性闭包:即$\preceq$是包含$\preceq'$的最小的具有传递性的关系("最小性"指的是涉及到的元素对数最少)。容易知道 $X \preceq Y$ 当且仅当存在 $X_0, X_1, \cdots, X_n$ 使得 $X = X_0, Y = X_n, X_0 \preceq' X_1, X_1 \preceq' X_2, \cdots, X_{n-1} \preceq' X_n$。(这样定义的$\preceq'$拓展了$\preceq$,具有传递性,另外任一拓展$\preceq$的具有传递性的关系也拓展了$\preceq'$。)

由构造过程可知,$\preceq$具有自反性和传递性,公理 C5 保证了该关系具有反对称性。利用反证法,假设对于两个不同的变量 X 和 Y,有 $X \preceq Y$ 且 $Y \preceq X$,则存在变量 $X_0, \cdots, X_n$ 和 $Y_0, \cdots, Y_m$ 使得 $X = X_0 = Y_m, Y = X_n = Y_0, X_0 \preceq' X_1, X_1 \preceq' X_2, \cdots, X_{n-1} \preceq' X_n, Y_0 \preceq' Y_1, Y_1 \preceq' Y_2, \cdots, Y_{m-1} \preceq' Y_m$,且

$$(M,\boldsymbol{u}) \models X_0 \rightarrow X_1 \wedge \cdots \wedge X_{n-1} \rightarrow X_n \wedge X_n \rightarrow Y_1 \wedge \cdots \wedge Y_{m-1} \rightarrow Y_m$$

由→的定义可知 X 影响 Y,当且仅当在某个 $\boldsymbol{u}$ 中$(M,\boldsymbol{u}) \models X \rightarrow Y$。因此$M \in M_{rec}(S)$(事实上,内生变量之间的排序$\preceq$可被用到所有的场景中)。

定理 5.4.3 公式 $\varphi \in L(S)$满足 $M_{rec}(S)$,当且仅当存在 $\boldsymbol{u}$ 使得 φ 满足 $M_{rec}(S_{\varphi,u})$。

证明:$M_{rec}(S_{\varphi,u})$中可满足的公式在 $M_{rec}(\mathrm{S})$中显然也满足。对于 $X \in V - V_\varphi$,定义 F'_X为一个与其自变量独立的常数,由此容易将满足 φ 的因果模型 $M = (S_{\varphi,\boldsymbol{u}}, F) \in M_{rec}(\mathrm{S}_{\varphi,\boldsymbol{u}})$转化成满足 φ 的因果模型 $M' = (S, F') \in M_{rec}(S)$ 。若$X \in V_\varphi$,定义 $F'_X(\boldsymbol{u}', \boldsymbol{x}, \boldsymbol{y}) = F_X(\boldsymbol{u}, \boldsymbol{x})$,其中 $\boldsymbol{x} \in \times_{Y \in (V_\varphi - \{X\})} R(Y)$ 且 $\boldsymbol{y} \in \times_{Y \in (V - V_\varphi)} R(Y)$。

相反地,假设 φ 在因果模型中满足 $M = (S, F) \in M_{rec}(S)$,因此对于某些 $\boldsymbol{u}$,$(M,\boldsymbol{u}) \models \varphi$,对于 V 中变量存在一个偏序$\preceq_u$,使得如果$Y \preceq_u X$ 不成立,F_X 与 $\boldsymbol{u}$ 中 Y 的取值独立。

可将 F_X 看作 $\boldsymbol{u}$ 和变量 $Y \in V$ 的函数,其中 $Y \prec_{\boldsymbol{u}} X$。令 $\mathrm{Pre}(X) = \{Y \in V: Y \prec_{\boldsymbol{u}} X\}$。为了方便起见,将 F_X 的自变量设为 $\boldsymbol{u}$ 和 $\mathrm{Pre}(X)$中变量的值,而不是所有 $U \cup V - \{X\}$ 中变量的值,根据$\prec_{\boldsymbol{u}}$上的归纳法,对于所有 $X \in V$,定义 F'_X 如下:$\{\boldsymbol{u}\} \times (\times_{Y \in (V_\varphi - \{X\})} R(Y)) \rightarrow R(X)$。首先对于所有$\preceq_{\boldsymbol{u}}$-最小的元素 X 定义 F'_X,这些元素的值与其他变量的值独立,然后再将 F'_X 作用到$\preceq_{\boldsymbol{u}}$链上。假设 $X \in V_\varphi$ 且 $\boldsymbol{y}$ 是 $V_\varphi - \{X\}$ 中变量的取值向量。如果 X 是$\preceq_{\boldsymbol{u}}$-最小的,那么可定义 $F'_X(\boldsymbol{u}, \boldsymbol{y}) = F_X(\boldsymbol{u})$。一般情况下,定义 $F'_X(\boldsymbol{u}, \boldsymbol{y}) = F_X(\boldsymbol{u}, \boldsymbol{z})$,这里 $\boldsymbol{z}$ 是 $\mathrm{Pre}(X)$

中变量的一个取值向量。若 $Y\in \mathrm{Pre}(X)\cap V_{\varphi}$，$\boldsymbol{z}$ 中 Y 对应的值为 $F'_Y(\boldsymbol{u},\boldsymbol{y})$（由递归假设，$F'_Y(\boldsymbol{u},\boldsymbol{y})$ 已被定义）。令 $M'=(S_{\varphi,\boldsymbol{u}},F')$，容易验证 $M'\in M_{rec}(S_{\varphi,\boldsymbol{u}})$（变量之间的排序方式为限制在 V_{φ} 上的 $\leq_{\boldsymbol{u}}$）。另外，构造过程保证了若 $\boldsymbol{X}\subseteq V_{\varphi}$，则在 $\boldsymbol{u}$ 中，模型 $M_{\boldsymbol{X}\leftarrow \boldsymbol{x}}$ 和 $M'_{\boldsymbol{X}\leftarrow \boldsymbol{x}}$ 方程的解在变量 V_{φ} 对应的值是相等的，由此可得 $(M',\boldsymbol{u})\models\varphi$。

定理 5.4.4　给定一对输入 (φ,S)，其中 $\varphi\in L(S)$，S 有限，在因果模型 $M_{\mathrm{rec}}(S)$ 中决定 φ 是否可满足是一个 NP－完全问题。

证明：NP 下界很容易得到，将适用于命题逻辑的可满足问题转化成适用于 $L(S)$ 的可满足问题是容易的。给定由基本命题 $p_1,p_2,\cdots,p_k$ 组成的命题公式 φ。令 $S=(\varnothing,\{X_1,X_2,\cdots,X_k\},R)$，其中 $R(X_i)=\{0,1\}$，$i=1,2,\cdots,k$。将 φ 中的初始命题 p_i 替换成公式 $X_i=1$ 后，可得到 $L(S)$ 中的公式 φ'。容易验证 φ' 是因果模型 $M\in M_{\mathrm{rec}}(S)$ 可满足的，当且仅当 φ 是可满足的命题公式。

对于 NP 上界，给定 (φ,S)（其中 $\varphi\in L(S)$），要验证 φ 在 $M_{\mathrm{rec}}(S)$ 中是否是可满足的。基本的思想是首先给定一个因果模型 M，其次验证其满足 φ。但是此处有一个问题：要想完整地表示模型 M，需要给出函数 F_X 的定义，但是 S 中可能有很多变量 X，所以有很多可能的输入。如前文所述，描述这些函数可能花的时间超过了 φ 的多项式时间。该问题的部分解在定理 5.4.3 中给出，该定理也说明这些解足以验证 φ 在 $M_{\mathrm{rec}}(S)$ 中是否是可满足的。受此启发，假设 $S=S_{\varphi}$，另外，定理 5.4.1 的证明说明：如果一个公式是可满足的，那么在一个包含与外生变量独立的公式的模型中，它也是可满足的。

上述讨论将需要考虑的变量个数的上界定为 $|\varphi|$ 个（即公式 φ 的长度，可被看作一串符号），但是该简化仍不能完全解决问题，因为对于 S_{φ} 中的变量 Y，没有给出 $|R(Y)|$ 的上界，即使只针对出现在 φ 中的变量 Y 描述函数 F_Y，考虑其所有可能的输入会花费的时间比 φ 中的多项式时间更长。解决方案是对模型 M 只给出一部分描述，然后再说明这部分描述就足够解决问题。

记 R 为出现在 φ 中所有形如 $\boldsymbol{Y}\leftarrow\boldsymbol{y}$ 的赋值的集合。若对于每种赋值 $\boldsymbol{Y}\leftarrow\boldsymbol{y}\in R$，场景 $\boldsymbol{u}$ 中模型 $M_{\boldsymbol{Y}\leftarrow\boldsymbol{y}}$ 和模型 $M'_{\boldsymbol{Y}\leftarrow\boldsymbol{y}}$ 中的方程解等价，则称 $M_{\mathrm{rec}}(S_{\varphi})$ 中模型 M 和模型 M' 在 R 上是一致的。容易验证若模型 M 和模型 M' 在 R 上是一致的，则在 $\boldsymbol{u}$ 中，要么模型 M 和模型 M' 都满足 φ，要么两个都不满足，也即对于一个因果模型，需要了解的是其在 R 中的相关赋值。

对每一个赋值 $\boldsymbol{Y}\leftarrow\boldsymbol{y}$，推测向量 $\boldsymbol{v}(\boldsymbol{Y}\leftarrow\boldsymbol{y})$ 为内生变量的值；直觉上，$\boldsymbol{v}$ 和 $\boldsymbol{u}$ 中模型 $M_{\boldsymbol{Y}\leftarrow\boldsymbol{y}}$ 方程的唯一解。容易验证在以上述推测是方程真解的模型中，φ 是否可满足。接下来需要说明存在一个 $M_{\mathrm{rec}}(S)$ 中的因果模型，其对应的方程解为本节开头所描述的解。

为了做到这一点，首先推测一个变量之间的排序$\prec$，可以验证针对相关方程推测的解向量$\boldsymbol{v}(\boldsymbol{Y}\leftarrow\boldsymbol{y})$与$\prec$是否兼容。其中兼容指的是存在两个解$v$和$v'$使得某些变量$X$在$v$和$v'$中取值不同，但是对于所有满足$Y\prec X$的变量$Y$，$v$和$v'$中变量$Y$对应的值是一样的。容易看出如果解与$\prec$兼容，对$X,Y\in V$，若$X\prec Y$，对$X\in V$定义$F_X$，使得所有的方程都成立，且$F_X$与$Y$的取值独立（注意这里不需要写出$F_X$的具体形式，该形式可能会很长，只需知道它是存在的即可）。综上所述，只要能推测出相关方程的一些解且拥有这些解的因果模型满足φ，并且这些解与推测的排序$\prec$兼容，则φ在$M_{\text{rec}}(S_\varphi)$中是可满足的。相反地，若$\varphi$在$M\in M_{\text{rec}}(S_\varphi)$中是可满足的，存在一些相关方程的解满足$\varphi$，存在排序$\prec$与这些解兼容（从$M$中取这些解和排序$\prec$）。这说明$M_{\text{rec}}(S_\varphi)$中的可满足问题属于NP问题。

◇ 扩展阅读

5.5.1节中的内容主要来源于[哈珀恩，希契科克，2013]。贝叶斯网络的参考文献在第2章的扩展阅读部分给出。合理性度量和条件合理性度量由弗里德曼和哈珀恩[1995]定义。哈珀恩[2001]给出了代数cpm的定义，同时讨论了其在贝叶斯网络中的应用。特别地，该文献还说明了如何将贝叶斯网络的这一“技术”应用到其他可被看作代数cpm的不确定性表示中。

格利穆尔等[2010]提出试图通过例子来理解因果关系是不可能的，因为随着变量数目的增长，模型变大速度呈指数级，这意味着我们在文献中考虑的例子只表示了所有例子中“无穷小部分”（他们利用了本章开头列出的排列组合数）。他们考虑并且否定了一些可以限制模型数目的方法。有意思的是，他们虽然考虑了贝叶斯网络（并且说明了其用途），但他们没有指出通过限制每个节点父节点的个数，模型个数将呈多项式速度增长，而非指数级增长。也就是说，我同意他们的观点，仅仅利用例子是不可行的，第8章将会有相关的讨论。

珀尔[2000]首次利用因果图来讨论因果关系，之后运用结构方程来描述因果关系。正如在本书中提到的，因果图只能给出变量之间的（非）独立性信息，而结构方程可以给出更多的信息。然而，我们可以利用条件概率表延拓一个（定性的）贝叶斯网络。也就是例5.2.1中表格(5.2)的概率版本：对于每个变量，以其可能的父节点为条件，给出该变量的条件概率（因此，对于没有父节点的变量，我们给出其取每个值的概率）。在确定性的例子中，这些概率值是0或1。此时可将条件概率表看作是定义了一个结构方程，对于每个变量X可定义F_X，F_X刻画了变量X怎么取决于其他变量（因为变量X与它的非父节点独立，我们只需要定义变量X怎么取决于它的父节点变量的取值）。因此，可将一个利用条件概率表增广的定性的贝叶斯网络(哈珀恩[2003]称为一个定性的贝叶斯网络)看作是一个因果模型。

西普塞[2012]对复杂性理论进行了介绍,提到了可满足问题是NP-完全的(在库克[1971]中已经证明过这个事实)。斯托克迈尔[1977]定义了多项式层级;帕帕季米特里乌和亚娜卡其斯[1982]定义了复杂性等级 D_1^P;阿莱克桑德罗维茨等[2014]将该复杂性等级延拓到 D_k^P。利用初始HP定义中的原因总是单一的,埃特尔和卢卡西维兹[2002]证明了定理5.3.1(a)和定理5.3.2(a);定理5.3.1(b)由阿莱克桑德罗维茨等[2014]证明;哈珀恩[2015a]证明了定理5.3.2(b)。很多NP-完全问题都可被有效解决,相关讨论由戈梅斯等[2008]给出。

关于公理化的讨论主要来自于哈珀恩[2000]。本章所考虑的公理由加勒斯和珀尔[1998]给出。5.4节给出的技术细节由哈珀恩[2000]首次证明,本书的证明与之相比有轻微改动。我们给出一个例子说明仅将C5约束到 $k=1$ 的情况不足以刻画 $M_{rec}(S)$,在定理5.4.1的证明中所用的最大一致集的技术是一个解决该类问题的标准方法。定理5.4.1节的证明中列出了最大一致集的性质,费金、哈珀恩、摩斯和瓦迪[1995]关于该内容有更深刻的讨论。

布里格斯[2012]允许析取符号出现在[ ]中(比如可以写$[X\leftarrow 1 \vee Y\leftarrow 1](Z=1)$),允许嵌套的反事实(比如可写$[X\leftarrow 1]([Y\leftarrow 1](Z=1))$),拓展了语言L。她通过上述拓展给出了这一语言的含义并且提供了一个合理且完整的公理化。

第 6 章　责任与过失

责任是一个独特的概念……可以与他人共同承担责任，但责任不会因此而减小。

——海曼·瑞克弗

我很享受成为一名网球运动员，因为输了是我的过失，赢了也是我的过失，我真的很喜欢这点，因为我也常踢足球，而我不能忍受总把责任推到守门员身上。

——罗杰·费德勒

截至目前，因果关系常被视为一种可有可无的概念。不管是第 3 章对分级因果关系概念的论述，还是 2.5 节对因果关系概率概念的论述，一定程度上颠覆了人们的传统判断，但在因果设置$(M,\boldsymbol{u})$下要确定 A 是否为 B 的原因依然很难。通过分级因果关系的方法用概率大小来给不同原因进行排序，可以将那些概率更大的因素作为"因"，但我们不能止步于此，还要探索更多方法。

回顾例 2.3.2 有 11 个投票者的投票情景。如果苏西以 6∶5 赢得投票，那么根据 HP 定义都会认为，每个选民都是苏西获胜的原因。用 2.1 节表示法，在因果设定$(M,\boldsymbol{u})$下，$V_1=V_2=\cdots=V_6=1$ 且 $V_7=V_8=\cdots=V_{11}=0$，前 6 个选票赞成苏西，其他选票给比利，每个 $V_i=1,i=1,2,\cdots,6$ 都是 $W=1$（苏西胜利）的原因。

现在考虑另一种情形，即所有 11 名选民都支持苏西。根据初始和更新 HP 定义，得出 $V_i=1,i=1,2,\cdots,11$ 是 $W=1$ 的原因。但从直觉上看，此情形下的每个选民要比在 6∶5 胜利情形下的原因要显得"小"一些。由于不能比较不同因果设置下的因果关系程度，因而分级因果关系在此无效。因此，不能用分级因果关系解释 6∶5 获胜情形下的选民要比以 11∶0 获胜情形下的选民谁"更佳"。

改进 HP 定义在一定程度上可以处理此类问题。6∶5 获胜的情形下，每个选民都是一个"大"原因。但 11∶0 获胜的情形下，每个选民都只是"部分"原因。如例 2.3.2 所示，6 个投票者的每个子集 J 都是"原因"。也就是说，$\wedge_{i\in J} V_i=1$ 是 $W=1$ 的原因。作为"大"原因一份子的选民，直觉上要比作为"小"原因一份子的选民责任感要低一些。下节将对这种直觉进行形式化表述（针对所有版本的 HP 定义)，引出责任的初始定义。这种定义虽然比较初始，但可以很好地描述直觉。

因果关系和责任的定义，都是建立在已知客观世界运行规律的假定基础上。该定义从形式上与因果设置($\boldsymbol{M},\boldsymbol{u}$)相关，但缺少认知状况的"过失"成分。医生用某种药物治疗患者，导致患者死亡，医生的治疗是导致患者死亡的原因，实际上医生很可能要对患者的死亡负有 100% 责任。但是如果医生并不知道治疗会对高血压患者产生副作用，那么他也许不该为患者的死亡负责。在法律上，医生实际知道或不知道后果可能并不那么重要，重要的是医生应该知道。因此，与其考虑医生的实际认知状态，不如考虑医生应该知道的认知状态。但无论如何，为确定医生是否该为病人的死亡负责，就必须要考虑到医生的认知状态。

6.2 节在责任定义的基础上提出了过失的定义，着眼于结果 φ 的出现是否应归咎于行为者 a 的行为 b。该定义是相对于 a 的认知状态(一组因果设置)及其概率而言。那么 φ 的过失度实质上就是行动 b 的预期责任度。为了进一步理解责任与过失之间的区别，下面以十名神枪手组成的射击队为例进行描述。射击队中只有一人的步枪装有实弹，其余都是空弹，但神枪手们自己不知道。神枪手们朝着囚犯开枪，囚犯毙命。导致囚犯死亡的唯一原因是那个装有实弹的神枪手，他对囚犯死亡负有 100% 责任，其他神枪手的责任度均为 0，每个神枪手的过失度均为 1/10。

6.1 节在因果责任归因方面表现得确实很出色，但它给出的责任定义依然很初始。大家会以某种系统方法远离这个定义：首先，人们会考虑正态性在内，所以一定程度上，分级因果关系关于责任的概念更类似直觉但我更担心大家在描述责任感时，会把过错与责任混为一谈，特别是在实际动手之前就考虑结果的先验概率。所有这些表明，责任可能并没有一个清晰、简洁的定义，6.3 节将对此进行详细论述。

下面来解释一下这几个词语的选择。这里提出的"责任"和"过错"的定义是合理的，但还不能完全反映其字面或自然语言中的内涵和外延。哲学文献中有关责任的论文通常涉及到道德责任，意图或替代选择。二者在处理道德问题时一般都是必需的，这点在定义设计中并未考虑(模型在表示行动的变量范围内对替代选择进行隐式编码，对"某行动是导致该结果"这种因果关系的定义，并未考虑意图和替代行动)。

例如，毫无疑问，杜鲁门对在广岛和长崎投下原子弹造成的伤亡负有部分责任。但要判断是否应该在道德上受到谴责，还必须考虑可采取的其他替代行为及其可能结果。我们的定义虽然并未强调道德问题，但会帮助阐明这些道德问题。

“过错”和“责任”在定义上是两种不同的概念,但在自然语言中通常可以互相转换使用。例如“因果关系度”、“犯罪程度”和“责任度”这样一些短语或术语,也用于描述类似的概念。请读者注意,弄清概念的区别很重要,但也不能过多解读“责任”和“过失”等术语。

6.1 责任的简单定义

针对初始 HP 定义,本节首先给出责任的一个简单定义,这种定义并未在因果模型中进行合理性排序,之后再简要介绍如何在延拓因果模型中定义责任。

定义 6.1.1 根据初始 HP 定义,如果 $X=x$ 不是 $(M,\boldsymbol{u})$ 中 φ 的原因 $(M,\boldsymbol{u})$,$X=x$ 对于 φ 的责任度就为 0,记为 $dr^o((M,\boldsymbol{u}),(X=x),\varphi)=0$。如果有证据 $(\boldsymbol{W},\omega,x)$ 显示 $X=x$ 是 $(M,\boldsymbol{u})$ 中 φ 的原因,根据初始 HP 定义就有 $\boldsymbol{W}=k$,其中 k 是极小值。根据初始 HP 定义,要满足 $\boldsymbol{W}<k$,就不存在证据 $(\boldsymbol{W},\omega,x)$ 显示 $X=x$ 是 $(M,\boldsymbol{u})$ 中 φ 的原因,此时 $(M,\boldsymbol{u})$ 中 $X=x$ 相对 φ 的责任度为 $1/(k+1)$。

如果考虑延拓因果模型,就应该严格证据 $(\boldsymbol{W},\omega,x'')$ 为 $s_{\boldsymbol{W}=\omega,X=x',\boldsymbol{u}}\geq s_{\boldsymbol{u}}$(仔细看这种情况,证据世界与现实世界一样合理)。这样做不会改变证据世界的任何基本特征,因此本节暂不考虑正态序,6.3 节再深入考虑其影响。

总的来说,$dr^o((M,\boldsymbol{u}),(X=x),\varphi)$ 是为了让 φ 反事实依赖于 X,度量事件 s_u 的最小变化值。如果 $(X=x)$ 不是 φ 的原因,就不能将 V 划分为 $(\boldsymbol{Z},\boldsymbol{W})$,使得 φ 反事实取决于 $X=x$,且定义 6.1.1 的最小更改数具有基数 ∞,因此 $X=x$ 的责任度为 0。如果 φ 反事实取决于 $X=x$,即 $X=x$ 是 $(M,\boldsymbol{u})$ 中 φ 的反事实原因,则 $X=x$ 对 φ 的责任度为 1。其他情况下,责任度严格在 0 到 1 之间取值。因此,根据初始 HP 定义,当且仅当 $dr^o((M,\boldsymbol{u}),(X=x),\varphi)>0$ 时,$(M,\boldsymbol{u})$ 中 $X=x$ 是 φ 的原因。

例 6.1.2 回顾投票示例可以看出,为苏西投票的每个选民在苏西 6∶5 获胜的责任度为 1,都是其获胜结果的关键原因。改变他们其中任何一张选票就足以改变结果。但是在 11∶0 的情况下,每个选民的责任度为 1 /6。例如,取 $\boldsymbol{W}=\{V_2,V_3,\cdots,V_6\}$ 并且 $\boldsymbol{\omega}=\boldsymbol{0}$,则对于 $W=1$ 而言,后一种选举场景中 $V_1=1$ 的责任度为 1/6。再如,可以取 $\boldsymbol{W}=\{V_2,V_3,\cdots,V_6\}$ 并且 $\boldsymbol{W}=0$。显然 $(\boldsymbol{W},\boldsymbol{0},0)$ 是 $V_i=1$ 的证据,是 $W=1$ 的原因。尽管还有许多其他证据,但还是不存在这样一个较小的基数集合 $\boldsymbol{W}$。

如本例所示,责任度并非概率,总和可以大于 1。

例 6.1.3 再一次回顾森林火灾的例子。在合取模型中,闪电和纵火犯对火灾的责任度都为 1,改变其中任何一个都不会导致火灾。在析取模型中,它们的责任度都是 1/2,因此即使按照 HP 的初始定义,闪电和纵火都是造成火灾的原因,通过责任度能够区分这两种场景。

直觉上看,为使 φ 反事实依赖 X,至少必须进行 $\boldsymbol{W}$ 轮次改变,但这种论述并不完全正确,如下例所示。

例 6.1.4 考虑一个具有三个内生变量 A,B 和 C 的模型。A 的值由背景确定,B 与 A 取相同值。如果 A 和 B 一致,则 C 为 0,否则为 1。场景 u 使得 $A=0$,因此 $B=0$ 且 $C=0$。根据 HP 的初始定义,在证据($\{B\}$,0,1)的情况下,$A=0$ 是 $C=0$ 的原因:将 B 固定为 0,那么如果 $A=1$,就有 $C=1$,很容易确定(φ,φ,1)不是证据,因此,$A=0$ 的责任度为 1/2,但是为了使 C 反事实依赖于 A,那么 B 的值不必更改。相反 B 必须保持定值不变。

例 6.1.5 在抛石示例的简单模型中,苏西和比利对瓶子的破碎分别承担的责任度为 1/2。复杂模型中苏西对结果负有责任度 1/2,因为 $ST=1$ 是由 BH(或 BT)组成 $BS=1$ 起因的最小证据。相比之下,复杂模型中瓶子破碎,比利的责任度为 0,因为他的摔倒不是导致结果的原因。

这些示例显示,如何根据更新(相对于改进)HP 定义,来确定(M,$\boldsymbol{u}$)中$X=x$ 对于 φ 的责任度。现在涉及到的原因可能不仅是单变量,而是一组多变量。实际上原因和证据的大小都与责任度的计算有关。

定义 6.1.6 根据更新(相对于改进)HP 定义,(M,$\boldsymbol{u}$)中 $X=x$ 对结果 φ 的责任度记为 $dr^u((M,\boldsymbol{u}),(X=x),\varphi)$,如果($M$,$\boldsymbol{u}$)中 $X=x$ 不属于 φ 原因的一部分,则 $dr^o((M,\boldsymbol{u}),(X=x),\varphi)$ 为 0;如果存在 φ 的原因 $X=x$ 以及相关的证据($\boldsymbol{W}$,ω,x),使得(a)$X=x$ 是 $\boldsymbol{X}=\boldsymbol{x}$ 的组成部分,(b)$|\boldsymbol{W}|+|\boldsymbol{X}|=k$,并且(c)$k$ 为极小值,即(M,$\boldsymbol{u}$)中不存在满足 $|\boldsymbol{W}'|+|X_1|<k$ 的证据($\boldsymbol{W}'$,ω',x'_1),使得更新的(相对于改进)HP 定义 $\boldsymbol{X}_1=\boldsymbol{x}_1$ 是(M,$\boldsymbol{u}$)中 φ 的原因,则 $dr^u((M,\boldsymbol{u}),(X=x),\varphi)$的值是 1/ k。

不难发现,所有责任度的定义都一致显示,在 11 : 0 投票场景下,每个选民的责任度是 1/6;在例 6.1.4 描述的因果设置中,$C=0$,$A=0$ 的责任度都是 1/2;在初始和复杂的扔石头例子中,苏西对瓶子碎裂负有 1/2 的责任度;在森林火灾的析取模型中,闪电和纵火犯的责任度均为 1/2,且他们在森林火灾联接模型中都具有 100% 的责任度。如果 HP 因果关系各种定义的区别与责任度无关,就可以省略上标,只记作 dr。

这些例子表明,责任的定义能够反映了人们使用该词的方式,但是这种定义显然还是有些简单。6.2 节从过失的概念入手,对责任进行更加深入地研究和改进。

6.2 过失

因果关系和责任的定义,都假定了背景,并在结构方程式中已给出,没有不确定性。大家往往关心的是某项行动的过失度,这取决于行动执行前的行为体认知状态。直觉上看,行为体在执行某动作之前,如果不确定会导致什么样的特定结果,那么就不该对该行为负责(即使实际上这种行为导致该结果)。对于正在考虑执行某动作的行为体来说,有两个重要的不确定性来源:

(1)各种变量具有什么价值——例如,医生可能不确定患者是否患有高血压;

(2)客观世界的运作规律——例如,医生可能不确定给定药物的副作用。

因果模型中,变量值是由具体场景确定,“客观世界的运作规律”由结构方程式确定。因此,用(k,Pr)对一个行为体的不确定性进行建模,其中k是一组因果设置,即形式为$(M,\boldsymbol{u})$对,而Pr是k的概率分布。如果想给$X=x$认定过失度,那么应该假定$X=x$在k的所有因果关系中成立;也就是说,对于所有$(M,\boldsymbol{u})\in k$,有$(M,\boldsymbol{u})\models X=x$,这里假设$X=x$是已知的,$k$描述了事件其他特征的不确定性。通常认为,$k$是在行为体实际执行$X=x$之前就已经明确不确定性,因此我们认为$\varphi$是未知的(尽管很多情况下是已知的)。$k$也可以用来描述行为体在执行$X=x$行为后的不确定性,并观察(通常包括$\varphi$)该行为的效果。后续将继续讨论这一点(请参见例 6.2.4)。无论如何,φ的$X=x$过失度就是Pr的责任度期望值。就像责任度的定义对应着每个变体的 HP 定义,过失度的定义也对应着每个变体的 HP 定义。忽略这些区别,这里只用dr代表责任度,而db代表过失度。

定义 6.2.1 φ的$X=x$过失度和认知状态(k,Pr)相关,记作$db(k,Pr,X=x,\varphi)$

$$\sum_{(M,\boldsymbol{u})\in \mathrm{K}} dr((M,\boldsymbol{u}),X=x,\varphi)Pr(M,\boldsymbol{u})$$

例 6.2.2 计算苏西投掷石块造成瓶子破碎的过失度。假设苏西认为唯一可能的因果模型与图 2.3 相似,并对其进行一些修改:BT现在可以采用三个值,0、1、2。和以前一样,如果$BT=0$,那么比利不会投掷;如果$BT=1$,则比利投掷;如果$BT=2$,则比利会用力投掷。假设因果模型是这样的:如果$BT=1$,那么苏西的石头首先撞击瓶子,但是如果$BT=2$,则它们将同时撞击。因此,如果$ST=1$,则$SH=1$;如果$BT=1$且$SH=0$或$BT=2$,则$BH=1$。此结构模型称为M。

在初始时间 0,苏西认为以下四个因果设置可能性相同:

(1)$(M,\boldsymbol{u}_1)$,其中 $\boldsymbol{u}_1$ 表示比利已在时间 0 投掷(因此瓶子被打碎);

(2)$(M,\boldsymbol{u}_2)$,瓶子在苏西掷出之前是完整的,而比利则加了力,因此比利的掷出和苏西的掷出同时击中瓶子(这基本上给出了图 2.2 的模型);

(3)$(M,\boldsymbol{u}_3)$,其中瓶子在苏西投掷之前是完整的,而苏西在比利之前击中了瓶子(这里给出的实质上是图 2.3 的模型);

(4)$(M,\boldsymbol{u}_4)$,在苏西投掷之前,瓶子是完整的,而比利没有投掷。

在苏西动作之前,瓶子已经在$(M,\boldsymbol{u}_1)$中破碎,因此苏西的投掷不是瓶子破碎的原因,并且她对破碎瓶子的责任度为 0。前面已经讨论过,在$(M,\boldsymbol{u}_2)$和$(M,\boldsymbol{u}_3)$中,苏西投掷造成瓶子破裂的责任度均为 1/2,而在$(M,\boldsymbol{u}_4)$中则为 1。因此,对于 $BS=1,ST=1$ 的过失度为$\frac{1}{4}\times\frac{1}{2}+\frac{1}{4}\times\frac{1}{2}+\frac{1}{4}\times 1=\frac{1}{2}$。

例 6.2.3　再次考虑有十名神枪手的射击队的例子。假设神枪手 1 知道只有一个神枪手的步枪里装有子弹,并且所有神枪手都会射击。因此,他认为有 10 种可能的情况,具体取决于谁有子弹。如果神枪手 i 拥有实弹的先验概率为 p_i,那么第 i 个神枪手射杀的过失程度(根据神枪手 1 的认知)为 p_i。责任度是 1 还是 0,取决于神枪手 i 是否拥有实弹。因此责任度可能为 1,过失度可能为 0(如果神枪手 1 拥有实弹就错误地将归因概率设为 0,实际上他也确实有实弹),而责任度也有可能为 0,过错程度为 1(如果神枪手 1 拥有实弹就错误地将归因概率设为 1,但实际上他却没有实弹)。

正如前文所说,在观察到 $X=x$ 的后果前,通常可以将因果设置集合 k 的概率 Pr 视为个体的先验概率,但是,选择 Pr 的其他选择是完全合理的。例如,它可能是行为体观察后的后验概率。在法律情形下,重要的可能不是考虑行为体的实际先验(或后验)概率(即行为体的实际认知状态),而是考虑行为体的概率应该是多少。过失度的定义没有改变,但这里只将概率 Pr 作为输入,对 Pr 进行解释。但是选择显然可以影响计算的过错度。以下示例会显示出关键区别。

例 6.2.4　考虑一个死于医生用某种药物治疗的病人。假设该病人死于药物对高血压患者的不良副作用,为简单起见,认为这是唯一的致死原因。假设医生不知道该药物的不良副作用(正式意义上讲,这意味着他不会考虑服药可能导致死亡的因果模型)。相对于医生的实际认知状态,医生的过失度为 0。这里的关键是,医生将 k 的因果关系归因于他治疗病人而病人未死亡的因果关系。但是在法庭上律师可能会辩护说,医生理应知道这种治疗方法会对高血压患者产生不利的副作用(因为大量文献中充分记载了这一事实),理应先检查患者的血压状况。如果医生进行这项检查,那么就会知道病人患有高血压。考虑到最终的认知状态,医生对病人死亡负有很高的过失度。当然律师的职责是说服法院在认定过失度时,要考虑医生的认知状态。

任何情况下,医生的实际认知状态,与他在观察药物作用之前应有的认知状态、与他在用药物治疗病人并观察到他死亡后的认知状态,都可能有所不同。不查找文献,医生可能依然认为病人或许死于治疗以外的其他原因,但很可能会考虑治疗是导致死亡的因果关系模型。因此医生在治疗后承担的过失度相对于他的认知状态可能会偏高。

有趣的是,可以根据不同法律理论确定这三种认知状态(行为体执行动作前具有的认知状态、行为体执行动作中应具有的认知状态以及执行动作之后的认知状态)的责任。对相关认知状态的思考也有助于弄清有争议的例子。

例 6.2.5 回顾例 2.3.8,甲公司倾倒 100 千克污染物,乙公司倾倒 60 千克,生物学家确定 k 千克的污染物足以使鱼死亡。"出现问题"的情况是 $k = 80$ 时。在这种情况下,根据改进 HP 定义,只有 A 是导致鱼死亡的原因。根据初始及更新 HP 定义,A 同样还是原因;B 是否是原因取决于 A 的唯一选择是倾倒 0 千克或 100 千克污染物(这种情况下 B 不是原因),还是 A 可以倾销介于 20 到 79 千克之间的某种中间量(这种情况下 B 是原因)。

尽管目前尚不清楚"正确"的答案是什么,但是如果使用改进 HP 定义,似乎确实让 B 逃脱了责任,并且在初始及更新 HP 定义中,B 的责任度应在很大程度上取决于 A 可能具有的污染物数量。这里分析过失的方式似乎更合理。如果想确定 B 的行为应承担过失时,通常不认为 B 知道 A 会倾倒多少污染物,也不认为 B 知道需要多少污染物足够杀死鱼类。因此,可以通过两个参数来表征 B 的因果模型:A 倾倒的污染物数量 a 和杀死鱼类所需的污染物数量 k。现在可以将因果模型中 B 的责任度视为 a 和 k 的函数:

(1) 如果 $a<k<a+60$,则 B 倾倒 60 千克污染物是一个原因,因此根据所有变体的 HP 定义,其责任度为 1。

(2) 如果 $k>a+60$,则根据所有版本的 HP 定义,B 的动作都不是原因,且其责任度为 0。

(3) 如果 $k\leqslant a$ 且 $k\leqslant 60$,则根据所有版本的 HP 定义,B 的责任度为 1/2。

(4) 如果 $k\leqslant a, k>60$,则根据所有版本的 HP 定义,如果 A 只能倾倒 0 或 100 千克污染物,则 B 具有责任度 0。如果 A 可以倾倒 $k-60$ 到 k 千克,则根据修改 HP 定义,B 的责任度仍然是 0,但根据初始和修改的定义,B 具有 1/2 的责任度。

这里重要的是,对于 B 的认知合理性假设,无论使用哪种版本的 HP 定义,B 的过失度都为正。过失度可能取决于一些因素,例如 k 与 60 的接近程度以及 a 与 k 之间的差值,即 B 的改变有多大。实际上有点像是在审视陪审团该如何认定过失。此外，如果公司 B 在面对陪审团审诉称，在倾销污染物前，它有确凿的证据表明公司 A 已经倾销超过 k 千克的污染物（因此公司 B 确信其行为不会有任何改变），那么陪审团可能会少认定 B 一些过失（陪审团当然有可能希望惩罚 B，因为它具有惩罚性的价值，但这与此处所描述的过失概念无关）。

类似的考虑表明，在最小假设下，如果 A 和 B 倾倒的污染物数量已知，但 k 不确定，则 A 的过失度将高于 B，这就与直觉相符了。

例 6.2.6　投票往往是非理性的。通常一个人的投票对最终结果的影响可能性很小。实际上，个人投票会影响美国总统大选结果的概率大约为10^{-8}。当然，如果大多数人都以投票不可能影响结果为由不去投票，那么实际去投票的少数人将会对结果产生重大影响。

解释人们为什么投票，并将投票的作用合理化定义，会使投票更加理性。有一种方法令人信服，人们对结果产生一定程度的责任感。假设 2 个候选者中多数得票者胜出，A 获得 a 张选票，B 获得 b 张投票，且 $a>b$，这时所有方法都同意 A 的投票者对结果的责任度为$\frac{1}{\lceil (a-b)/2 \rceil}$（其中$\lceil x \rceil$是大于或等于 x 的最小整数），例如$\lceil 5/2 \rceil=3$ 和$\lceil 3 \rceil=3$）。因此当 11∶0 当选时，每个投票者的责任度为 1/6，因为$\lceil 11/2 \rceil=6$；当 6∶5 当选时，每个投票者的责任度都是 100%。每个投票者都可以按照例 6.2.5 的想法进行分析计算，得出对结果的过失度。有观点认为，如果某人对结果负有一定程度的责任/过失，所以他就应该去投票。

那么责任和过失度如何根据是否投票而改变？直观来讲，弃权者对结果的责任度要比投票者要少。可以肯定的是，弃权者永远不会比投票者对结果担负的责任大，但他们的责任度可以是相等的。例如，如果不确定弃权者与投票者二者之间的责任关系，在有一位弃权者的情况下，苏西以 6∶5 击败比利，那么弃权者和给苏西投票六位选民中的每一个都是结果的原因，因此责任度为 1。如果苏西以 7 票对 5 票且有 1 票弃权情况下赢得选举，那么根据 HP 定义的各种变体，每个选票都是该结果的反事实原因，且每个选票的责任度都为 1。但是如果苏西的投票者弃权，那么弃权者的投票就变得至关重要，因为他可以通过投票给比利，来使得结果变成平局。这时弃权者的责任度为 1/2。

不失一般性，如果苏西获得 a 张选票，比利获得 b 张选票，弃权票数为 c，且 $a>b$，那么苏西的选票对选举结果的责任度是$\frac{1}{\lceil (a-b)/2 \rceil}$。如果 $a-b$ 为奇数，这也是弃权者的责任度。但是，如果 $a-b$ 为偶数且 $c \geqslant 2$，则弃权者的责任度略低，为$\frac{1}{(a-b)/2+1}$。最后，如果 $a-b$ 为偶数且 $c=1$，则弃权者在 HP 定义的各种版本中责任度为 0。为了理解这一结果的原因，假设表决中 9 票对 5 票，2 票弃权。

如果将苏西的一名投票者反转为比利投票,一名弃权者给比利投票,那么投票将变成8:7。现在如果第二位弃权者也投票支持比利,那么苏西将不再获胜,此时第二位弃权者对苏西的胜利负有1/3的责任度。但是如果只有一位弃权者,那么这位弃权者投任何票都不会改变结果,弃权就不再是结果的原因。该论点适用于HP的各种变体定义。

通过考虑过失度,可以“消除”对 $a-b$ 的奇偶性以及 $c=1$ 或 $c>1$ 的依赖。在最小假设前提下,弃权者的过失度将(略)小于为获胜者投票选民的过失度。

对结果责任度的增加(在这里“责任”可能是一个更好的词)是否足以使选民人投票?也许选民在决定是否投票时没有考虑过失/责任感的增加。相反,如果他们认为就是一件好事,投票会对结果有责任感。责任对投票行为的影响值有待于进一步研究。

例6.2.7 回顾3.4.4节的因果链示例,此例的因果网络如图6.1所示。尽管根据HP的所有版本定义,$M=1$ 和 $LL=1$ 都是 $ES=1$ 的原因(实际上,它们是反事实原因),但考虑到因果关系的分级,初始和更新HP定义均体现了因果关系沿因果链的衰减性。离结果越近的原因,例如 $LL=1$,可认为要比离得更远的原因(例如 $M=1$)更重要。改进HP定义无法获得此结果。

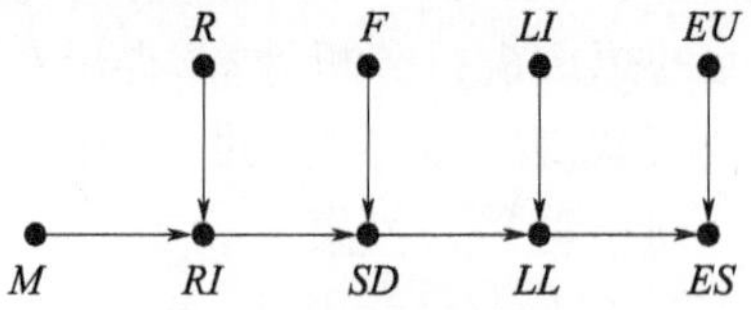

图6.1 因果链的衰减性

但是一旦考虑到责任,并对因果模型的概率分布做出合理假设,所有的定义都会认定,对于结果来说,$LL=1$ 比 $M=1$ 过失更大。例如,$M=R=F=LI=EU=1$,因此所有变量均为1。如果这些变量其中任何一个为0,则 $ES=0$。现在假定不确定这些变量的值,也就是说行为体尽管知道因果模型,但却不能确定场景。对于HP定义的所有变体,在 $EU=1$ 的所有因果模型中,当 $LL=1$ 时就是一个原因(因此责任度为1),否则就不是原因。同样,在 $R=F=LI=EU=1$ 的因果模型中,$M=1$ 是原因且责任度为1,在其他因果模型中,$M=1$ 不是原因。接着来看,在最小假设前提下,对 $ES=1$ 这一结果而言,$M=1$ 的过失度肯定要小于 $LL=1$ 的过错度(通俗点说,因果关系会沿着因果链逐渐减弱)。

例6.2.8 考虑经典的旁观者效应:受害人受到攻击且需要帮助。个人提供帮助的可能性会与旁观者的人数成反比:旁观者人数越多,其中每个人愿意提供帮助的可能性就越小。旁观者效应经常可以用“责任扩散”和旁观者的感知责任度来解释。

简单来说，假设只要有一位旁观者参与施救，受害者就会得救，否则受害者就会遇害。这意味着如果没人参与施救，每位旁观者都是受害者死亡的原因，且责任度为1。这似乎与直觉相矛盾，直觉上来讲，旁观者越多，旁观者所感受到的责任就越少。实际上按照定义，过失的概念似乎不同于责任的概念，而是要与直觉一致。

假设某位旁观者正在决定是否参与施救时，看到了其他 n 位旁观者，进一步假设（似乎很合理），旁观者介入的时间成本巨大，因此在所有条件均等的情况下，旁观者宁愿不参与，但是旁观者不希望因为结果受到指责。当然如果他参与进来，那么就不会受到指责，如果不参与，那么他的过失度将取决于其他人的行为，旁观者的责任感越低，参与施救的可能性就越小。因此，如果旁观者不参与，就必须要计算自己的过失度。假定其他旁观者是否参与施救由背景确定。因此，旁观者参与的责任度为 $1/(k+1)$，在因果模型中，其他 k 位旁观者参与就会使受害者获救，没参与的那个旁观者责任度为0。当然要想用一个准确的模型来说明还有多少其他旁观者会参与，就相当复杂了（尤其是在其他旁观者的思路相似情况下）。但就目的而言，$k>0$ 对于每个旁观者而言，其他旁观者越多，至少有 k 位旁观者参与的可能性就越大，这一点就足够了。在此假设下，旁观者的过失度会随着旁观者人数的增多而降低。如果旁观者使用的规则为：仅当他对自己的过失度（即预期的责任度）认知判断大于某个阈值时他才参与，并使用这种直接分析方法来计算过失度（当前热点下似乎相对合理），那么旁观者越多，他参与的可能性就越小。

6.3　责任、正态性和过失

6.1节对责任的定义比较简单。但实验表明，很多情况下该定义可给出合理的定性结果。例如，当要求判定选民对胜利的责任度时，随着结果从1：0变为4：0，给每个选民的责任会变低（根据初始定义，显然不能在2：0时将责任度记为1，在3：0时将责任度记为1/2）。但是，该定义对责任度的判断并不全面。本节将讨论一些系统论层面的方法，这些方法在责任的判断上与上述定义有些差别并进行了改进。

如下例所示，初始的责任定义的一个问题是，它太依赖于语言。

例6.3.1　考虑有两个团队的投票：团队 A 和团队 B 各有25票。顾名思义，团队内所有选民都可以投相同票，尽管原则上他们要投不同票。有一名独立选民，称为 C，如果 A 以51：0全票通过，那么结果 C 的责任度是多少？如果模

型中的变量是 A、B、C 和 O(结果变量),则 C 的责任度为1/2,否则为1。需要更改 A 或 B 的投票以使 C 的投票至关重要,但会错过以下事实:A 和 B 各自对结果的贡献比 C 要大。相反,如果使用变量 $A_1,A_2,\cdots,A_{25},B_1,B_2,\cdots,B_{25}$,其中 $A_i=1$ 表示团队 A 中第 i 个投票者投赞成票,B_i 类似,这样 C 的责任度就下降到了1/26。直觉上,将团队 A 从投赞成票改为投反对票,要比将 C 从投赞成票改为投反对票对结果的影响更大。尽管我们认为人们对责任的判断也确实如此但当前定义并未反映这一点。

例3.5.1记录了一个类似现象。

例6.3.2 再次回顾例3.5.1。此例中,一个由爱丽丝、鲍勃、查克和丹组成的团队,为参加国际Salsa锦标赛,参赛队必须至少有一名男性和一名女性成员。团队的四个成员都应该参加比赛,但实际上他们都没参加。团队中每个成员对团队无法参赛的事实负有多大的责任?

责任的初始定义是,团队所有成员的责任度均为1/2。例如,如果爱丽丝参与,那么鲍勃、查克和丹都将变得至关重要。但是,有一种直觉认为,爱丽丝比鲍勃、查克或丹要对结果负的责任更大。直观上有三种方式会让爱丽丝的选择影响结果:鲍勃、查克或丹中有一人选择参与,但仅有一种方式会让丹的选择影响结果,即爱丽丝参与,对于鲍勃和查克也是如此。

回顾第3章关于正态性的可替代定义,考虑这样一个事实,即关于爱丽丝是导致团队无法参赛原因的证据要多于鲍勃、查克或丹,并且最终爱丽丝被认定为一个"更好"的原因。考虑到这一点,可对定义6.1.1和6.1.6进行修改。例如,定义6.1.1可以计算最小证据集的大小,以及某证据集对应的数量大小。大家确实可以考虑每个证据集对应的数量大小(有关执行此操作的具体方法,请参阅本章末尾的注释)。

这个例子也说明了责任与正态性之间的联系。从正态性的角度思考可以解释,为什么例6.3.1中更改整个团队的选票,比仅仅更改一个选民的选票影响更大:更改整个团队选票比仅仅改变一个选民的投票更加不合理。正态性与责任之间的联系似乎非常紧密,下例将从另一种角度说明该现象。

例6.3.3 假设一个国会委员会有5人,为使委员会通过一项措施,需要三票赞成。A、B和C投了反对票,而D和E投了赞成票,因此该措施未通过。A,B和C中的每一个都是导致失败的原因,因此具有100%责任度,但是现在假设A是民主党人,而B和C是共和党人。此外,民主党赞成这项措施,而共和党则反对,这会改变一切吗?对于大多数人来说,确实如此。回顾前文提到的分级因果关系,因为A为这项措施投票赞成的证据比B投赞成票更合理,因此A会被看作是比B"更好"的原因。当然,与B或C相比,人们确实给A认定了更多的责任，这表明人们在对责任度进行归因时，确实要考虑正态性。

格斯滕伯格、哈珀恩和特南鲍姆对例 6.3.3 讨论的投票类型进行了广泛的实验，委员会的构成人数始终为 3 或 5。他们改变的变量包括通过措施所需的票数，委员会成员的党派关系以及党派是否支持该措施。从定义 6.1.1 和 6.1.6 的角度看，重要性考虑的是投票者对投票结果影响的关键程度。正态性也会影响结果，正态性排序有两种。首先，如例 6.3.3 所示，不符合自己所在政党意见的投票，会被视为反常的，但这并不能完全解释观察结果。在例 6.3.3 讨论的因果模型中，根据定义，所有选民的责任度均为 1，实际上，选民 A 投赞成票的平均责任度（实验中受试者平均值）约为 0.75，选民 B 投赞成票的平均责任度为 0.5。

如果不考虑投票过程中的党派效应，就可以了解这一现象。例如，假设有三名委员会成员，这三名成员均在同一党派，且都投了赞成票，通过某项措施需要获得一致同意。这意味着，根据简单定义，所有三个投票者都是结果的反事实原因，他们的责任度均为 1。但实际上给他们认定的责任度平均值为 0.75。有趣的是，如果仅需一票即可通过该措施，而只有一名委员会成员对此投赞成票，则该委员会成员的平均责任度非常接近 1。因此，当某个人的投票是结果的若无原因，那么他的责任就会或多或少被分散。

下面通过考虑不同的正态性准则，可以更好地理解上一段内容。注意，如果只需要一票就可以通过该措施，有三名选民，投票结果是 2 ∶ 1，那么投赞成票的选民“逆势而上”，要比需要三票通过且三个选民都投支持票要更加不合理。由此可得，如果将合理度理解为“随大流的程度”，那么可根据合理性来理解上述两种情况中责任度。

考虑正态性，大家还可以用责任归因来说明另一个现象：它们在长因果链上通常会逐渐减弱。回想一下 3.4.4 节的示例，船上燃着的火柴引燃了朗姆酒桶，导致船燃烧，进而使劳埃德保险公司蒙受巨大的财产损失，最终导致保险员自杀。如 3.4.4 节所述，尽管从点燃火柴到自杀的因果链条中，每个事件都是自杀的反事实案例，但根据正态性排序，远离自杀原因的证据正态性要比靠近自杀原因的证据正态性更弱。因而看出正态性的分级概念用处很大，至少对于初始改进和更新的定义而言，通过在责任概念中引入正态性因素，责任也将沿着因果链逐渐减弱，至少在初始和更新定义下是成立的（基于例 6.2.7 的观察，讨论解决此问题的另一种方法）。

现在在责任度概念中加入正态性，该想法考虑的是，从现实世界转变为证据世界所需的正态性改变。回到责任的简单定义，假设从场景 $\boldsymbol{u}$ 开始，其他取值相同，改变 $\boldsymbol{u}$ 中的变量值或者将变量值设定为与其他改变不一致的值，都是不正常的，但并不是所有变量值的改变都是同等不正常。改变一个团队的选票比改变一个人的选票更加不正常，将选民的选票改为与所在政党保持一致要比改为与所在政党不一致要更合常理。希望责任度与从现实世界到证据世界的困难度呈负相关关系，其中困难程度取决于两种“距离”（即根据责任度的简单定义，从现实世界变为证据世界需要发生改变的次数，以及这些变化的正态性如何——正态性增长的越多，距离越小，责任度越大）。

从事件的角度来判断某变化的非正态性非常重要，其中事件是指要判断责任度的事件，以下示例有助于阐明这一点。

例 6.3.4 回顾例 3.5.2，A 拨动开关，B（知道 A 的选择）跟从 A 的选择。如果他们都拨动开关至同一方向，则 C 会受到电击。实际 B 希望电击 C，因此当 A 将开关向右拨动时，B 会跟从 A 的选择，这时 C 会受到电击。现在要考虑 A 和 B 对 C 受到电击应负的责任度。证据显示 A 是有责任的，A 拨动开关必须从向右变至向左，而 B 的方向必须保持不变。考虑到 B 想要电击 C，保持 B 的方向恒定有违常理。从社会常理角度来看，有电击某人的想法有违伦理，但是由于 A 不想电击 C，因此在判断 A 的责任时这种伦理不起作用。相比之下，在判断 B 的责任时，要考虑社会常理。B 有责任是因为证据世界显示 B 的方向发生了变化（而 A 的方向保持不变）。尽管改变 B 的方向不合伦理，并非 B 的初衷，但根据社会常理，这样做会使结果更合常理，最终结果是使 B 的变化不那么大。由于 A 从现实世界到证据世界的变动会导致正态性显著下降，B 现实世界到证据世界的变动会导致正态性的下降幅度小得多（甚至可能增加）。因此我们认为 B 的责任更大。考虑比利的用药案例时，也应有类似的考虑（请参见例 3.5.2 的讨论）。

对于感兴趣的事件，假如我们确实看到了证据世界包含的正态性，而不是从现实世界到证据世界变动的正态性，我们在判定因果关系时，要考虑类似正态性的使用理念。

如前文所述，最后一个关于责任判断方面的混杂因素是，人们似乎将责任和过失混为一谈。回顾例 6.2.8 的旁观者效应讨论，假设这样提问，如果有 n 名旁观者没有参与施救，那么这些旁观者对受害者的死亡应负多大责任。我们认为 n 的值越大，每个旁观者的责任度就越低，通过刚才讨论的正态效应可以解释部分原因，没有采取行动的旁观者越多，其中某人参与施救就越反常（某种意义上的“反常”），每个人的责任度就越低。但是也有可能，当问及旁观者的责任度时，大家实际上是在用过失度回应。正如所见，在某种合理假设下，过失度会随着 n 的增加而下降。

从过失的角度出发，本节还提供了一种处理因果链上责任明显减弱的方法，也就是说,衰减部分是真正的过失(按照6.2节定义的技术层面说法),而非责任。正如例6.2.7讨论的那样,对于HP定义的各种版本,沿着链条方向过失会减弱。

上述讨论希望将正态性和过失结合起来。将3.5节给出的合并正态性替代方法与第5章的某些思想结合,给出了一个有用的框架。在正态性的替代方法中,假设场景存在部分预排序被视为正态性排序。为了将过失计算为责任度期望值,本节对过错假设了一种场景概率。5.2.1节和5.5.1节讨论了如何将事件的部分预排序视为代数条件的似然性度量。回顾一下,代数条件的似然性度量只是概率的概括:它是某事件与其他各相关事件(事件集)的似然性函数,并且它的⊕和⊗操作,类似加法和乘法,因此似然性可以相加或相乘。如果将责任度也作为似然性度量范畴的一部分,我们甚至可以用责任度期望值来表征过失度,但它现在的似然性要更加合理的定性,但不一定是数值。这也许与人们使用和认定过失的定性方式更加吻合。无论如何,这种观点有助于在框架内处理过失和正态性。使用似然性度量(也许有两种似然性度量:一种代表似然性,另一种代表常理意义上的正态性),而非使用概率或者物理世界的部分预排序。这样做还能自然地将正态性纳入过失之中,并且能够用似然性来表示,不一定非要用概率。通过增加这种概算能获得多少收益目前尚不清楚,但值得探索。

◇扩展阅读

6.1节和6.2节给出的责任和过失定义主要取自卡克勒和哈珀恩[2004],两节中对此的讨论也很多。但是责任的初始和更新定义,以及卡克勒和哈珀恩[2004]给出的定义之间都有着细微差异。在计算φ的$X=x$的责任度时,卡克勒-哈珀恩定义是要计算为使$X=x$成为关键因素所需的改变次数。因此例6.1.4中,并不一定非要改变B的值来使$A=0$成为关键因素,所以$A=0$对$C=1$的取值100%负责。同样,苏西在复杂掷石模型中的投掷责任度为1。当前的定义似乎能更准确描述人们对责任的认定。

此处过失的定义也是对初始卡克勒-哈珀恩定义的小改进,这里假设集合$\boldsymbol{k}$中所有的场景$\boldsymbol{u}$是用来计算$\boldsymbol{X}=\boldsymbol{x}$的过失度,同时也满足$\boldsymbol{X}=\boldsymbol{x}$。根据卡克勒和哈珀恩[2004],假设$\boldsymbol{\kappa}$中的场景代表的是观察$\boldsymbol{X}=\boldsymbol{x}$之前行为体的认知状态,那么计算$\boldsymbol{X}=\boldsymbol{x}$对$\varphi$的责任度要考虑$(M_{X\leftarrow x},\boldsymbol{u})$,而非$(M,\boldsymbol{u})$。鉴于我们关注的重点是$\boldsymbol{X}=\boldsymbol{x}$成立的情况,计算$\boldsymbol{X}=\boldsymbol{x}$的过错度及责任度,这个选择可以说更合理。

卡克勒和哈珀恩[2004]定义的初始HP定义,对责任度和过失度的复杂性进行了分析,亚历山德罗维奇[2014]等人分析了改进HP定义,阿莱奇纳、哈珀恩和洛根［2016］分析了改进 HP 定义。

蒂姆·威廉姆森［2002］用神枪手的案例来区分责任与过失，法律上显然会认为，发射实弹的射手要比发射空弹的射手承担更多的责任。这就是说，法律在判罚时既要考虑责任又会考虑过失。仔细区分“过失”和“责任”十分有益，可在二者的基础上明智地讨论惩处。

齐默尔曼［1988］对道德责任做出了介绍。令人惊讶的是，这篇文章长幅大论道德责任，但没有直接将道德责任与因果关系联系起来。谢弗［2001］论述了一种责任的概念，有点契合本章定义的过失概念，特别是他认为责任（部分）依赖于因果关系，但他没有给出责任的正式定义，因此很难比较。此外，他的因果关系定义与 HP 定义之间存在重大的技术差异，因此谢费的形式化定义无疑区别于与我们的定义。

哈特和奥诺雷［1985］讨论了如何用认知状态来确定责任。

戈德曼［1999］应该是第一个以（因果）责任的形式来解释投票的人，他是根据麦凯的 INUS 状况来进行研究的（请参阅第 1 章的注释），我们基本上采用了相同的分析。他还提出了一个观点，即弃权者对结果的责任度比投票者要小，但模型中并没有正式体现。瑞克和奥德舒克［1968］估计单独选民在美国总统选举中起决定性作用的概率为10^{-8}。

格斯滕贝格和拉格纳多［2010］定义的责任概念，在描述归因方面比较合理。泽尔坦、格斯滕贝格和拉格纳多［2012］讨论了多证据对责任归属的影响，并在例 3.5.1 中解释了这种现象，他们还给出了该情况下责任的正式定义。给定 $X=x$，φ 和因果设置$(M,\boldsymbol{u})$，令

$$N=\frac{1}{\sum_{i=1}^{k}\frac{1}{n_i}}$$

式中：k 为证据数量，$X=x$ 是 φ 的起因，对于每个证据$(\boldsymbol{W},\omega_i,x_i)$，$n_i=|\boldsymbol{W}_i|$；其中，$i=1,2,\cdots,k$，责任度取为 $1/(N+1)$。在只有一个证据的特殊情况下，此定义可简化为定义 6.1.1。泽尔坦、格斯滕贝格和拉格纳多表示，与定义 6.1.1 相比，这种更精细的责任定义可以更好地预测人类打分。

格斯滕贝格、哈珀恩和特南鲍姆［2015］描述了 6.3 节讨论的投票实验。需要指出的是，除重要性和正态性之外，关键性也很重要。拉格纳多、格斯滕贝格和泽尔坦［2013］对关键性的概念进行了详细的讨论。关键性考虑的是人类的先验概率，用 Pr 表述因果关系的先验概率，拉格纳多、格斯滕贝格和泽尔坦用以下公式描述 φ 的 $X=x$ 临界性

$$Crit(\varphi,X=x)=1-\frac{Pr(\varphi\mid X\neq x)}{Pr(\varphi\mid X=x)}$$

假设 $X=x$ 对 φ 有正面影响，因此有 $Pr(\varphi|X=x)>Pr(\varphi|X\neq x)$。如果 $X=x$ 与 φ 不相关，则 $Pr(\varphi|X=x)=Pr(\varphi|X\neq x)$，因此 $Crit(\varphi|X=x)=0$，但是如果对 φ 来说，$X=x$ 是必要条件，则 $Pr(\varphi|X\neq x)=1$，因此 $Crit(\varphi|X=x)=1$。拉格纳多、格斯滕贝格和泽尔坦建议将责任归因于临界性和重要性。

我们没有讨论临界性，是因为临界性的问题与过失本质上作用相同。注意，如果 $X=x$ 与 φ 不相关，则 $X=x$ 对 φ 的过失度为0；如果 $X=x$ 是 φ 的必要条件，从某种意义上说它是 φ 发生时的合理原因，并且已知 φ 已经发生(即 φ 在 k 中的所有因果关系中成立)，则 $X=x$ 对 φ 的过失度是1。尽管过失度和临界性相关，并且都考虑了先验概率，但二者并不相同。例如，如果 $X=x$ 和 φ 完全相关，但是 $X=x$ 并不是 φ 的原因(如果 $X=x$ 和 φ 具有共同的原因，那就是这种情况)，则 $X=x$ 对于 φ 的过失度将为0，而 $Crit(\varphi|X=x)$ 仍将为1。这种情况下，过失度更接近于描述先验概率对责任归属的影响，而非临界性，但由于大家常把过失与责任混为一谈，因此先验概率的影响很重要。

柯明斯基等人[2014]对正态性在责任判定中起到的作用进行了讨论(他们对实验结果的解释与我们的解释有所不同)。

想了解期望值场景下似然性度量的详细信息，可参见楚和哈珀恩[2008]。

第7章 解 释

好的解释就像洗衣服、沐浴，通过必要的包装揭示万物。

——E. L. 孔斯贝格

领带难释需要数学解释。

——拉塞尔·克罗

人们关注因果关系的主要原因可能是对问题进行解释。回想一下我在本书第1章中提出的三个问题：为什么我的朋友会沮丧？为什么文件无法在计算机上正确显示？为什么蜜蜂会突然死亡？这些问题是在问原因，而答案将会提供一个解释。

众所周知，与因果关系一样，也许很难定义“解释”。与因果关系一样，与“解释”有关的问题一直是几千年来哲学研究的重点。在本章中，我将说明如何使用HP因果关系定义所蕴含的思想，来给出原因解释，从而阐释文献中讨论的许多问题。这里的基本思想是，解释是一个事实，如果我们发现它是正确的，就能构成解释的实际原因（即要解释事实），而与行为体初始不确定性无关。

解释的定义既涉及因果关系又涉及其他相关知识。虽然某种解释适用于某一种行为体，但可能不适用于另一种行为体，因为这两种行为体可能具有不同的认知状态。例如，行为体想寻求约翰逊先生为什么患有肺癌的解释，如果已经知道他在石棉厂工作多年这一事实，就不会认为这是因果解释的一部分。对于这类行为体，对约翰逊先生病情的解释涉及石棉纤维与肺癌之间联系的因果模型。不过对于已经知道该因果关系模型但不知道约翰逊先生在石棉制造业工作的人来说，这种解释将会涉及约翰逊先生的工作，但不会提及该因果关系模型。此示例说明一项解释可能包括因果模型（或因果模型的片段）。

萨尔蒙区分了认知解释和本体解释。概略而言，认知解释是一种依赖于行为体认知状态的解释，告诉他一些尚不知道的东西，而本体论的解释与行为体本身完全无关。本体解释将涉及因果模型和所有相关事实。当一个行为体寻求解释时，他通常是在寻找与他的认知状态有关的认知解释，也就是说他尚不了解本体解释。在我看来，这两种“解释”概念都很有趣。此外，对一个事物进行准确定义有助于我们对另一个相关事物进行准确定义。

7.1 解释的基本定义

在哲学文献中对于定义解释的“经典”方法，例如亨佩尔的演绎——律则模型和萨尔蒙的统计相关性模型，都未能体现出常见解释中固有的方向性传承。尽管哲学文献中有很多例子都说明需要考虑因果关系和反事实，并且大量哲学文献对因果关系进行了定义，但哲学家仍然不愿意在理论上建立基于反事实因果关系的解释理论(参阅本章扩展阅读)。

正如之前所言，解释的定义是与认知状态相关的，如第6.2节所定义的，认知状态 k 是关于因果设置的集合，用概率分布表示。为简便起见，假设因果模型是已知的，因此我们可以将认知状态视为事件集合。概率分布在基本定义中并不起作用，不过在解释“质量”或“优良性”时，它就会起作用。因此，出于以下定义的目的，我把认知状态简单设定为事件集合 k，k 是行为体在观察到 φ(解释)之前考虑到的可能事件集合。给定公式 ψ，令 $k_{\psi}=\{(M,\boldsymbol{u})\in k:(M,\boldsymbol{u})\models\psi\}$。在第3.5节中我定义了 $\psi=\{\boldsymbol{u}:(M,\boldsymbol{u})\models\psi\}$。据此(将在本章的稍后部分使用)，则有 $k_{\psi}=k\cap\psi$。

关于解释的定义主要基于第2.6节中对充分因果关系的定义。正如因果关系定义有三种版本一样，解释的定义也有三种版本。

定义7.1.1 在因果模型 M 中，基于场景集合 k，如果满足以下条件，则$\boldsymbol{X}=\boldsymbol{x}$ 是 φ 的解释：

EX1. $\boldsymbol{X}=\boldsymbol{x}$ 是 φ 的充分原因，如果 k 满足 $\boldsymbol{X}=\boldsymbol{x}\wedge\varphi$，更准确地说：

(1)如果 $\boldsymbol{u}\in k$，并且$(M,\boldsymbol{u})\models\boldsymbol{X}=\boldsymbol{x}\wedge\varphi$，那么存在一个 $X=x$ 满足$\boldsymbol{X}=\boldsymbol{x}$，以及一个 $\boldsymbol{Y}=\boldsymbol{y}$，使得在满足$(M,\boldsymbol{u})$条件下，$X=x\wedge\boldsymbol{Y}=\boldsymbol{y}$ 是 ψ 的原因(基于充分原因的定义，这是适用于所有 $\boldsymbol{u}\in k_{\boldsymbol{X}=\boldsymbol{x}\wedge\varphi}$ 条件下的必要条件SC2。对于任意条件下 $k_{X=x\wedge\varphi}$，SC1均成立)。

(2)如果 $\boldsymbol{u}\in k$，$(M,\boldsymbol{u})\models[\boldsymbol{X}\leftarrow\boldsymbol{x}]$成立(对于集合 k，这是SC3的充分条件)。

EX2. $\boldsymbol{X}$ 是最小解。没有严格子集 $\boldsymbol{X}'$，使得 $\boldsymbol{X}'=\boldsymbol{x}'$满足EX1，其中 $\boldsymbol{x}'$是 $\boldsymbol{x}$ 对变量 X 的限制(这就是SC4)。

EX3. $k_{\boldsymbol{X}=\boldsymbol{x}\wedge\varphi}\neq\varnothing$。仅表示行为体所设想的一种使解释成立的情况，如果满足额外条件，这种解释将是非平凡解。

EX4. 对于部分 $\boldsymbol{u}'\in k_{\varphi}$，有$(M,\boldsymbol{u}')\models\neg(\boldsymbol{X}=\boldsymbol{x})$(鉴于给定观察值 φ，目前该解释不为人所知)。

此处的大多数条件仅取决于 k_{φ}，这是行为体观察到 φ 后认为可能的场景集。集合 k 在 EX1 第二部分（与 SC3 类似）中起作用，它决定了使 $[\boldsymbol{X}\leftarrow\boldsymbol{x}]\varphi$ 成立的场景集合。

满足 EX2 的最小解本质上舍去了部分已知的解释，因此我们并没有得到一个本体解释。满足显著性要求的 EX4 条件（我认为是可有可无的）认为，已知的解释不能算作“真实”的解释——书面上提到的最低要求不足以使其摆脱平凡解释的定位，对于认知解释来说，这似乎是合理的。

EX4 似乎不符合语法习惯，例如，假设某人观察到集合 φ，然后发现某个事件 A 并说：“啊哈！这解释了为什么 φ 发生。”这似乎是一种完全合理的说法，因为行为体在说出 A 时就已经事先知道了。相对于认知状态而言，事件 A 只是 φ 的无意义解释（并不满足 EX4）。我们认为 k_φ 是在 φ 被发现之后但在事件 A 被发现之前，作为行为体的认知状态（尽管在正式定义中没有此要求）。考虑到认知状态，事件 A 可能也是在被发现之前相对 φ 的一个非平凡解释。并且，即使在行为体发现 A 之后，仍然可能无法确定 A 是如何引起 φ 的，也就是说，可能无法确定因果模型，这意味着从更一般的解释角度看，一旦我们将主体的所有不确定因素都考虑进去，A 实际上并非平凡解释。

例 7.1.2 再次考虑森林火灾的例子（例 2.3.1）。根据第 2.1 节的表示方法，考虑下面四种情况：$u_0=(0,0)$ 表示没有闪电，也没有纵火犯；$u_1=(1,0)$ 表示只有闪电，无纵火犯；$u_2=(0,1)$ 表示有人纵火，同时没有闪电；$u_3=(1,1)$ 表示纵火犯放火的同时又有闪电。在析取模型 M^d 中，如果有 $k_1=\{u_0,u_1,u_2,u_3\}$，那么对于 k_1，根据 HP 定义，$L=1$ 和 $MD=1$ 都是对 $FF=1$ 的解释。

对于 $k_2=\{u_0,u_1,u_2\}$ 和 $k_3=\{u_0,u_1,u_3\}$，$L=1$ 和 $MD=1$ 都是对 $FF=1$ 的解释。不过对于 k_3，$L=1$ 是一个平凡解释，一旦发现森林着火，我们就能想到这种情况。

相比之下，在关于森林火灾的联合模型 M^c 中，相对于 k_1，对火灾的唯一解释是 $L=1\wedge MD=1$。基于充分性要求，对于 k_1 中 u_0，u_1 或者 u_2，单独的 $L=1$ 或者 $MD=1$ 本身都不是对火灾的解释，但是 $L=1\wedge MD=1$ 是一个平凡解释。如果行为体确信森林发生火灾的唯一可能是既有闪电又有人为纵火（例如，不可能是由于无人看管的篝火无意造成的），那么一旦发现森林火灾，他便知道原因，不再需要别的解释。

考虑 $k_4=\{u_1,u_3\}$ 的情况，$MD=1$ 是森林火灾的一种解释。由于已经知道 $L=1$，因此行为体需要知道 $MD=1$ 才能解释火灾，但是既然由于发生火灾需要满足条件 $L=1$ 和 $MD=1$，因此行为体一旦知道发生火灾，就知道必须满足条件 $MD=1$。我们注意到 $MD=1\wedge L=1$ 不是一个解释，因为它违反了最小值条件 EX2。$L=1$ 也不是一个解释，因为存在 $(M^c,u_1)\models\neg[L\leftarrow1](FF=1)$，所以没有充分的因果关系。

这个例子已经说明了为什么“解释”要考虑充分因果关系。对于 k_1 或者 k_4，我们通常不认为闪电是森林大火的原因解释。

例 7.1.3 现在考虑 2.1 节中讨论的 11 名选民的投票情况。令 k_1 包含了 2^{11}种所有可能的投票组合。在这种情况下，如果我们想解释为什么苏西获胜，那么投票给苏西的 6 名选民的任何子集都是一个解释。因此，根据改进后的 HP 定义，解释与原因看起来类似。但事情通常并非如此，正如森林火灾分离模型讨论的所那样。如果 k_2 包含了投票人 1 号至 5 号投票给苏西的 2^6 种可能的情况，那么对任意 $V_i=1(i=6,7,\cdots,11)$，就是苏西获胜的解释。从直觉上看，如果我们知道前 5 名选民已经给苏西投了票，那么一个好的解释将会告诉我们谁把第六张票投给了她。

尽管使用了“解释”一词，但此处的解释应视为可能的原因解释或潜在的原因解释，例如，当考虑到 k_2 情况，对苏西的获胜进行解释时，即已知投票者 1 至 5 投票赞同苏西，称 6 号投票者为“解释”并不意味着 6 号投票者投票赞成苏西。实际上，这意味着 6 号投票者可能会投票给苏西，如果 6 号投票者确实投向苏西，那么其投票也足以确保苏西获胜。

与原因一样，定义 7.1.1 不允许存在析取解释，但是在这里该解释似乎更完美，特别是我们也许会考虑其他可能的解释。可以说苏西的胜利是由 6 号选民、7 号选民或者 11 号选民投票赞成她的事实来解释的，但是需要进一步调查确定到底是哪个选民。在这种情况下，可以对析取性解释给出一个合理的定义。根据定义 7.1.1，如果任意 $\boldsymbol{X}_i=\boldsymbol{x}_i$ 是 φ 的解释，那么可以说 $\boldsymbol{X}_1=\boldsymbol{x}_1 \vee \cdots \boldsymbol{X}_k=\boldsymbol{x}_k$ 是 φ 的解释。在谈到解释的质量时，以这种方式定义析取解释会发挥重要作用，这是下一节要谈到的观点。

例 7.1.4 假设四月有一场大雨，随后的两个月有雷暴，六月有一场森林火灾。如果不是因为四月份大雨，考虑到五月的雷暴天气，森林将在五月(而非六月)着火。但是，考虑到暴雨，如果仅在五月份发生雷暴，森林也根本不会着火。如果仅在六月发生雷暴，那森林在六月着火。我们可以使用包含五个内生二进制变量的模型来描述该情况：

(1)“四月阵雨”的变量用 AS 表示，其中 $AS=0$ 表示四月不下大雨，$AS=1$ 表示四月有大雨；

(2)ES_M 代表“五月份雷暴”，ES_J 代表“六月份雷暴”(如果该月份没有雷暴，则取值为 0；如果有，则取值为 1)；

(3)$\boldsymbol{FF}_M$ 表示“五月着火”，$\boldsymbol{FF}_J$ 表示“六月着火”(如果在该月份没有火，则取值为 0；如果有火，则取值为 1)。

AS,ES_M 和 ES_J 的取值由给定的情况决定。如果 $ES_M=1$ 并且 $AS=0$,则 $FF_M=1$。如果 $ES_J=1$,并且满足 $AS=1$ 或者 $ES_M=0$,则 $FF_J=1$。

我们用一组变量(i,j,k)分别表示 AS,ES_M 和 ES_J 的取值,令 k_0 表示所有 8 种可能的情况。在这种情况下,森林火灾 $FF_M=1 \vee FF_J=1$ 的解释是什么?不难发现,唯一引起这种火灾情况的原因是 $ES_J=1$,并且 $ES_M=1 \wedge AS=0$。这实际上是在 k_0 集合下,发生上述火灾的唯一解释。如果我们关注于六月发生火灾的解释,即 $FF_J=1$,则可能的解释是 $AS=1 \wedge ES_J=1$,或者 $ES_M=0 \wedge ES_J=1$。所有 HP 定义在这些情况下都符合实际。

这其实很合理,六月的雷暴并不能解释六月发生的火灾,但是六月的雷暴与五月没有暴风雨的事实或四月有阵雨的事实相结合,就能提供合理的解释。考虑析取解释$(ES_J=1 \wedge AS=1) \vee (ES_J=1 \wedge ES_M=0)$,事情也就变得很合理。

现在假设行为体已经知道发生了森林火灾,因此正在针对原因集合 k_1 寻找失火的原因,k_1 包含 5 种可能导致失火的情况,即(0,1,0)、(0,0,1)、(0,1,1)、(1,0,1)和(1,1,1)。在这种状况下,事情会变得复杂一些,对揭示充分因果关系的效力将会变得微弱,因为在考虑的所有情况下都存在森林火灾。以下是情况概览:

(1)根据 HP 定义的任意版本,$AS=1$ 并不是对火灾的解释,因为它构成了集合(1,0,1)或(1,1,1)的一种情况。

(2)根据改进 HP 定义,$AS=0$ 也不是关于火灾的解释,因为在集合(0,0,1)中,它不能成为火灾($FF_M=1 \vee FF_J=1$)的起因,但是根据初始 HP 定义,这将是引发火灾的原因(考虑意外情况 $ES_M=1 \wedge ES_J=0$)(可以说在这种情况下,初始 HP 定义给出了一种不够规范的答案)。容易得出结论,根据初始 HP 定义,考虑到各种可能引发火灾情况 k_1,$AS=0$ 是对火灾($FF_M=1 \vee FF_J=1$)的解释。

(3)根据 HP 定义的所有三个版本,考虑到各种可能引发火灾情况 k_1,$ES_J=1$ 是对森林火灾的一种解释。不难发现根据改进 HP 定义,若满足$(M,u) \models ES_J=1$,$u \in k_1$,则 $ES_J=1$ 是火灾($FF_M=1 \vee FF_J=1$)的原因,而根据改进 HP 定义,$ES_J=1$ 是对森林火灾原因的部分原因解释。

(4)基于改进 HP 定义,$ES_M=1$ 不是火灾($FF_M=1 \vee FF_J=1$)的解释,但是根据初始 HP 定义则是。考虑(1,1,1)这种情况,可留给读者做进一步思考。根据初始 HP 定义,对于 $\boldsymbol{W}=(AS,ES_J)$ 和 $\boldsymbol{W}=0$,说明五月份雷暴是造成火灾的原因,但是如果基于改进 HP 定义则不构成原因(同样,基于初始 HP 定义,在这种情况下可以给出不适当、引发争议的答案)。

(5)基于改进 HP 定义,$ES_M=1 \wedge AS=0$ 是对火灾($FF_M=1 \vee FF_J=1$)的解释,对于任意情况 k_1 成立。在任意情况下,$ES_M=1 \wedge AS=0$ 的一个合取$ES_M=1$

是火灾($FF_M = 1 \vee FF_J = 1$)的部分原因。这时,满足最小值要求EX2的条件(因为如我们所见,$ES_M = 1$或$AS = 0$都不能称为是解释)。

现在假设人们正在寻找k_1情况对六月份火灾的解释。

(1)如前所述,很容易得到$ES_J = 1$并不是事件$FF_J = 1$的解释,因为它不是$FF_J = 1$的充分原因。它违反了EX1的第二条,因为在(0,1,0)情况下,$[ES_J \leftarrow 1] = (FF_J = 1)$并不成立。

(2)$AS = 1$也不能构成一个解释,因为它不是一个充分原因(同样的道理,在(0,1,0)情况下违反了EX1的第二条)。

(3)$ES_M = 1$也不能构成一个解释,因为它不是一个充分原因(同样的道理,在(0,1,0)情况下违反了EX1的第二条)。

(4)$ES_M = 0$也不能构成一个解释,因为它不是一个充分原因(同样的道理,在(0,1,0)情况下违反了EX1的第二条)。

(5)根据HP定义的所有变体版本,$ES_M = 0 \wedge ES_J = 1$,以及$AS = 1 \wedge ES_J = 1$都是对火灾的完整解释。

因此尽管根据不同情况k_0或k_1,我们对火灾有不同解释,但对六月发生火灾的解释却是相同的。

7.2 部分解释和解释力

并非所有的解释都是同样有效的。所谓“好”的解释有不同的评价维度,例如简单性、通用性和信息量。这里主要关注“好”的一个重要维度,即似然性(我无意暗示其他方面并不重要)。为了捕获解释的似然性,应当引入概率。假设行为体在可能情况的集合κ上行动的概率是Pr。回想一下,我设定k是行为体在观察到待解释事物φ之前,所能设想的各种情况的集合。

可以将Pr视为在集合k中行为体的先验概率。显然在这种情况下,一种定义$\boldsymbol{X} = \boldsymbol{x}$作为对$\varphi$的解释优度的方法是,考虑使$\boldsymbol{X} = \boldsymbol{x}$为真的一组信息的概率,或者正如通常所做的那样,考虑一下φ的条件概率。

这是一个关于“好”的有效概念。例如,回到森林火灾案例,将情景设置为$k_2 = \{u_0, u_1, u_2\}$,行为体可能会认为发生闪电会比发生纵火概率更大,这种情况下,认为$L = 1$比$MD = 1$引发火灾的解释更加有力。也就是说,它比$MD = 1$更有可能成为实际火灾的解释(关于φ的解释,应该是指关于φ的可能性解释;关于解释优度的定义,为评估关于φ的所有可能“好”的解释提供了一种方法)。当然,如果允许构造一种析取解释,那么$L = 1 \vee MD = 1$的解释力会更强,以观察到火灾为先验条件,它的概率为1。这里也有一个问题,$L = 1 \vee MD = 1$包含的信息量较少，想获得“信息量”的直觉感受，但是在获取之前，走弯路并进行部分解释会很有用。在接下来的大部分讨论中，不考虑析取解释。

例 7.2.1 假设我看到维多利亚被晒黑了，想寻求一个解释。在此，因果模型将包括 3 个变量：“维多利亚在加那利群岛度假”“加那利群岛是晴天”以及“参加了日光浴”。根据情景给三个变量赋值，有 8 种可能的情况，具体取决于这 3 个变量的赋值。在看到维多利亚之前，所有这 8 种可能性都存在。维多利亚去加那利群岛并不是对维多利亚皮肤变成棕褐色的解释，这里有两个原因。首先，维多利亚去加那利群岛还不足以使其晒黑。在加那利群岛，有些时候天气并不晴朗，或者维多利亚也许不会去日光浴。在这种情况下，去加那利群岛不会导致她被晒黑，甚至在维多利亚已经晒黑并去过加那利群岛的情况下，去加那利群岛仍然不是她在缺乏阳光并参加日光浴的情况下变黑的原因，至少根据改进的 HP 定义如此（根据初始 HP 定义，这可以作为原因，此案例与示例 2.8.1 相同，在上个案例中，尽管 B 选择开枪射击，但 A 并未给 B 的枪装弹。就像本例一样，初始 HP 定义似乎是可以通过与示例 2.8.1 相同的方式解决此问题，方法是添加一个外生变量，即“维多利亚在一个阳光充足的地方度假”）。然而即便前往加那利群岛不是晒黑的原因，大多数人还是会接受“维多利亚在加那利群岛度假”作为其被晒黑的满意解释。尽管尚未满足 EX1 条件，但直觉而言，它“几乎”已令人满意，特别是如果假设加纳利群岛可能是晴天的话。而加纳利群岛阴天可能性很小。根据定义 7.1.1，唯一完整的（且基本的）解释是“维多利亚去了加那利群岛，当时阳光明媚”，“维多利亚去了加那利群岛，没有去晒日光浴”，以及“维多利亚曾参加日光浴”。“维多利亚去了加那利群岛”是一个部分解释（这是一个更笼统的概念，不仅仅是解释的一部分）。

在例 7.2.1 中，可以通过添加一个合取项将部分解释拓展到完整解释。但是，并非所有的部分解释都可以拓展，这是因为完整的解释可能涉及外生变量，这在解释中是不允许的。例如，假设在维多利亚的案例中使用了一种不同的因果模型，其中唯一的内生变量是代表维多利亚度假的变量，既没有任何与加那利群岛天气相对应的变量，也没有与维多利亚是否晒日光浴相对应的变量。相反，该模型仅具有外生变量，即使没有去加那利群岛旅行，维多利亚也会晒黑，而即使去加那利群岛也不会使她晒黑。可以说，该模型不能充分体现事件的重要特征，因此表现力不足，但是即使在这种模式下，维多利亚的度假仍然可以部分解释她的晒黑现象：在不太可能成为（充分）原因的情况下，加那利群岛没有阳光的可能性相当小，但在此模型中，我们无法为维多利亚去加那利群岛的事件添加任何排除“不好”情景的合取项。确实，在此模型中给定外生变量的选择，没有关于维多利亚皮肤变为棕褐色的（完整）解释。

从直觉而言,如果潜在原因没有“命名”,那么就没有观察结果的解释,如下面示例情况经常出现。

例 7.2.2　假设电视机的声音正常,但是没有图像。行为体知道导致没有图像的唯一原因是显像管有故障(较早的非数字电视带有显像管)。但是行为体也意识到,有几次即使显像管正常工作,电视机出于“莫名其妙”的原因仍然没有图像,可以由图 7.1 中描述的因果网络图,其中 T 描述显像管是否正常工作(正常则为 1,否则为 0),P 描述是否存在图像(有图像则为 1,否则为 0)。外生变量 U_0 确定显像管的状态 $T = U_0$。

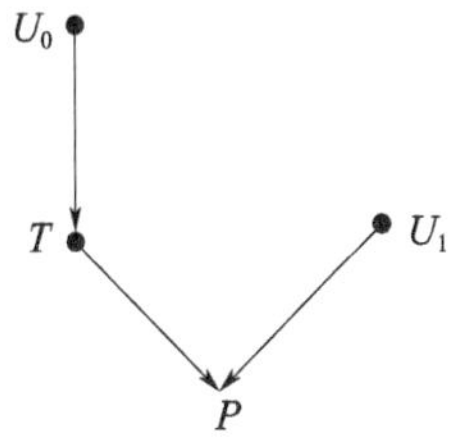

图 7.1　无图像的电视

外生变量 U_1 旨在表示“其他可能的变量”,如果 $U_1 = 0$,则是否有图像仅取决于显像管的状态,即 $P = T$。但是如果 $U_1 = 1$,则没有图像($P = 0$)不关乎显像管的状态如何,因此在 $U_1 = 1$ 的情况下,$T = 0$ 并不是 $P = 0$ 的原因。现在假设集合 k 既包含了情况 $\boldsymbol{u}_{00}$,其中 $U_0 = U_1 = 0$;也包含了情况 $\boldsymbol{u}_{10}$,其中$U_0 = 1$,且 $U_1 = 0$。在满足 $\boldsymbol{u}_{00}$和 $\boldsymbol{u}_{10}$情况下,$P = 0$ 的原因只能是 $P = 0$ 自身(假设不排除自因果关系)。请注意在 $\boldsymbol{u}_{00}$中,$T = 0$ 并不是 $P = 0$ 的原因,因为即使 T 设置为 1,也会有 $P = 0$。的确,对于包含 $\boldsymbol{u}_{00}$和 $\boldsymbol{u}_{10}$的任何认知状态 k,都没有关于 $P = 0$ 的重要解释,但是,在 k 中所有满足 $T = 0$ 的条件下,$T = 0$ 是 $P = 0$ 的原因(除了 $\boldsymbol{u}_{00}$),并且在所有情况下都是 $P = 0$ 的充分原因。如果 $\boldsymbol{u}_{00}$的概率很低(直觉表明电视机不大可能同时几处出现问题),那么在 k 中,可以将 $T = 0$ 视为对 $P = 0$ 较为满意的部分解释。

请注意,如果我们通过添加内生变量(例如 I)来修改因果模型,对应于“莫名其妙”的原因 U_1(等式 $I = U_1$),则根据 HP 定义,$T = 0$ 和 $I = 0$ 都成为 $P = 0$ 解释。

例 7.2.2 和例 7.2.1 之后的讨论强调了我在上面指出的观点:如果对原因无法命名,那么可能就没有解释。通过增加内生变量为原因“命名”,可以使之前无法解释的情况得以解释,通过添加“名称”以创建解释的现象非常普遍。例如,引入“神秘”来解释那些难以解释的现象。在医学中则会以症状群的方式命名,以此作为解释。

这里的定义与(k,Pr)对有关,就像过失的定义一样。一旦我们掌握了相关概率分布的信息,就可以修改条件 EX3 和 EX4,以便它们使用该条件。也就是说,对于 EX3,现在可以说 $Pr(k_{X=x\wedge\varphi})\neq 0$,而不仅仅是 $k_{X=x\wedge\varphi}\neq\varnothing$;类似的对于 EX4,有 $Pr(\boldsymbol{X}=\boldsymbol{x}\ k_{\varphi})\neq 1$。假定只要知道图像中存在概率分布,就可以应用改进后的 HP 定义。

定义 7.2.3 给定因果模型 M 中的一组情景 k 及其概率分布 Pr。对 k 而言(即 EX1 中的第一条件),令 $k(\boldsymbol{X}=\boldsymbol{x},\varphi,\mathrm{SC2})$包含了满足 SC2 的所有背景情况 $\boldsymbol{u}\in k_{X=x\wedge\varphi}$。确切地说,

$$k(\boldsymbol{X}=\boldsymbol{x},\varphi,\mathrm{SC2})=\left\{\begin{array}{l}\boldsymbol{u}\in k_{X=x\wedge\varphi}:\text{存在合取 } X=x\text{,满足 }\boldsymbol{X}=\boldsymbol{x},\\ \text{并且存在一个(可能为空)连接 }\boldsymbol{Y}=\boldsymbol{y}\text{,使得 }X=x\wedge\boldsymbol{Y}=\boldsymbol{y}\\ \text{是}(M,u)\text{中 }\varphi\text{ 的原因}\end{array}\right\}$$

令 $k(\boldsymbol{X}=\boldsymbol{x},\varphi,\mathrm{SC2})$由满足 SC3 的所有情景 $\boldsymbol{u}\in k$ 组成;也就是 $k(\boldsymbol{X}=\boldsymbol{x},\varphi,\mathrm{SC3})=\{\boldsymbol{u}\in k:(M,\boldsymbol{u})\models[\boldsymbol{X}\leftarrow\boldsymbol{x}]\varphi\}$

如果对于 $k(\boldsymbol{X}=\boldsymbol{x},\varphi,\mathrm{SC3})-(k_{X=x\wedge\varphi}-k(\boldsymbol{X}=\boldsymbol{x},\varphi,\mathrm{SC2}))$,$\alpha=Pr(k(\boldsymbol{X}=\boldsymbol{x},\varphi,\mathrm{SC2}\mid k_{X=x\wedge\varphi}))$,且$\beta=Pr(k(\boldsymbol{X}=\boldsymbol{x},\varphi,\mathrm{SC3}))$情形,$\boldsymbol{X}=\boldsymbol{x}$ 是对 φ 的解释,那么考虑在(k,Pr)情况下,$\boldsymbol{X}=\boldsymbol{x}$ 是对 φ 的满足优度为(α,β)的部分解释。

部分解释的优度提供了对 φ 的解释程度,如上所述,对于$\boldsymbol{X}=\boldsymbol{x}$ 存在两种无法提供解释的情况,可能存在一些情况 $\boldsymbol{u}$(这些情况均满足 $k_{X=x\wedge\varphi}-k(\boldsymbol{X}=\boldsymbol{x},\varphi,\mathrm{SC2})$),满足 $\boldsymbol{X}=\boldsymbol{x}\wedge\varphi$,但是对于 $\boldsymbol{X}=\boldsymbol{x}$ 并不是$(M,\boldsymbol{u})$中 φ 的原因,也可能有一些情况,充分因果条件$[\boldsymbol{X}\leftarrow\boldsymbol{x}]\varphi$ 不成立(这是满足 $k-k(\boldsymbol{X}=\boldsymbol{x},\varphi,\mathrm{SC2})$的情况)。在部分解释的定义中,参数 α 衡量 $k_{X=x\wedge\varphi}$中的场景在第一种感觉上为"好"的一小部分,参数 β 测量在第二个感觉上为"好"的一小部分。对于第一种意义上的"好",我们只关心 $k_{X=x\wedge\varphi}$中的哪种情况是好的,因此以 $k_{X=x\wedge\varphi}$为条件是有意义的。如果 $\boldsymbol{X}=\boldsymbol{x}$ 是相对于 k 的关于 φ 的解释,则对于 k 上的所有概率分布 Pr,$\boldsymbol{X}=\boldsymbol{x}$ 是给定(k,Pr)对于 φ 的部分解释,解释优度为$(1,1)$。

在例 7.2.1 中,如果行为体认为加那利群岛晴天的概率为 0.9,与维多利亚是否去加纳利群岛或者晒日光浴无关,那么维多利亚去加那利群岛是对她被晒黑的部分解释,解释优度(α,β),其中 $\alpha>0.9$ 且 $\beta>0.9$(根据更新和改进 HP 定义,在此示例中,初始 HP 定义给出了不适当的因果关系说明)。鉴于 $\alpha>0.9$,请注意在维多利亚去加那利群岛的前提下,她被晒黑的可能性已经是 0.9。至少在她去加那利群岛并被晒黑的情况,二者是同等条件。同样地,$\beta>0.9$ 是因为它满足 SC3 的全部可能性:它既包括了加纳利群岛为晴天的所有可能性,也包括维多利亚去晒日光浴但加纳利群岛并不是晴天的所有可能性。同样,在示例 7.2.2 中,如果行为体认为其他原因起作用的可能性是 0.1,且显像管有故障(即

$Pr(u_{00}X=x=0.1)$,则 $T=0$ 是对 $P=0$"好"的解释,其优度为(0.9,1)。

根据2.5节中所讨论的因果关系概率定义,很多文献尝试以概率的方式来定义"解释",这些定义对因果关系的解释增加了因果关系泛滥可能性。对于因果关系的处理,可以参照下面的示例,使用部分因果关系之类的概念,而不是作概率解释。

例7.2.4 假设将测量放射性的盖格计数器放置在岩石附近,计数器会发出"滴答"声,对此如何解释呢?假设行为体不知道该岩石含铀元素,根据其具有一定放射性,判断其可能含铀,并且知道靠近放射性物体会导致盖格计数器发出滴答声。显然,靠近放射性物体增加了盖格计数器单击计数的可能性,因此根据概率性解释,这就是一种解释。如果盖格计数器放置在放射性物体附近时一定会发声计数,根据定义7.1.1,这显然表明在附近有放射性物体。不过如果滴答声仅以一定的概率 $\beta<1$ 发生,那么肯定存在某些情况使得行为体会认为,尽管盖格计数器被放置在靠近岩石的地方,但仍不会发出"滴答"声。因此,EX1的后半部分不成立,故而根据定义7.1.1靠近岩石并不能解释盖格计数器的发声计数。但是,这只是部分解释,其优度是$(1,\beta)$:将盖格计数器移动到靠近岩石的位置是发出"滴答"声的解释,这是相对它确实发出"滴答"声的情况而言的,我们假设发出"滴答"声的概率为 β。

大多数解释都是有限的,当 α 和 β 接近于1时,会将它们称为"解释"而非"部分解释"。有限性可能有助于说明为什么解释链越长,解释性就越弱:即使对于每个链接的参数 α 和 β 都可能接近1,但在整个链条中 α 和 β 却可能接近于0,例如,西尔维亚的抑郁症可能被视为对她自杀的合理解释,西尔维亚的遗传基因构成可能被视为对其抑郁症的合理解释,但其遗传构成可能不被视为其自杀的一种有效解释。

尽管在部分解释的概念中,参数 α 和 β 就解释的质量而言确实具有很好的意义,但是这种"优度"概念仅与可能性有关,并不能描述事件的全貌。一方面,正如我之前提到的,对概念的概率解释感兴趣,或者说是对以待解释对象为条件的概率解释(即 $Pr(X=x|\alpha)$)感兴趣,但是这些方法之间可能存在矛盾关系,例如,假设在森林火灾分离模型中,加入情况 u_4,即没有闪电,不过有纵火犯纵火,但没有发生森林火灾(假设在 u_4 中,有人可以在森林火灾发生之前将其扑灭)。为了准确起见,假设 $Pr(u_1)=0.1$,$Pr(u_2)=0.8$,$Pr(u_4)=0.1$,所以只是因为闪电(而发生火灾的)的概率为0.1,纵火犯纵火引发森林火灾的概率为0.8,纵火犯纵火而没有发生火灾的概率为0.1。在这种情况下,闪电是引发火灾的一种解释,并且是优度为(1,1)的部分解释,但已知发生森林火灾时,这种情况的概率只有1/9。尽管纵火犯不是火灾的解释,但他的纵火行为是对火灾的部分解

释,解释的优度(1,0.9),纵火犯引发火灾的概率为8/9。

另一方面,以上似乎还不够,还有另一种度量解释优度的方法。假设我们是科学家,想知道化学实验室为什么会起火,对此,我们可能怀疑有纵火犯,但是,假设我们在模型中引入一个表示氧气存在的内生变量 O。忽略对正态性的考虑,在所有情况下,$O=1$ 肯定是引发火灾的原因,并且概率为 1。这是一个平凡解释(即它不满足 EX4),也许正是排除它的原因,但是现在假设我们考虑一个极不可能的情况,即虽然 $O=0$ 却着火了(也许有可能从实验室中抽出氧气,但仍然需要使用其他一些氧化物来引火)。在这种情况下,$O=1$ 仍是火灾的解释,并且在发生火灾的情况下概率很大,从直觉上讲它是一种解释,但几乎没有解释力,人们通常更喜欢纵火犯纵火的解释,即使这种可能性不大。如何更精准地描述这种情况呢?

这里有必要先从设定一组所有情况的集合 k 开始,这些情况可以被视为行为体在进行观察之前(即在观察火灾之前)考虑到的所有可能情况,直观上,我们认为 Pr 代表了行为体的“预观测”先验概率,概略而言这里定义(部分)解释 $\boldsymbol{X}=\boldsymbol{x}$ 的解释力为 $Pr(\varphi|\boldsymbol{X}=\boldsymbol{x})$,描述了 $\boldsymbol{X}=\boldsymbol{x}$ 后 φ 的可能性如何变化。以 LF 代表实验室发生火灾,如果实验室火灾并不常见,$Pr(LF=1|O=0)$ 基本上等于 $Pr(LF=1)$ 且没那么高,因此氧气对实验室火灾的解释性很低,相反,$Pr(LF=1|MD=1)$ 可能会很高。如果有一名纵火犯向实验室扔了燃烧的火柴,那么实验室发生火灾的可能性会大大增加。

尽管此定义反映了一些重要信息,但这依然并非我们想要的,问题在于它混淆了因果关系。例如根据此定义,晴雨表刻度的下降将对下雨有很好的解释性(尽管这不是下雨的原因)。以下定义用 $k(\boldsymbol{X}=\boldsymbol{x},\varphi,\text{SC2})$ 替换了 $Pr(\varphi|\boldsymbol{X}=\boldsymbol{x})$ 对 φ 的定义,其中会取 $\boldsymbol{X}=\boldsymbol{x}$ 是 φ 的部分原因。

定义 7.2.5 在设定的(k,Pr)情况下,部分解释 $\boldsymbol{X}=\boldsymbol{x}$ 对 φ 的解释力为 $Pr(k(\boldsymbol{X}=\boldsymbol{x},\varphi,\text{SC2})|[\boldsymbol{X}=\boldsymbol{x}])$。

如果 $\boldsymbol{X}=\boldsymbol{x}$ 是对 φ 的解释(而不仅仅是对 φ 的部分解释),则 $k(\boldsymbol{X}=\boldsymbol{x},\varphi,\text{SC2})=[\boldsymbol{X}=\boldsymbol{x}\wedge\varphi]$,并且定义 7.2.5 符合初始的非正式定义。如果存在 φ 和 $\boldsymbol{X}=\boldsymbol{x}$ 都发生,但 $\boldsymbol{X}=\boldsymbol{x}$ 不是 φ 的原因,则这两个定义之间会产生差异。在例 7.2.1 中,维多利亚去加那利群岛,虽然不是晴天,但是维多利亚仍然去晒日光浴并被晒黑,就是这样的例子。由于存在这种差异,根据定义 7.2.5,下降的晴雨表对降雨的解释力为 0,即使晴雨表在几乎所有下雨的情况下都会显示数值下降(当然在某些情况下晴雨表可能有缺陷,即使下雨也不会使数值下降),但晴雨表在任何情况下都不是下雨的原因。类似地,气压计数值上升也不会导致雨停!

解释力、解释优度和部分解释的概率之间存在张力。如我们所见，$O=0$ 对于 $LF=1$ 的解释力很低，尽管它在起火时具有很高的概率，并且具有优度(1,1)(或者类似的，如果缺少氧气但仍发生火灾)。对于另一个示例7.1.4，在集合 κ_0 中，$ES_J=1$ 并不是六月森林火灾($FF_J=1$)的解释，是集合(0,1,1)不满足 $[ES_J \leftarrow 1](FF_J=1)$，因此EX1的后半部分(即SC3)不成立。如果 $Pr(0,1,1)=p$ 且 $Pr(ES_J=1)=q$，则 $ES_J=1$ 的解释力为 $(q-p)/q$，在六月发生火灾的情况下，$ES_J=1$ 的概率为1，$ES_J=1$ 是对6月发生火灾的部分解释，其优度为 $(1,1-p)$。相比之下，$AS=1 \wedge ES_J=1$ 的解释优度为(1,1)，解释力为1，但与六月发生火灾时 $ES_J=1$ 的情况相比，这种情况的可能性要低得多。

没有任何有效的方式解决解释度量"好"之间的矛盾，建模者必须确定什么要素最重要，如果我们的解释不连贯，情况将变得更加糟糕。析取解释的概率高于析取值，根据该度量标准，析取解释会更好。析取部分解释的优度又如何呢？目前还不清楚该如何定义。定义优度的最自然方法可能是将其作为其每个析取解的最大优度，但是如果存在两个析取值，其中一个具有优良程度(0.8,0.9)，而另一种优良程度为(0.9,0.8)，哪一种更好呢？有一种观点认为，析取解释的解释力要小于析取值的解释力，这里可以通过以下方式直观地感受这种观点：

在 (k,Pr) 的情况下，对于 φ 的析取解 $\boldsymbol{X}_1=\boldsymbol{x}_1 \vee \cdots \vee \boldsymbol{X}_k=\boldsymbol{x}_k$，其解释力为

$$\max_{i=1,2,\cdots,k} Pr(k(\boldsymbol{X}_i=\boldsymbol{x}_i,\varphi,\mathrm{SC2}) \mid [\boldsymbol{X}_1=\boldsymbol{x}_1 \vee \cdots \vee \boldsymbol{X}_k=\boldsymbol{x}_k]) \tag{7.1}$$

因此，正如(7.1)所展示的，对于每个析取项 $\boldsymbol{X}_i=\boldsymbol{x}_i$，作为定义7.2.5的一般化，与其说 $Pr(k(\boldsymbol{X}_i=\boldsymbol{x}_i,\varphi,\mathrm{SC2}) \mid [\boldsymbol{X}_1=\boldsymbol{x}_1 \vee \cdots \vee \boldsymbol{X}_k=\boldsymbol{x}_k])$ 代表了 $\boldsymbol{X}_1=\boldsymbol{x}_1 \vee \cdots \vee \boldsymbol{X}_k=\boldsymbol{x}_k$ 的解释力，还不如考虑析取解的条件概率下，$\boldsymbol{X}_i=\boldsymbol{x}_i$ 多大程度是 φ 的原因，同时考察在所有析取项上以最大似然识别析取解的解释力。

解释力的概念有助于说明为什么我们对不重要的解释不感兴趣，即使它们在解释上有很高的概率(实际上概率可能为1)。与关键的解释相比，它们通常具有较差的解释力。如果引入正态性，优度的概念可以被进一步完善，但我们尚未开始探索。

7.3 解释的通用定义

通常，行为体可能不确定何为因果模型，因此必须在解释中包含因果模型的信息。我们可延拓定义7.1.1，一个认知状态 k 不仅包含所有情景信息，而且包含因果集，即由因果模型 M 和情景 $\boldsymbol{u}$ 组成的 $(M,\boldsymbol{u})$，现在的解释应该包括一些因果信息(例如"祈祷不会引起火灾")和一些实际情况。

假设解释中的因果信息通过 ψ 描述。例如 ψ 可能表示"祈祷不会引起火

灾”之类的事情,它对应于公式$(F=0)\Rightarrow[P\leftarrow 1](F=1)$,其中$P$为表示祈祷的变量,$F=0$表示没有起火。也就是说,如果没有火灾,那么祈祷也不会导致火灾。记一个(一般的)解释表述为$(\psi,\boldsymbol{X}=\boldsymbol{x})$,其中$\psi$是因果语言中的任意公式,$\boldsymbol{X}=\boldsymbol{x}$是一个初始事件的合取项。在一般解释说明中的第一部分会限定因果模型集。在5.4节中,如果$(M,\boldsymbol{u})\models\psi$对任何情况$\boldsymbol{u}$都成立,则$\psi$在因果模型$M$中是有效的,记作$M\models\psi$。

现在将定义7.1.1拓展到更一般的情况,其中k为任意因果集,以及舍弃关于已知因果模型假设。条件EX3和EX4保持不变,仅EX1和EX2与存在差别,令$M(k)=\{M:(M,\boldsymbol{u})\in k$,对于部分$\boldsymbol{u}\}$。

定义7.3.1 如果满足以下条件,则在因果集k中$(\psi,\boldsymbol{X}=\boldsymbol{x})$是对$\varphi$的解释:

EXl. 在因果集$(M,\boldsymbol{u})\in k$中,对于所有满足$\boldsymbol{X}=\boldsymbol{x}\wedge\varphi$使得$M\models\psi$,$\boldsymbol{X}=\boldsymbol{x}$是$\varphi$的充分原因。更确切地说:

(1)如果$(M,\boldsymbol{u})\in k$,$(M,\boldsymbol{u})\models\boldsymbol{X}=\boldsymbol{x}\wedge\varphi$,并且$M\models\psi$,则存在$\boldsymbol{X}=\boldsymbol{x}$上的合取值$X=x$,以及一个(可能为空的)合取项$\boldsymbol{Y}=\boldsymbol{y}$,使得在$(M,\boldsymbol{u})$中,$X=x\wedge\boldsymbol{Y}=\boldsymbol{y}$是$\varphi$的原因。

(2)$(M,\boldsymbol{u})\models[\boldsymbol{X}=\boldsymbol{x}]\varphi$对于所有因果集$(M,\boldsymbol{u})$成立,使得$M\models\psi$。

EX2. $(\varphi,\boldsymbol{X}=\boldsymbol{x})$是最小值;不存在满足EX1的解$(\varphi,\boldsymbol{X}'=\boldsymbol{x}')$,既使得$\{M''\in M(\kappa):M''\models\varphi'\}\supset\{M''\in M(k):M''\models\varphi\}$(“$\supset$”表示严格的超集),$\boldsymbol{X}'=\boldsymbol{X}$,$\boldsymbol{x}'$是$\boldsymbol{x}$到$\boldsymbol{X}'$的限制集,或者$\{M''\in M(k):M''\models\varphi'\}=\{M''\in M(k):M''\models\varphi\}$,$\boldsymbol{X}'=\boldsymbol{X}$,$\boldsymbol{X}'\subset\boldsymbol{X}$,$\boldsymbol{x}'$是$\boldsymbol{x}$到$\boldsymbol{X}'$的限制集。这表示$\boldsymbol{X}$的子集不能在比$\boldsymbol{X}$更大的场景中提供$\varphi$的充分原因,也没有$\boldsymbol{X}$的严格子集在与$\boldsymbol{X}$相同的情景中提供$\varphi$的充分原因。

EX3. $k_{X=x\wedge\varphi}\neq 0$

EX4. 对于$(M,\boldsymbol{u})\in k$,有$(M,\boldsymbol{u})\models\neg(\boldsymbol{X}=\boldsymbol{x})$,或者对于部分$M\in M(k)$,有$M \mid\neq\psi$。

注意,在EX1中,充分因果关系要求限于因果集$(M,\boldsymbol{u})\in k$,从而使得$M\models\psi$和$(M,\boldsymbol{u})\models\boldsymbol{X}=\boldsymbol{x}$。虽然这两种解释都是因果语言的公式,但它们扮演着不同角色。第一个用于将因果模型集合限制为具有适当结构的因果模型;第二个则描述了在结果集合中φ的原因。

显然,定义7.1.1是定义7.3.1的特殊情况,其中因果结构不存在不确定性(即存在一些M使得如果$(M',\boldsymbol{u})\in k$,则$M=M'$)。在这种情况下,可以认为ψ的解释是正确的。

例7.3.2 长期梅毒患者导致轻瘫,实际上也只有少数梅毒患者会发生轻瘫。为简便起见，假设没有其他因素与发生轻瘫有关，该情况可由简单的因果模型 M_P 描述，有两个内生变量 S(梅毒)和 P(轻瘫)，两个外生变量 U_1(S 的背景因素)、U_2 表示“轻瘫的倾向”，与梅毒共同决定是否出现轻瘫。知道这种因果模型且患者出现轻瘫的行为个体不需要解释原因，他不需要别人告知就能知道患者肯定患有梅毒并且 $U_2=1$。相反，对于行为体可能不知道的因果模型(即认为可能存在许多不同的因果关系模型)，$(\psi_P, S=1)$是对因果关系的解释，其中 ψ_P 为表征 M_P 的公式。

◇ 拓展阅读

尽管几千年来哲学家一直在讨论与科学解释有关的问题，但最近的讨论主要是基于亨佩尔(1965)的演绎——法理模型和萨尔蒙(1970)的统计相关性模型。伍德沃德(2014)在哲学层面给出了关于解释工作的最新综述。尽管许多人已经注意到解释与因果关系之间的联系，但是在文献中并没有太多关于因果关系的解释性定义，特别是亨佩尔和萨尔蒙给出的定义并没有真正涉及因果关系。在后来的工作中，尽管萨尔蒙尝试不使用反事实，而使用所谓的因果过程理论(朵约，2000)将因果关系纳入其定义。格登福斯[1980，1988]和范·弗拉森(1980)等人给出了概率解释的定义，其中涉及提高概率的解释。正在正文中所说的那样，萨尔蒙[1984]介绍了本体论和认知解释的概念。

路易斯[1986a]确实将因果关系和解释联系起来，他坚持了这样一个论点，即“解释一个事件就是提供有关其因果历史的一些信息”。伍德沃德[2003]清楚地将解释视为因果关系，并使用了基于结构方程的因果关系理论，但是他没有提供因果关系和解释的不同定义，也没有提出依赖于认知状态的解释概念最终导致他的研究与本文考虑的各种解释优度之间没有相似之处。

此处给出的解释定义以及本章的大部分内容均基于哈珀恩和珀尔[2005b]。但是，这里给出的定义与哈珀恩和珀尔[2005b]的定义存在明显差异，也许最重要的是此处需要充分的因果关系(本质上是SC3)，正如7.1节中所论证的那样，要求充分因果关系是在表明，关于解释的概念与日常语言用法联系更紧密。

格登福斯[1988]详细讨论了一个解释应该与行为体的认知状态有关的想法，这个观点也体现在其早期成果中格登福斯[1980]。这在萨门[1984]的认知解释概念中也很明显，格登福斯[1980，1988]观察发现，解释中可能包括因果模型(因果模型的片段)，这一观点来自其关于约翰逊先生的例子。亨佩尔[1965]还观察到，解释必须与不确定性相关，不仅涉及具体情境，还涉及因果模型，但是，格登福斯和亨佩尔均未明确将因果关系纳入其定义，而是将重点放在统计和法理信息(即有关基本物理规律的信息)上。

例 7.1.4 归功于贝内特(请参阅索萨和图里,1993,第 222 - 223 页),该分析遵循哈珀恩和珀尔[2005b]中的分析方法,例 7.2.1 应归功于格登福斯[1988],他指出,我们通常接受"维多利亚在加那利群岛度假"作为对其被晒黑的令人满意的解释,实际上,根据他的定义,这就是一种解释。

这里定义的部分解释的概念与查耶斯卡和哈珀恩[1997]有关,但二者又有所不同。格登福斯用 $Pr(\varphi|\boldsymbol{X}=\boldsymbol{x})$ 界定 $\boldsymbol{X}=\boldsymbol{x}$ 对 φ 的(部分)解释力(参见格登福斯和哈珀恩[1997]格登福斯[1988])。更准确地说,格登福斯认为 $\boldsymbol{X}=\boldsymbol{x}$ 的解释力为 $\Pr(\varphi|\boldsymbol{X}=\boldsymbol{x}) - Pr(\varphi)$。就比较两种对于 φ 的解释力而言,仅考虑 $Pr(\varphi|\boldsymbol{X}=\boldsymbol{x})$ 就足够了,因为在两个表达式中都出现了 $Pr(\varphi)$。查耶斯卡和哈珀恩[1997]认为,分式 $Pr(\varphi|\boldsymbol{X}=\boldsymbol{x})/Pr(\varphi)$ 相比其差异而言,提供了更好的解释力,但是查耶斯卡和哈珀恩提出的问题在某种程度上与本章关注的问题并不相关。

人工智能文献中主要应用的解释方法是最大后验(MAP)方法,例如昂里翁和德鲁兹[1990]、珀尔[1988]、西蒙尼[1991]。MAP 方法着重于解释的概率,即 $Pr(\boldsymbol{X}=\boldsymbol{x}|\varphi)$。直觉上看,对于观察的最好解释正是根据证据得出最有可能发生情形的现实世界状态(用本书的语言表达,即场景),这种直觉很合理,但它完全忽略了人们非常敏感的解释力问题。在实验室火灾示例中,尽管 $O=1$ 的现实可能性很高,但是大多数人并不认为氧气的存在是对火灾的合理解释,为了解决此矛盾,有研究提议用关于 $Pr(\boldsymbol{X}=\boldsymbol{x}|\varphi)$ 和 $Pr(\varphi|\boldsymbol{X}=\boldsymbol{x})$,以及 $Pr(\varphi)$ 的更复杂的组合,以量化 $\boldsymbol{X}=\boldsymbol{x}$ 到 φ 的因果相关性,但是正如珀尔所认为的,如果不考虑因果关系,似乎无法合理获得解释。

菲特尔森和希契科克[2011])讨论了因果强度及其之间联系的多种概率测度,几乎所有这些都可以转换为解释"优度"的概率度量。这里讨论的部分解释和解释力概念当然并没有穷尽所有可能性。舒巴赫[2011]还考虑了各种以概率术语表征解释能力的方法。

例 7.3.2 主要摘自斯克里文[1959]。显然现在还有其他已知因素,但这并没有改变示例的内容。

第8章　因果关系定义的运用

纵观历史，人们研究纯科学是出于理解宇宙的愿望，而不是为了实际商业利益，但他们研究发现，纯科学后来实际价值颇丰。

—斯蒂芬·霍金

本书的目标是明确定义因果关系、责任和过失等概念，使这些概念的定义与这些词在自然语言中的用法一致，本章将重申在开展因果关系研究中的一些观点。

我希望大多数人已经接受我的观点，这就是使用结构方程和反事实推理方法定义因果关系，可以处理很多案例，特别是该方法将正态性纳入了知识框架中，允许定义一些诸如责任、过失和解释等概念，符合了人类天生具有的多种直觉。

当然在撰写本书的过程中，我逐渐发现，开展因果关系的研究并没有达到预期。我提出了一种新的因果关系定义（改进 HP 定义）和解决正态性的新方法（详见第3章第5节），并修订了责任、过失和解释的定义（见第6章和第7章末的延拓阅读）。我认为 HP 定义相当有说服力，特别是我将改进的 HP 定义和正态性概念相结合，该定义当然不是最终定义，其他学者还在继续研究提出新定义。事实上，正如书中所述，目前的定义似乎不能很好地解释一些事物因果关系的具体细节。但在我看来，最需要的是对“关系主体”的正态性进行准确定义，使其既能考虑示例6.3.4中讨论的问题（示例中A和B可以发生改变，来确定C是否受到冲击），又能很好地契合因果关系的定义，但毫无疑问，其他人对该问题会有不同的关注。

当人们试图用实验验证提出的定义时，人们可根据杂乱无章的数据来度量责任，并归因于因果关系。由于所有这些因素（可能还有其他因素）都会影响人们对因果关系和责任的判定，所以尽管第6章讨论的因素似乎可以较好地预测人们如何定性地弄清因果责任，但似乎很难设计出一个纯理论来解释该问题，即完整、准确、定量地刻画人们通过追溯因果关系，分清责任和过失。

上述行为会将因果关系研究带到了哪里呢？我认为因果关系不存在唯一的“准确”定义，主要是在使用“因果”这个词时候，我的采用的方式各不相同，但又相互关联。实际上,用一个定义就能涵盖事物所有的含义是不切实际的,而且,存在许多强相关的概念——因果关系、过失、责任、意图等等,这些概念都很容易混淆。尽管人们可以尝试在理论层面上拆解它们,但仍不能严格地将它们区分开来。

即便如此,准确而规范的定义非常重要且有用,一个明显的例子就是法律判决依赖于因果判定,如果陪审团认为医生应当对患者治病造成的后果负责,那将会给患者一大笔赔偿金,尽管可能对医生是否担责以及担责的程度存在分歧,但分歧应该是源自事例中的相关事实,而不是因果关系和责任分歧。实际上,即使人们混淆了因果关系和责任等概念,区分定义它们也是有用的。

因果关系定义可能无法涵盖所有细节,但定义仍然有用,这一点,本书中讨论了许多不同方法的定义,但仍然不能确定哪种方法最好。事实上,这些方法在很多情况下都给出了相同的答案,这使我对整个研究更加乐观。

最后作为本书的结论,我简要讨论因果关系在计算机科学中的三种应用。这样做的好处是,对什么是“好”定义有了一个相对清晰的认知思路。建模问题涉及到外生变量和内生变量,搞清楚这些变量及其边界,建模问题就相对简单,第 4 章中涉及的一些建模问题将迎刃而解。

8.1 可说明性

处理信息安全的有效控制方法是预防,预防就是阻止黑客侵入计算机获取机密数据或者连接专用计算机网络的行为。最近,人们一直在关注可说明性:一种可行的办法就是当问题出现时,事后追溯探究问题的原因,然后适当惩罚肇事者。当然,处理可说明性问题,还需要我们对因果关系和责任的概念有深刻的理解。

对于计算机科学的应用而言,典型可说明性假设是:有完整、准确描述已发生事情的日志,即已发生的事件是确定的。但是在这一背景下还有一种编程语言,对手用一些预先设定的编程语言编写程序,使之与系统交互。我的理解更改不同代码行就有不同的效果,程序中的变量可以看作因果模型中的内生变量,所使用的程序和程序变量的初始值由问题背景确定。更改某些代码行是一种干预行为,而程序语言中的语义决定了因果模型和干预效果。

因果关系和责任的 HP 定义非常适合上述应用。当然,如果一些日志缺失,我们可以改变背景中认知状态的设定,以及改变背景发生的概率。人们感兴趣的是那些能够生成可见日志某些部分的情景,如果我们对设定中有多个当事人共同造成了某种结果,那么过失就变得更加关联了。行为体可能信任其他行为体正在使用的程序(可能是错误的),认知状态问题(行为体实际拥有的认知状态或行为体本应拥有的认知状态)就具有重要意义。但结构方程和相关定义的一般框架会在此处发挥重要作用。

8.2 数据库中的因果关系

数据库是由大量元组组成,例如,一个典型的公司人员的元组可能会包含姓名、级别、性别、地址、社会保险号、工资和职称等。标准数据库查询,可能存在下列情形:所有雇员中,有哪些程序分析员工资低于 10 万美元且他们的经理工资高于 15 万美元。数据库中的因果关系旨在回答以下问题:给定查询和查询的特定输出,数据库中元组的哪些能够输出?这非常有趣,因为人们可能对查询出的意外答案的解释感兴趣。蒂姆·伯顿是一位以拍摄魔幻电影(具有黑暗哥特式风格)而闻名的导演,他的知名影片有《剪刀手爱德华》和《阴间大法师》。某用户希望进一步了解蒂姆·伯顿的作品,他查询了 IMDB 电影数据库(www. imdb. com)。当他得知该导演的作品中有"音乐与音乐剧"这种类型时,他感到惊讶,甚至对答案有点怀疑。于是,他想知道哪个元组,即本质上是哪部电影导致了该结果的出现。之后,他可以检查数据库是否出错,或者是其他同名的导演执导了音乐剧。实际查询结果是蒂姆·伯顿确实导演了一部音乐剧《理发师陶德》,还有另外两位也叫伯顿的导演——大卫·伯顿和汉弗莱·伯顿执导了其他的音乐剧。

因果关系的另一个应用是网络故障诊断。考虑一台计算机与很多服务器连接,服务器之间有物理链路。假设数据库所包含元组的形式为($Link(x,y)$,$Active(x)$,$Active(y)$),给定一个服务器 x,$Active(x)$的值是 0 或 1,这取决于 x 是否处于激活状态;同样地,$Link(x,y)$的值也可以是 0 或 1,这取决于 x 和 y 之间是否有连通。如果 x 和 y 之间存在连接,那么它们是连通的,如果所有的服务器都连通,那么路径上的所有服务器都处于激活状态。假设在某个时刻,网络管理员观察到服务器 x_0 和服务器 y_0 不再连通,这意味着查询连接状态(x_0,y_0)将返回"错误"。因果关系查询"为什么'连接状态(x_0,y_0)'返回值为'错误'?"将返回所有元组($Link(x,y)$,$Active(x)$,$Active(y)$),这些元组位于从 x_0 到 y_0 的某些路径上。可能的情况是:服务器 x 处于未激活状态,服务器 y 处于未激活状态,或者它们之间的连接已断开,这都是返回值为"错误"的可能原因。

我现在简要勾勒这样的结果是如何产生的?一个数据库 D 被认为是元组的集合,对于每个元组 t,都有一个二元变量 X_t,如果元组 t 不在数据库中,则 X_t 为 0,反之则为 1。我们对确定数据库的因果模型感兴趣,模型情景决定好数据,即发生事情的环境决定了哪些变量 X_t 的值是 1,哪些是 0,而对结构方程不感兴趣。假设有一种查询语言 L^Q,其所含内容比第 2.2.1 节中介绍的语言 $L(S)$ 更丰富。对任意查询 $\varphi \in L^Q$,都有一个元组范围内的自由变量 x,设定关系为$\models$,对于任意元组 t 和 $\varphi \in L^Q$,不论 $D \models \varphi(t)$ 或 $D \models \neg \varphi(t)$,如果有 $D \models \varphi(t)$,则 t 满足数据库 D 中的查询结果 φ。为了响应查询 φ,数据库 D 将返回所有元组 t,使得 $D \models \varphi(t)$。

这里很容易基于 L^Q 语言(遵从 $L(S)$ 语言的原则)构建一种因果关系语言,也就是说,不是从 $X=x$ 的布尔组合开始,而是除了形为 $X_t=i, i \in \{0,1\}$ 外,从 $\varphi(t)$ 开始,其中 $\varphi \in L^Q$, t 是一个元组。如果 M 是数据库的因果模型,由于每个因果关系数据库设定为$(M,\boldsymbol{u})$,如果 $D \models \varphi(t)$,那么$(M,\boldsymbol{\mu}) \models \varphi(t)$,其中 D 是由$(M,\boldsymbol{u})$确定的数据库,且如果 $t \in D$, $(M,\boldsymbol{u}) \models X_t=1$,于是,可以像在第 2.2.1 节中那样定义$[\boldsymbol{X} \leftarrow \boldsymbol{x}]\varphi$。

当然,为了使因果关系查询真正有用,必须尽可能有效地计算它们,为此,可对更新 HP 定义进行微调,如果具备以下条件,则对于一个查询 φ,元组 t 是答案 t'的一个原因:

条件 1. $(M,\boldsymbol{u}) \models (X_t=1) \wedge \varphi(t')$ ($t \in D$ 且 $D \models \varphi(t')$, D 是由$(M,\boldsymbol{u})$确定的数据库;

条件 2. 存在一个包含在数据库 D 中的元组集 T(可能为空),当 $t \notin T$, $D-T \models \varphi(t')$,且 $D-(T \cup \{t\}) \models \neg \varphi(t')$。

如果元组 t 是$(M,\boldsymbol{u})$中 φ 的答案 t'的原因,那么 $X_t=1$ 就是$(M,\boldsymbol{u})$中 $\varphi(t')$ 的原因。条件 1 即为定义 2.2.1 中的 AC1。如果用公式来表示,条件 2 表达的意思是$(M,\boldsymbol{u}) \models [\boldsymbol{X}_T \leftarrow O]\varphi(t')$且$(M,\boldsymbol{u}) \models [\boldsymbol{X}_T \leftarrow O, X_t \leftarrow 0] \neg \varphi(t')$,其中 $\boldsymbol{X}_T$ 包含所有变量 X_t'', $t'' \in T$。因此,根据初始 HP 定义,$(X_T,0,0)$ 证明了$X_t=1$ 是 $\varphi(t')$ 的原因;条件 AC2(b^0)成立。注意,条件 AC3 完全满足要求。

根据更新 HP 定义,上述条件不一定使“$X_t=0$ 成为 $\varphi(t')=0$ 的原因”成立。T 中可能存在的一个子集 T',满足$(M,\boldsymbol{u}) \models [\boldsymbol{X}_T \leftarrow \boldsymbol{O}, X_t \leftarrow 0] \neg \varphi(t')$,在该例中条件 AC2(b^{u})不成立。如果仅限于单调查询就更可行,单调查询是指查询 ψ,那么对于所有 t',如果 $D \models \psi(t')$ 且 $D \subseteq D'$,那么 $D' \models \psi(t')$(换言之,如果 $\psi(t')$适用于小数据库,那么它肯定适用于具有更多元组的较大数据库)。单调查询在实践中经常出现,因此证明单调查询的结果具有实际意义。如果 φ 是一个单调查询,那么 AC2(b^{u})也适用:如果 $(M,\boldsymbol{u}) \models [\boldsymbol{X}_T \leftarrow O]\varphi(t')$,那么对于 T 中所有子集 T',一定能得到$(M,\boldsymbol{u}) \models [\boldsymbol{X}_T \leftarrow O]\varphi(t')$(因为当且仅当 $D-T' \models \varphi(t')$时,有

$(M,\boldsymbol{u})\models[\boldsymbol{X}_T\leftarrow 0]\varphi(t')$；同时如果 $T'\subseteq T$，那么 $D-T\subseteq D-T'$，所以可用单调性来解释）。也很容易看出，对于单调查询，根据改进的 HP 定义，该定义还保证了 $X_t=1$ 是 $\varphi(t')$ 成立的一个部分原因。

条件 2 具有一定的责任优势；我们可寻找这样的一个集合，将该集合从数据库 D 中删除会导致 t 恰好成为 $\varphi(t')$ 的原因。的确，可在数据库中定义一个责任的概念，如果 k 是上面定义成立的最小集合 T 的规模，则元组 t 对于查询 φ 的答案 t' 的责任度为 $1/(k+1)$。

注意，上文说过"如果元组 t 是 $(M,\boldsymbol{u})$ 中查询 φ 的答案 t' 的原因，那么 $X_t=1$ 就是 $(M,\boldsymbol{u})$ 中 $\varphi(t')$ 的原因"，但是我没有说"当且仅当"。也就是说反之不一定正确。该定义允许的唯一证据是 $(\boldsymbol{W},\boldsymbol{w},0)$ 均要满足 $\boldsymbol{w}=0$。也就是说，在确定反事实条件是否成立时，只能考虑那些从数据库中删除元组的证据，而无需考虑可能将元组添加到数据库中的证据。这可以用正态排序来实现，正则序使得向数据库中添加元组（而不删除元组）是非正常的。然而，这种限制的动机不是第 3 章所讨论的常态性，而是考虑到计算。要使因果关系查询具有意义，就必须要能够快速计算结果，即使在拥有数百万元组的大型数据库中也是如此。这种限制使计算问题变得更加简单。众所周知，对于合取查询（即可视为数据库中元组组件基本查询的合取查询），能够在数据库规模的时间多项式中计算 t 是否是查询 φ 的实际原因，这使得计算是可行的。重要的是，合取查询（保证是单调的）在实践中经常出现。

8.3　程序确认

模型校验的目的是检查一个程序是否满足某一规范。当模型检查器指出某个程序不满足规范时，通常还提供额外的反例来说明规范有问题。这样的反例有助于帮助程序员理解哪里发生了错误并校正程序，然而，在许多情况下，理解反例相当具有挑战性。

问题在于反例可能是相当复杂的对象。规范通常需要讨论随时间变化的程序行为，如"最终 φ 会发生"、"ψ 永远不会发生"和"至少在 ψ' 发生之前，属性 φ' 都是成立的"。反例是程序的路径，路径可能是一个有限的元组序列 $(x_1,x_2,\cdots,x_n)$，其中每个元组描述了某一个变量 $X_1,X_2,\cdots,X_n$ 的值。试图从路径上理解程序不满足其规范的原因可能并非易事。正如我现在所看到，拥有一个正式的因果关系概念有助于解决此问题。

形式上，可将每个程序与"克里普克结构"（Kripke structure）相关联，该结构是带有节点和有向边的图结构。每个节点都标有程序的可能状态。如果

$X_1, X_2, \cdots, X_n$ 是程序中的变量，那么程序状态就描述这些变量的值。为简化讨论，我假设 $X_1, \cdots, X_n$ 都是二元变量，将该方法延拓到非二元变量很简单（只要其范围不是无限的）。克里普克结构中的边描述了程序的可能转换，也就是说，如果程序可以从标记为 v_1 的程序状态转换到标记为 v_2 的程序状态，则从节点 v_1 到节点 v_2 存在一条有向边。感兴趣的程序通常是"并行"程序（其被视为可能相关联的程序集合），每个程序都由系统中的不同主体运行（可认为移动的顺序是由外部决定的）。这意味着从给定的节点可能有若干可能的转换。例如，在 X 和 Y 值均为 0 的节点上，某个主体的程序可能会改变 X 的值，而另一个主体的程序可能会改变 Y 的值。如果仅有 X、Y 两个变量，那么将从标记为(0,0)的节点转换为标记为(1,0)和(0,1)的节点。

M 中的一个路径 $\pi = (s_0, s_1, s_2, \cdots)$ 是一个状态序列，使得每个状态 s_j 都与 M 中的一个节点关联，对于所有 i，与 s_i 关联的节点同与 s_{i+1} 关联的节点之间有一条有向边。尽管这里使用"状态"一词是有意特指"程序状态"，但在技术上它们是不同的。尽管一条路径上的两个不同的状态 s_i 和 s_j 可能与同一节点（从而与同一程序状态）相关联，但将它们视为不同是很有帮助的，这样就可讨论同一程序状态在路径上的不同呈现。即便如此，我经常搞不清状态和程序状态之间的区别。

克里普克结构经常被用作模态逻辑的模型，模态逻辑通过模态运算符（如信念运算符或知识运算符）来延拓命题逻辑或一阶逻辑。例如，在知识的模态逻辑中，可以做出"张三知道李四知道某事是真的"之类的陈述。时间逻辑包括"最终"、"始终"和"直到"等运算符，都是说明程序属性的有用工具。例如，时间逻辑公式 $\Box X$ 表示 X 始终为真（即如果在 π 中的每个状态下 $X=1$，X 对于路径 π 是真的）。上述所有规范（"最终 φ 将发生"、"ψ 永远不会发生"和"性质 φ' 至少将保持到 ψ' 发生"）可以用时间逻辑描述，并在克里普克结构的路径上进行评估。也就是说，存在这样一种关系"$\models$"，给定克里普克结构 M、路径 π 和时间逻辑公式 φ，要么 $(M,\pi) \models \varphi$，要么 $(M,\pi) \models \neg\varphi$，但两者不能同时成立。时间逻辑和"$\models$"关系的细节无需进行讨论，所需要的是描述这样一种关系：如果在每种状态 s_i 下 φ 为真，那么 $(M,(s_0,s_1,s_2,\cdots)) \models \Box\varphi$，式中 φ 为命题公式。

模型检查器可通过返回 M 中满足 $\neg\varphi$ 条件的可能无限路径 π，表明以克里普克结构 M 为特征的程序无法满足特定规范 φ。路径 π 提供了 M 满足 φ 的一个反例。正如我所说的，尽管有这样一个反例是有用的，但程序员可能希望更深入地理解程序未能满足规范的原因，这就该因果关系上场了。

比尔、本·大卫、乔克、奥尔尼和特雷夫莱根据 HP 定义的原则对克里普克结构中的因果关系进行了定义：路径 π 上状态 s_i 中，$X=x\varphi$ 在路径 π 上不成立的一个原因(另一方面,不考虑状态 s 中变量 X 的值,对于 s 和变量 X,可设定一个变量 X_s,只需询问 $X_s = x$ 是否是导致 φ 的一个原因。从概念上讲,将同一变量视为在不同的状态下的值,而不是用变量 X_s 表示,这样做似乎更为有用)。正如数据库中因果关系的概念一样,描述因果关系的语言比 $L(S)$ 语言更为丰富,但因果关系定义背后的基本直觉没有改变。

为了将事情规范化,需要更多的定义。由于处理的是二元变量,在时间逻辑公式中,用了 X 而不是 $X=1$,用了 $\neg X$ 而不是 $X=0$。例如,用 $X \wedge \neg Y$ 而不是 $X=1 \wedge Y=0$。如果 X 出现在偶数个否定的范围内,则公式中变量 X 出现的极性定义为正,如果 X 出现在奇数个否定的范围内,则定义为负。例如,在时间公式 $\neg \Box(\neg X \wedge Y) \vee \neg X$ 中,第一个 X 具有正极,Y 具有负极,第二个 X 具有负极(计算变量极性时忽略时间运算符)。

如果 X 至少有一次出现在 φ 中,具有正极且在状态 s 中 $X=0$,或者 X 至少有一次出现在 φ 中,具有负极且在 s 中 $X=1$,那么由状态 s 和变量 X 组成的组合 (s,X) 对 φ 有潜在帮助。不难证明,如果 (s,X) 对 φ 没有潜在帮助,那么改变 s 中 X 的值就不能改变 π 中 φ 的真值。

给定不同的组合 $(s_1,X_1),\cdots,(s_k,X_k)$ 和路径 π,使 $(s_1,X_1),\cdots,(s_k,X_k)$ 为 π 类似的路径,状态 s_i 中的 X_i 值会发生改变,$i=1,2,\cdots,k$。(把 $\pi[(s_1,X_1),\cdots,(s_k,X_k)]$ 当作对 π 进行干预的结果,以改变状态 i 中变量 X_i 的值,$i=1,2,\cdots,k$。)因此,如果 (s,X) 对 φ 和 $(M,\pi) \models \neg \varphi$ 没有潜在帮助,那么就有 $(M,\pi[(s,M)]) \models \neg \varphi$。

假设 π 是对 φ 的一个反例。如果对于延伸有限前置 ρ 的所有路径 π',都有 $(M,\pi') \models \neg \varphi$,那么 π 的有限前置 ρ 被称为是 φ 的一个反例。请注意,即使 π 是 φ 的一个反例,也可能不存在 π 的有限前置是 φ 的反例。例如,如果 φ 表示公式 $\neg \Box(X=0)$,也就是说 X 并不总是 0,终有 $X=1$,反例 π 就是其中每个状态下都有 $X=0$ 的一条路径。然而,对于 π 的每一个有限前置 ρ,都有一个 ρ 的延拓 π',其中包括一个 $X=1$ 的状态,因此 ρ 不是反例。

如果 π 的前置 ρ 是对 φ 的反例,并且没有比它更短的前置构成对 φ 的反例,那么 ρ 被称为是对 φ 的最小反例。如果不存在 π 的有限前置是 φ 的反例,那么 π 本身就是 φ 的最小反例。

定义 8.3.1　如果 π 是 φ 的反例,那么 (s,X)(直观地说,s 状态下的 X 值)是路径 π 上 φ 的首次不成立的原因,存在以下前提条件:

条件 1. 对于 π 存在前置 ρ(可以是 π 本身),且 ρ 是 φ 的最小反例,s 是 ρ 上的状态;

条件 2. 存在不同的组合 $(s_1,X_1),\cdots,(s_k,X_k)$,对 φ 有潜在帮助,从而,$(M,\rho$

$[(s_1,X_1),\cdots,(s_k,X_k)])\models\neg\varphi$ 且 $(M,\rho[(s,X),(s_1,X_1),\cdots,(s_k,X_k)])\models\varphi$。

条件 2 本质上是 AC2(a) 和 A2(b^o) 的组合,前提是假设所有变量的值都是由外部确定的。显然,AC2(a) 的类似情况成立:通过改变 s 状态下 X 的值将 φ 的真值从真变为假,在偶发事件下,改变 s_i 状态的 X_i 的值,$i=1,2,\cdots,k$。此外,由于在 s 状态下保持 X 的值,同时 $X_1,\cdots,X_k$ 值的变化保证了 φ 为假,AC2(b^o) 成立。为了得到 AC2(b^u) 的类似情况,需要进一步的要求:

条件 3. 如果 $\{X_{j1},X_{j2},\cdots,X_{jk'}\}\subseteq\{X_1,X_2,\cdots,X_k\}$,那么

$$(M,\rho[(s_1,X_{j1}),\cdots,(s_k,X_{jk'})])\models\neg\varphi$$

最后,为了得到 AC2(a^m) 的类似情况,还需要另一个条件:

条件 4. 如果 $\{X_{j1},X_{j2},\cdots,X_{jk'}\}\subset\{X_1,X_2,\cdots,X_k\}$,那么

$$(M,\rho[(s,X),(s_1,X_{j1}),\cdots,(s_k,X_{jk'})])\models\neg\varphi$$

在条件 4 中使用严格子集,因为条件 2 要求

$$(M,\rho[(s,X),(s_1,X_1),\cdots,(s_k,X_k)])\models\varphi$$

如果条件 2 至条件 4 均成立,则根据改进 HP 定义,状态 s 中的 $X,X_1,\cdots,X_k$ 共同构成 φ 的一个原因,并且 X 的值是 φ 的原因的一部分。

定义 8.3.1 中的条件 1 同事实因果关系的 HP 定义没有相似之处(部分原因是,在基本 HP 定义框架中没有时间概念)。之所以将其添加到这里,是因为程序员似乎对了解 φ 首次失败的情况非常感兴趣,此外,聚焦不成立的情况可以减少原因集,这使得程序员更容易理解某种解释,当然,即使没有这一条件,这个定义也非常有意义。

例 8.3.2 假设节点 $\boldsymbol{v}$(程序状态标签)满足 $X=1$,节点 $\boldsymbol{v}'$满足 $X=0$。假设 $\boldsymbol{v}$ 和 $\boldsymbol{v}'$在克里普克结构中完全互连,即从 $\boldsymbol{v}$ 到其自身,从 $\boldsymbol{v}$ 到 $\boldsymbol{v}'$,从 $\boldsymbol{v}'$到其自身,从 $\boldsymbol{v}'$到 $\boldsymbol{v}$,各有一条边相连。考虑路径 $\boldsymbol{\pi}=(s_0,s_1,s_2,\cdots)$,其中路径上的所有状态都与 $\boldsymbol{v}$ 相关,除了 s_2,它与 $\boldsymbol{v}'$ 相关,很显然,$(M,\boldsymbol{\pi})=\neg\Box X$,如果 $\boldsymbol{\rho}=(s_0,s_1,s_2)$,那么 $\Box X$ 在 $\boldsymbol{\rho}$ 中不成立。注意,(s_2,X) 对 $\Box X$ 有潜在帮助(因为 X 在 $\Box X$ 中有正的极性且 s_2 中 $X=0$)。很容易得到 (s_2,X) 是 $\boldsymbol{\pi}$ 中 $\Box X$ 首次不成立的原因。

现在考虑公式 $\neg\Box X$,路径 $\boldsymbol{\pi}'=(s'_0,s'_1,s'_2,\cdots)$(其中每个状态 s'_j 与 $\boldsymbol{v}$ 相关联)是 $\neg\Box X$ 的反例,但是 $\boldsymbol{\pi}'$不存在某个有限前缀是反例;延拓一个有限前缀使得 $\neg\Box X$ 为真是可行的(在延拓中的某些状态使 $X=0$)。在 $\boldsymbol{\pi}'$上每个状态的 X 值都是 $\neg\Box X$ 不成立的原因。

比尔、本·大卫、乔克、奥尔尼和特雷夫莱等人构建了一个工具来实现这些想法,他们在报告说程序员发现该工具非常有用。与数据库的例子一样,计算因果关系的复杂性在该应用中变得非常重要。一般来说,反例中计算因果关系的

复杂性是 NP 完备的。然而，给定一个有限路径 ρ 和一个在拓展 ρ 的所有路径中都不成立的规范 φ，则有一个算法在时间多项式（长度为 ρ）中运行，φ（被视为一个符号串）产生 ρ 中 φ 不成立的原因的超集，此外，在许多具有实际意义的情形中，算法产生的集合正是原因的集合。

即使一个程序确实满足其规范，发现因果关系也是有用的，在这种情况下，模型检查器通常不提供进一步的信息。隐含的假设是，如果模型检查器认定一个程序满足了其规范，那么程序员很乐意就此结束；他们觉得没有必要进一步分析这个程序。然而，越来越多的人意识到，即使模型检查器认定某个程序满足其规范，也可能需要进一步分析。令人担忧的是，程序满足其规范的原因可能是规范本身存在错误（规范可能没有包含重要的情况），减少这种担忧，一种方法是尝试了解程序满足其规范的原因是什么，将其形式化的一个有效方式是检查状态 s 中变量 X 的值（即前面所讨论的组合 (s,X)）对程序满足规范的责任度。如果存在状态 s，使得 (s,X) 对所有变量 X 的规范 φ 的责任度较低，则表明 s 是多余的。另一种方法，如果存在一个变量 X，使得 (s,X) 对所有状态 s 的规范 φ 的责任度较低，则表明 X 多余的。在这两种情况下会有一个提示，规范可能有问题：程序员认为状态 s（或变量 X）很重要，但它在满足规范方面没有发挥与其重要程度相匹配的作用。

同样，虽然在这种情况下计算责任度的一般问题是困难的，但也存在一些可处理的特殊情况。这里有必要确定这些案例，并论证其在实践中的相关性，从而确认这种方法是有价值的。

8.4　结束语

本书因果关系的例子各具特色，这里需要强调如下：

第一，与因果模型一样，示例所使用的因果语言由问题直接决定。这意味着第 4 章中讨论的许多具体的模型问题并不适用，如第 4.3 节所述，通过添加变量，将一个原因（依据更新的 HP 定义）转换为另一个原因（依据初始 HP 定义），似乎不太合适。当涉及到可说明性（遵循规定的程序）和模型检查（满足规范）时，也有一个明确的正态性概念。在数据库环境中，正态性作用不明显，尽管正如前面提到的，对所考虑证据的限制可以视为向数据库中添加元组这一行为是反常的。总之，从数据库中删除某个元组可能比删除另一个不同的元组更反常。

第二，在第 5 章中，我提出了计算方面的担忧，因为如果因果关系很难计算，而结构方程模型很难表示，那么人们对因果关系的评估方式似乎不可信。人们使用例子的规模通常都很小。在本章讨论的应用中，因果模型可能有数千个变量,对于数据库,甚至有数百万个,导致计算是一个主要问题。计算程序提供了一种简化的方式来表示许多结构方程,因此它们不仅在概念上很有用,而且在处理有关简化问题的表示时也很有用,正如我观察发现的,找到有意义且易于计算的特殊例子变得更加重要。

第三,在所有这些例子中,涉及因果关系的查询响应与人们的直觉一致,这一点非常重要。幸运的是,对于文献中考虑的所有例子,它们确实如此。关于因果关系的哲学文献集中聚焦于或痴迷于找出各种拟定义的反例,定义的好坏取决于它处理各种例子的能力。应用类论文的重点是完全不同的,在这些应用案例中,有些定义尽管不能给出直观答案,但这些定义仍然非常有用。在数据库和程序验证应用中,效用是判断定义好坏的主要标准,即使数据库系统提供非直觉的答案,也总是有可能提出进一步的查询,以帮助澄清事情真相。当然,在可说明性方面,如果法律是基于系统的判断,那么必须谨慎。在许多情况下,有一个易懂的、被充分理解的定义,给出非常符合直觉的可预测答案,要比当前的方法好得多,因为在当前的方法中,使用定义不明确的因果关系概念,在法庭上得不到连续一致的处理。

本章中因果关系的应用表明:好的因果关系解释十分有用。尽管在这些应用中需要对 HP 定义进行一些调整(既是因为涉及到更丰富的语言,也是为了简化确定因果关系的复杂性),但这些示例以及本书中的许多其他示例使我确信,HP 定义(在必要时通过正态排序进行补充)为因果关系的有用解释提供了坚实的基础。特别是在优化和延拓因果关系、责任和解释等的定义方面,我们可做更多的工作。另外,研究这些应用,本身可提出进一步的研究问题,我认为这些问题与研究人员迄今所关注的传统问题紧密相关,但我非常期待,在未来几年里,因果关系将得到更深入的理解和更多的应用。

◇ 扩展阅读

隆布罗佐[2010]为影响因果关系归因的过多因素提供了进一步的证据。

费根鲍姆、贾加德和赖特[2011]指出了因果关系在责任归属中的作用,并建议使用 HP 定义。达塔等人[2015]更详细地探讨了因果关系在问责制中的作用。尽管他们的因果关系方法涉及反事实,但与 HP 的定义有一些显著的不同。除此之外,他们使用充分因果关系,而不是我所说的"实际因果关系"。

很多关于在数据库中使用因果关系的材料都来自马力欧、盖特鲍尔、哈珀恩,科赫、摩尔、苏丘[2010]的工作。讨论中提到的查询的复杂性结果(以及其他相关结果)由马力欧、盖特鲍尔、摩尔和苏丘[2010]证明。

正如我在 8.3 节中所说,比尔等人[2012]研究了在解释程序规范的反例时使用因果关系，因果关系计算在 IBM 硬件模型检查器规则库的反例解释工具中实现[比尔等. 2012]，程序员发现这个工具非常有用。事实上，当它在发布期间被暂时禁用时，用户会打电话抱怨它的缺席[卡克勒 2015]。

卡克勒、哈珀恩和库普费曼[2008]考虑使用因果关系和责任来检查规范是否合适，或者尽量使程序满足与模型检查器检查规范不同的规范，并就这个问题提供了一些可处理的案例。

卡克勒、古伦伯格和亚德加尔[2008]考虑了责任(本着 HP 定义的精神)在模型检查中的另一种应用：细化。由于程序可能非常庞大和复杂，模型检查可能需要很长时间。减少运行时的一种方法是从程序的粗略表示开始，其中一个事件表示一系列事件。模型检查粗糙表示比模型检查精细表示要快得多，但它可能不会产生确定的答案。然后对表示进行改进，直到得到确定的答案。卡克勒、古伦伯格和亚德加尔[2008]认为，细化过程的工作方式可以由责任考虑来指导。粗略地说，这个想法是提炼最有可能对结果负责的事件。他们在一个模型检查工具中实现了他们的想法，并表明它在实践中表现得非常好。

克罗齐[2005]也使用了基于反事实的因果关系概念来解释程序中的错误，尽管他的方法不是基于 HP 的定义。

参考文献

[1] Adams, E. (1975). *The Logic of Conditionals*. Dordrecht, Netherlands: Reidel.

[2] Alechina, N., J. Y. Halpern, and B. Logan (2016). Causality, responsibility, and blame in team plans. Unpublished manuscript.

[3] Aleksandrowicz, G., H. Chockler, J. Y. Halpern, and A. Ivrii (2014). The computational complexity of structure – based causality. In *Proc. Twenty – Eighth National Conference on Artificial Intelligence* (*AAAI* '14), pp. 974 – 980. Full paper available at www. cs. cornell. edu/home/halpern/papers/newcause. pdf.

[4] Alicke, M. (1992). Culpable causation. *Journal of Personality and Social Psychology* 63, 368 – 378.

[5] Alicke, M. D., D. Rose, and D. Bloom (2011). Causation, norm violation, and culpable control. *Journal of Philosophy* 108, 670 – 696.

[6] Alvarez, L. W., W. Alvarez, F. Asaro, and H. Michel (1980). Extraterrestrial cause for the Cretaceous – Tertiary extinction. *Science* 208(4448), 1095 – 1108.

[7] Balke, A. and J. Pearl (1994). Probabilistic evaluation of counterfactual queries. In *Proc. Twelfth National Conference on Artificial Intelligence* (*AAAI* '94), pp. 200 – 207.

[8] Baumgartner, M. (2013). A regularity theoretic approach to actual causation. *Erkenntnis* 78 (1), 85 – 109.

[9] Beebee, H. (2004). Causing and nothingness. In J. Collins, N. Hall, and L. A. Paul (Eds.), *Causation and Counterfactuals*, pp. 291 – 308. Cambridge, MA: MIT Press.

[10] Beer, I., S. Ben – David, H. Chockler, A. Orni, and R. J. Trefler (2012). Explaining counterexamples using causality. *Formal Methods in System Design* 40(1), 20 – 40.

[11] Bell, J. S. (1964). On the EinsteinPodolsky Rosen paradox. *Physics* 1(3), 195 – 200.

[12] Bennett, J. (1987). Event causation: the counterfactual analysis. In*Philosophical Perspectives*, *Vol.* 1, *Metaphysics*, pp. 367 – 386. Atascadero, CA: Ridgeview Publishing Company.

[13] Briggs, R. (2012). Interventionist counterfactuals. *Philosophical Studies* 160, 139 – 166.

[14] Casati, R. and A. Varzi (2014). Events. In E. N. Zalta (Ed.), *The Stanford Encyclopedia of Philosophy* (Fall 2014 edition). Available at http://plato. stanford. edu/archives/spr2014/entries/events/.

[15] Chajewska, U. and J. Y. Halpern (1997). Defining explanation in probabilistic systems. In *Proc. Thirteenth Conference on Uncertainty in Artificial Intelligence* (*UAI* '97), pp. 62 – 71.

[16] Chockler, H. (2015). Personal email.

[17] Chockler, H. , O. Grumberg, and A. Yadgar (2008). Efficient automatic STE refinement using responsibility. In *Proc. 14th Conference on Tools and Algorithms for the Construction and Analysis of Systems*, pp. 233 – 248.

[18] Chockler, H. and J. Y. Halpern (2004). Responsibility and blame: A structural – model approach. *Journal of A. I. Research* 20, 93 – 115.

[19] Chockler, H. , J. Y. Halpern, and O. Kupferman (2008). What causes a system to satisfy a specification? *ACM Transactions on Computational Logic* 9(3).

[20] Chu, F. and J. Y. Halpern (2008). Great expectations. Part I: On the customizability of generalized expected utility. *Theory and Decision* 64(1), 1 – 36.

[21] Cook, S. A. (1971). The complexity of theorem proving procedures. In*Proc. 3rd ACM Symposium on Theory of Computing*, pp. 151 – 158.

[22] Cushman, F. , J. Knobe, and W. Sinnott – Armstrong (2008). Moral appraisals affect doing/allowing judgments. *Cognition* 108(1), 281 – 289.

[23] Datta, A. , D. Garg, D. Kaynar, D. Sharma, and A. Sinha (2015). Program actions as actual causes: a building block for accountability. In *Proc. 28th IEEE Computer Security Foundations Symposium.*

[24] Davidson, D. (1967). Causal relations. *Journal of Philosophy LXIV*(21), 691 – 703.

[25] Dawid, A. P. (2007). Fundamenthals of statistical causality. Research Report No. 279, Dept. of Statistical Science, University College, London.

[26] Dawid, A. P. , D. L. Faigman, and S. E. Fienberg (2014). Fitting science into legal contexts: assessing effects of causes or causes of effects? *Sociological Methods and Research* 43(3), 359 – 390.

[27] Dowe, P. (2000). *Physical Causation.* Cambridge, U. K. : Cambridge University Press.

[28] Dubois, D. and H. Prade (1991). Possibilistic logic, preferential models, non – monotonicity and related issues. In *Proc. Twelfth International Joint Conference on Artificial Intelligence* (*IJCAI* '91), pp. 419 – 424.

[29] Eberhardt, F. (2014). Direct causes and the trouble with soft intervention. *Erkenntnis* 79(4), 755 – 777.

[30] Eells, E. (1991). *Probabilistic Causality.* Cambridge, U. K. : Cambridge University Press.

[31] Eells, E. and E. Sober (1983). Probabilistic causality and the question of transitivity. *Philosophy of Science* 50, 35 – 57.

[32] Eiter, T. and T. Lukasiewicz (2002). Complexity results for structure – based causality. *Artificial Intelligence* 142(1), 53 – 89.

[33] Fagin, R. , J. Y. Halpern, Y. Moses, and M. Y. Vardi (1995). *Reasoning About Knowledge.* Cambridge, Mass. : MIT Press. A slightly revised paperback version was published in 2003.

[34] Falcon, A. (2014). Aristotle on causality. In E. N. Zalta (Ed.), *The Stanford Encyclopedia of Philosophy* (Spring 2014 edition). Available at http://plato. stanford. edu/archives/spr2014/

entries/aristotle – causality.

[35] Feigenbaum, J. , A. D. Jaggard, and R. N. Wright (2011). Towards a formal model of accountability. In *Proc. 14th New Security Paradigms Workshop (NSPW)*, pp. 45 – 56.

[36] Fenton – Glynn, L. (2016). A proposed probabilistic extension of the Halpern and Pearl definition of actual cause. *British Journal for the Philosophy of Science*. To appear.

[37] Fitelson, B. and C. Hitchcock (2011). Probabilistic measures of causal strength. In *Causality in the Sciences*, Chapter 29. Oxford, U. K. : Oxford University Press.

[38] Frick, J. (2009). "Causal dependence" and chance: the new problem of false negatives. Unpublished manuscript.

[39] Friedman, N. and J. Y. Halpern (1995). Plausibility measures: a user's guide. In*Proc. Eleventh Conference on Uncertainty in Artificial Intelligence (UAI '95)*, pp. 175 – 184.

[40] Galles, D. and J. Pearl (1998). An axiomatic characterization of causal counterfactuals. *Foundation of Science* 3(1), 151 – 182.

[41] Gardenfors, P. (1980). A pragmatic approach to explanations. ¨ *Philosophy of Science* 47, 404 – 423.

[42] Gardenfors, P. (1988). ¨ *Knowledge in Flux*. Cambridge, Mass. : MIT Press.

[43] Geffner, H. (1992). High probabilities, model preference and default arguments. *Mind and Machines* 2, 51 – 70.

[44] Gerstenberg, T. , N. D. Goodman, D. Lagnado, and J. B. Tenenbaum (2014). From couterfactual simulation to causal judgment. In *Proc. 36th Annual Conference of the Cognitive Science Society (CogSci 2014)*, pp. 523 – 528.

[45] Gerstenberg, T. , N. D. Goodman, D. Lagnado, and J. B. Tenenbaum (2015). How, whether, why: causal judgments as counterfactual constraints. In *Proc. 37th Annual Conference of the Cognitive Science Society (CogSci 2015)*.

[46] Gerstenberg, T. , J. Halpern, and J. B. Tenenbaum (2015). Responsiblity judgments in voting scenarios. In *Proc. 37th Annual Conference of the Cognitive Science Society (CogSci 2015)*, pp. 788 – 793.

[47] Gerstenberg, T. and D. Lagnado (2010). Spreading the blame: the allocation of responsibility amongst multiple agents. *Cognition* 115, 166 – 171.

[48] Glymour, C. , D. Danks, B. Glymour, F. Eberhardt, J. Ramsey, R. Scheines, P. Spirtes, C. M. Teng, and J. Zhang (2010). Actual causation: a stone soup essay. *Synthese* 175, 169 – 192.

[49] Glymour, C. and F. Wimberly (2007). Actual causes and thought experiments. In J. Campbell, M. O'Rourke, and H. Silverstein (Eds.), *Causation and Explanation*, pp. 43 – 67. Cambridge, MA: MIT Press.

[50] Goldberger, A. S. (1972). Structural equation methods in the social sciences. *Econometrica* 40 (6), 979 – 1001.

[51] Goldman, A. I. (1999). Why citizens should vote: a causal responsibility approach. *Social Phi-*

losophy and Policy 16(2),201 –217.

[52] Goldszmidt,M. and J. Pearl (1992). Rank – based systems:a simple approach to belief revision,belief update and reasoning about evidence and actions. In *Principles of Knowledge Representation and Reasoning:Proc. Third International Conference* (*KR* '92),pp. 661 –672.

[53] Gomes,C. P. ,H. Kautz,A. Sabharwal,and B. Selman (2008). Satisfiability solvers. In *Handbook of Knowledge Representation*,pp. 89 –133.

[54] Good,I. J. (1961a). A causal calculus I. *British Journal for the Philosophy of Science* 11, 305 –318.

[55] Good,I. J. (1961b). A causal calculus II. *British Journal for the Philosophy of Science* 12, 43 –51.

[56] Groce,A. (2005). *Error Explanation and Fault Localization with Distance Metrics.* Ph. D. thesis,CMU.

[57] Haavelmo, T. (1943). The statistical implications of a system of simultaneous equations. *Econometrica* 11,1 –12.

[58] Hall,N. (2004). Two concepts of causation. In J. Collins,N. Hall,and L. A. Paul (Eds.), *Causation and Counterfactuals.* Cambridge,MA:MIT Press.

[59] Hall,N. (2007). Structural equations and causation. *Philosophical Studies* 132,109 –136.

[60] Halpern,J. Y. (1997). Defining relative likelihood in partially – ordered preferential structures. *Journal of A. I. Research* 7,1 –24.

[61] Halpern,J. Y. (2000). Axiomatizing causal reasoning. *Journal of A. I. Research* 12,317 –337.

[62] Halpern,J. Y. (2001). Conditional plausibility measures and Bayesian networks. *Journal of A. I. Research* 14,359 –389.

[63] Halpern,J. Y. (2003). *Reasoning About Uncertainty.* Cambridge,MA:MIT Press.

[64] Halpern,J. Y. (2008). Defaults and normality in causal structures. In*Principles of Knowledge Representation and Reasoning:Proc. Eleventh International Conference* (*KR*'08),pp. 198 –208.

[65] Halpern,J. Y. (2013). From causal models to possible – worlds models of counterfactuals. *Review of Symbolic Logic* 6(2),305 –322.

[66] Halpern,J. Y. (2014a). Appropriate causal models and stability of causation. In*Principles of Knowledge Representation and Reasoning: Proc. Fourteenth International Conference* (*KR* '14),pp. 198 –207.

[67] Halpern,J. Y. (2014b). The probability of causality. Unpublished manuscript.

[68] Halpern,J. Y. (2015a). A modification of the Halpern – Pearl definition of causality. In *Proc. 24th International Joint Conference on Artificial Intelligence* (*IJCAI* 2015),pp. 3022 –3033.

[69] Halpern,J. Y. (2015b). Sufficient conditions for causality to be transitive. *Philosophy of Science.* To appear.

[70] Halpern, J. Y. and C. Hitchcock (2010). Actual causation and the art of modeling. In R. Dechter,H. Geffner,and J. Halpern (Eds.),*Causality,Probability,and Heuristics:A Trib-*

ute to Judea Pearl, pp. 383 – 406. London: College Publications.

[71] Halpern, J. Y. and C. Hitchcock (2013). Compact representations of causal models. *Cognitive Science* 37, 986 – 1010.

[72] Halpern, J. Y. and C. Hitchcock (2015). Graded causation and defaults. *British Journal for the Philosophy of Science* 66(2), 413 – 457.

[73] Halpern, J. Y. and J. Pearl (2001). Causes and explanations: A structural – model approach. Part I: Causes. In *Proc. Seventeenth Conference on Uncertainty in Artificial Intelligence* (*UAI* 2001), pp. 194 – 202.

[74] Halpern, J. Y. and J. Pearl (2005a). Causes and explanations: A structural – model approach. Part I: Causes. *British Journal for Philosophy of Science* 56(4), 843 – 887.

[75] Halpern, J. Y. and J. Pearl (2005b). Causes and explanations: A structural – model approach. Part II: Explanations. *British Journal for Philosophy of Science* 56(4), 889 – 911.

[76] Halpern, J. Y. and M. R. Tuttle (1993). Knowledge, probability, and adversaries. *Journal of the ACM* 40(4), 917 – 962.

[77] Hanson, N. R. (1958). *Patterns of Discovery*. Cambridge, U. K.: Cambridge University Press.

[78] Hart, H. L. A. and T. Honore (1985). *Causation in the Law* (second ed.). Oxford, U. K.: Oxford University Press.

[79] Hempel, C. G. (1965). *Aspects of Scientific Explanation*. New York: Free Press.

[80] Henrion, M. and M. J. Druzdzel (1990). Qualitative propagation and scenario – based approaches to explanation of probabilistic reasoning. In P. P. Bonissone, M. Henrion, L. N. Kanal, and J. Lemmer (Eds.), *Uncertainty in Artificial Intelligence* 6, pp. 17 – 32. Amsterdam: Elsevier.

[81] Hiddleston, E. (2005). Causal powers. *British Journal for Philosophy of Science* 56, 27 – 59.

[82] Hitchcock, C. (1995). The mishap at Reichenbach Fall: singular vs. general causation. *Philosophical Studies* (3), 257 – 291.

[83] Hitchcock, C. (2001). The intransitivity of causation revealed in equations and graphs. *Journal of Philosophy XCVIII*(6), 273 – 299.

[84] Hitchcock, C. (2004). Do all and only causes raise the probability of effects? In J. Collins, N. Hall, and L. A. Paul (Eds.), *Causation and Counterfactuals*, pp. 403 – 418. Cambridge, MA: MIT Press.

[85] Hitchcock, C. (2007). Prevention, preemption, and the principle of sufficient reason. *Philosophical Review* 116, 495 – 532.

[86] Hitchcock, C. (2012). Events and times: a case study inmeands – end metaphysics. *Philosophical Studies* 160, 79 – 96.

[87] Hitchcock, C. (2013). What is the "cause" in causal decision theory? *Erkenntnis* 78, 129 – 146.

[88] Hitchcock, C. and J. Knobe (2009). Cause and norm. *Journal of Philosophy* 106, 587 – 612.

[89] Honore, A. (2010). Causation in the law. In E. N. Zalta (Ed.), *The Stanford Encyclopedia of*

Philosophy (Winter 2010 Edition). Available at http://plato.stanford.edu/archives/win2010/entries/causation-law.

[90] Hoover, K. D. (2008). Causality in economics and econometrics. In L. Blume and S. Durlauf (Eds.), *The New Palgrave: A Dictionary of Economics*. New York: Palgrave Macmillan.

[91] Hopkins, M. (2001). A proof of the conjunctive cause conjecture. Unpublished manuscript.

[92] Hopkins, M. and J. Pearl (2003). Clarifying the usage of structural models for commonsense causal reasoning. In *Proc. AAAI Spring Symposium on Logical Formalizations of Commonsense Reasoning*.

[93] Huber, F. (2013). Structural equations and beyond. *Review of Symbolic Logic* 6, 709 - 732.

[94] Hume, D. (1748). *An Enquiry Concerning Human Understanding*. Reprinted by Open Court Press, LaSalle, IL, 1958.

[95] Illari, P. M., F. Russo, and J. Williamson (Eds.) (2011). *Causality in the Sciences*. Oxford, U. K.: Oxford University Press.

[96] Kahneman, D. and D. T. Miller (1986). Norm theory: comparing reality to its alternatives. *Psychological Review* 94(2), 136 - 153.

[97] Kahneman, D. and A. Tversky (1982). The simulation heuristic. In D. Kahneman, P. Slovic, and A. Tversky (Eds.), *Judgment Under Uncertainty: Heuristics and Biases*, pp. 201 - 210. Cambridge/New York: Cambridge University Press.

[98] Katz, L. (1987). *Bad Acts and Guilty Minds*. Chicago: University of Chicago Press.

[99] Kim, J. (1973). Causes, nomic subsumption, and the concept of event. *Journal of Philosophy LXX*, 217 - 236.

[100] Knobe, J. and B. Fraser (2008). Causal judgment and moral judgment: two experiments. In W. Sinnott - Armstrong (Ed.), *Moral Psychology, Volume 2: The Cognitive Science of Morality*, pp. 441 - 447. Cambridge, MA: MIT Press.

[101] Kominsky, J., J. Phillips, T. Gerstenberg, D. Lagnado, and J. Knobe (2014). Causal suppression. In *Proc. 36th Annual Conference of the Cognitive Science Society* (*CogSci* 2014), pp. 761 - 766.

[102] Kraus, S., D. Lehmann, and M. Magidor (1990). Nonmonotonic reasoning, preferential models and cumulative logics. *Artificial Intelligence* 44, 167 - 207.

[103] Lagnado, D. A., T. Gerstenberg, and R. Zultan (2013). Causal responsibility and counterfactuals. *Cognitive Science* 37, 1036 - 1073.

[104] Lewis, D. (1973a). Causation. *Journal of Philosophy* 70, 556 - 567. Reprinted with added "Postscripts" in D. Lewis, *Philosophical Papers*, Volume II, Oxford University Press, 1986, pp. 159 - 213.

[105] Lewis, D. (1973b). *Counterfactuals*. Cambridge, Mass.: Harvard University Press.

[106] Lewis, D. (1986a). Causal explanation. In *Philosophical Papers*, Volume II, pp. 214 - 240. New York: Oxford University Press.

[107] Lewis, D. (1986b). Causation. In *Philosophical Papers*, Volume II, pp. 159 – 213. New York: Oxford University Press. The original version of this paper, without numerous postscripts, appeared in the *Journal of Philosophy* 70, 1973, pp. 113 – 126.

[108] Lewis, D. (1986c). Events. In *Philosophical Papers*, Volume II, pp. 241 – 270. New York: Oxford University Press.

[109] Lewis, D. (2000). Causation as influence. *Journal of Philosophy XCVII*(4), 182 – 197.

[110] Lewis, D. (2004). Void and object. In J. Collins, N. Hall, and L. A. Paul (Eds.), *Causation and Counterfactuals*, pp. 277 – 290. Cambridge, MA: MIT Press.

[111] Livengood, J. (2013). Actual causation in simple voting scenarios. *Nous* 47(2), 316 – 345.

[112] Livengood, J. (2015). Four varieties of causal reasoning problem. Unpublished manuscript.

[113] Livengood, J. and E. Machery (2007). The folk probably don't think what you think they think: experiments on causation by absence. *Midwest Studies in Philosophy* 31, 107 – 127.

[114] Lombrozo, T. (2010). Causal – explanatory pluralism: how intentions, functions, and mechanisms influence causal ascriptions. *Cognitive Psychology* 61, 303 – 332.

[115] Mackie, J. L. (1965). Causes and conditions. *American Philosophical Quarterly* 2/4, 261 – 264. Reprinted in E. Sosa and M. Tooley (Eds.), *Causation*, Oxford University Press, 1993.

[116] Mackie, J. L. (1974). *The Cement of the Universe.* Oxford, U. K.: Oxford University Press.

[117] Mandel, D. R. and D. R. Lehman (1996). Counterfactual thinking and ascriptions of cause and preventability. *Journal of Personality and Social Psychology* 71(3), 450 – 463.

[118] McDermott, M. (1995). Redundant causation. *British Journal for the Philosophy of Science* 40, 523 – 544.

[119] McGill, A. L. and A. E. Tenbrunsel (2000). Mutability and propensity in causal selection. *Journal of Personality and Social Psychology* 79(5), 677 – 689.

[120] McGrath, S. (2005). Causation by omission. *Philosophical Studies* 123, 125 – 148.

[121] Meliou, A., W. Gatterbauer, J. Y. Halpern, C. Koch, K. F. Moore, and D. Suciu (2010). Causality in databases. *IEEE Data Engineering Bulletin* 33(3), 59 – 67.

[122] Meliou, A., W. Gatterbauer, K. F. Moore, and D. Suciu (2010). The complexity of causality and responsibility for query answers and non – answers. *Proc. VLDB Endowment* 4(1), 33 – 45.

[123] Mellor, D. H. (2004). For facts as causes and effects. In J. Collins, N. Hall, and L. A. Paul (Eds.), *Causation and Counterfactuals*, pp. 309 – 323. Cambridge, MA: MIT Press.

[124] Menzies, P. (2004). Causal models, token causation, and processes. *Philosophy of Science* 71, 820 – 832.

[125] Menzies, P. (2007). Causation in context. In H. Price and R. Corry (Eds.), *Causation, Physics, and the Constitution of Reality*, pp. 191 – 223. Oxford, U. K.: Oxford University Press.

[126] Menzies, P. (2014). Counterfactual theories of causation. In E. N. Zalta (Ed.), *The Stanford Encyclopedia of Philosophy* (Spring 2014 Edition). Available at http://plato.stanford.edu/

archives/spr2014/entries/causation – counterfactual/.

[127] Mill, J. S. (1856). *A System of Logic, Ratiocinative and Inductive* (fourth ed.). London: John W. Parker and Son.

[128] Moore, M. S. (2009). *Causation and Responsibility*. Oxford, U. K.: Oxford University Press.

[129] Northcott, R. (2010). Natural born determinists. *Philosophical Studies* 150, 1 – 20.

[130] O' Connor, A. (2012). When surgeons leave objects behind. *New York Times*. Sept. 24, 2012.

[131] Palike, H. (2013). Impact and extinction. ¨ *Science* 339(6120), 655 – 656.

[132] Papadimitriou, C. H. and M. Yannakakis (1982). The complexity of facets (and some facets of complexity). *Journal of Computer and System Sciences* 28(2), 244 – 259.

[133] Paul, L. A. (2000). Aspect causation. *Journal of Philosophy XCVII*(4), 235 – 256.

[134] Paul, L. A. and N. Hall (2013). *Causation: A User's Guide*. Oxford, U. K.: Oxford University Press.

[135] Pearl, J. (1988). *Probabilistic Reasoning in Intelligent Systems*. San Francisco: Morgan Kaufmann.

[136] Pearl, J. (1989). Probabilistic semantics for nonmonotonic reasoning: a survey. In *Proc. First International Conference on Principles of Knowledge Representation and Reasoning (KR ' 89)*, pp. 505 – 516. Reprinted in G. Shafer and J. Pearl (Eds.), *Readings in Uncertain Reasoning*, pp. 699 – 710. San Francisco: Morgan Kaufmann, 1990.

[137] Pearl, J. (1998). On the definition of actual cause. Technical Report R – 259, Department of Computer Science, University of California, Los Angeles, Los Angeles, CA.

[138] Pearl, J. (1999). Probabilities of causation: three counterfactual interpretations and their identification. *Synthese* 121(1/2), 93 – 149.

[139] Pearl, J. (2000). *Causality: Models, Reasoning, and Inference*. New York: Cambridge University Press.

[140] Pearl, J. (2009). Causal inference in statistics. *Statistics Surveys* 3, 96 – 146.

[141] Regina v. Faulkner (1877). Court of Crown Cases Reserved, Ireland. In13 *Cox Criminal Cases* 550.

[142] Riker, W. H. and P. C. Ordeshook (1968). A theory of the calculus of voting. *American Political Science Review* 25(1), 25 – 42.

[143] Robinson, J. (1962). Hume's two definitions of "cause". *The Philosophical Quarterly* 47 (12), 162 – 171.

[144] Salmon, W. C. (1970). Statistical explanation. In R. Kolodny (Ed.), *The Nature and Function of Scientific Theories*, pp. 173 – 231. Pittsburgh, PA: University of Pittsburgh Press.

[145] Salmon, W. C. (1984). *Scientific Explanation and the Causal Structure of the World*. Princeton, N. J.: Princeton University Press.

[146] Schaffer, J. (2000a). Causation by disconnection. *Philosophy of Science* 67, 285 – 300.

[147] Schaffer, J. (2000b). Trumping preemption. *Journal of Philosophy XCVII*(4), 165 – 181.

[148] Reprinted in J. Collins and N. Hall and L. A. Paul (Eds.), *Causation and Counterfactuals.* Cambridge, MA: MIT Press, 2002.

[149] Schaffer, J. (2004). Causes need not be physically connected to their effects. In C. Hitchcock (Ed.), *Contemporary Debates in Philosophy of Science*, pp. 197 – 216. Oxford, U. K.: Basil Blackwell.

[150] Schaffer, J. (2012). Disconnection and responsibility. *Legal Theory* 18(4), 399 – 435.

[151] Schumacher, M. (2014). Defaults, normality, and control. Unpublished manuscript.

[152] Schupbach, J. (2011). Comparing probabilistic measures of explanatory power. *Philosophy of Science* 78, 813 – 829.

[153] Scriven, M. J. (1959). Explanation and prediction in evolutionary theory. *Science* 130, 477 – 482.

[154] Shafer, G. (2001). Causality and responsibility. *Cardozo Law Review* 22, 101 – 123.

[155] Shimony, S. E. (1991). Explanation, irrelevance and statistical independence. In *Proc. Ninth National Conference on Artificial Intelligence* (*AAAI* '91), pp. 482 – 487.

[156] Shoham, Y. (1987). A semantical approach to nonmonotonic logics. In *Proc. 2nd IEEE Symposium on Logic in Computer Science*, pp. 275 – 279. Reprinted in M. L. Ginsberg (Ed.), *Readings in Nonmonotonic Reasoning*, pp. 227 – 250. San Francisco: Morgan Kaufman, 1987.

[157] Simon, H. A. (1953). Causal ordering and identifiability. In W. C. Hood and T. C. Koopmans (Eds.), *Studies in Econometric Methods*, Cowles Commission for Research in Economics, Monograph No. 14, pp. 49 – 74. New York: Wiley.

[158] Sipser, M. (2012). *Introduction to Theory of Computation* (third ed.). Boston: Thomson Course Technology.

[159] Sloman, S. A. (2009). *Causal Models: How People Think About the World and Its Alternatives.* Oxford, U. K.: Oxford University Press.

[160] Smith, A. (1994). *An Inquiry into the Nature and Causes of the Wealth of Nations.* New York, NY: Modern Library. Originally published in 1776.

[161] Sober, E. (1984). Two concepts of cause. In*PSA: Proceedings of the Biennial Meeting of the Philosophy of Science Association*, pp. 405 – 424.

[162] Sosa, E. and M. Tooley (Eds.) (1993). *Causation.* Oxford Readings in Philosophy. Oxford, U. K.: Oxford University Press.

[163] Spirtes, P., C. Glymour, and R. Scheines (1993). *Causation, Prediction, and Search.* New York: Springer – Verlag.

[164] Spohn, W. (1988). Ordinal conditional functions: a dynamic theory of epistemic states. In W. Harper and B. Skyrms (Eds.), *Causation in Decision, Belief Change, and Statistics*, Volume 2, pp. 105 – 134. Dordrecht, Netherlands: Reidel.

[165] Stalnaker, R. C. (1968). A theory of conditionals. In N. Rescher (Ed.), *Studies in Logical Theory*, pp. 98 – 112. Oxford, U. K.: Blackwell.

[166] Stockmeyer, L. J. (1977). The polynomial – time hierarchy. *Theoretical Computer Science* 3, 1 – 22.

[167] Strevens, M. (2008). Comments on Woodward, *Making Things Happen. Philosophy and Phenomenology* 77(1), 171 – 192.

[168] Strevens, M. (2009). *Depth.* Cambridge, MA: Harvard Univesity Press.

[169] Strotz, R. H. and H. O. A. Wold (1960). Recursive vs. nonrecursive systems: an attempt at synthesis. *Econometrica* 28(2), 417 – 427.

[170] Suppes, P. (1970). *A Probabilistic Theory of Causality.* Amsterdam: North – Holland.

[171] Sytsma, J. , J. Livengood, and D. Rose (2012). Two types of typicality: rethinking the role of statistical typicality in ordinary causal attributions. *Studies in History and Philosophy of Biological and Biomedical Sciences* 43, 814 – 820.

[172] vanFraassen, B. C. (1980). *The Scientific Image.* Oxford, U. K. : Oxford University Press.

[173] Watson v. Kentucky and Indiana Bridge and Railroad (1910). 137 Kentucky 619. In126 *SW* 146.

[174] Weslake, B. (2015). A partial theory of actual causation. *British Journal for the Philosophy of Science.* To appear.

[175] Wolff, P. , A. K. Barbey, and M. Hausknecht (2010). For want of a nail: how absences cause events. *Journal of Experimental Psychology* 139(2), 191 – 221.

[176] Woodward, J. (2003). *Making Things Happen: A Theory of Causal Explanation.* Oxford, U. K. : Oxford University Press.

[177] Woodward, J. (2006). Sensitive and insensitive causation. *Philosophical Review* 115, 1 – 50.

[178] Woodward, J. (2014). Scientific explanation. In E. N. Zalta (Ed.), *The Stanford Encyclopedia of Philosophy* (Winter 2014 edition). Available at http://plato. stanford. edu/archives/win2014/entries/scientific – explanation/.

[179] Woodward, J. (2016). The problem of variable choice. *Synthese.* To appear.

[180] Wright, S. (1921). Correlation and causation. *Journal of Agricultural Research* 20, 557 – 585.

[181] Zhang, J. (2013). A Lewisian logic of causal counterfactuals. *Minds and Machines* 23(1), 77 – 93.

[182] Zimmerman, M. (1988). *An Essay on Moral Responsibility.* Totowa, N. J. : Rowman and Littlefield.

[183] Zultan, R. , T. Gerstenberg, and D. Lagnado (2012). Finding fault: causality and counterfactuals in group attributions. *Cognition* 125, 429 – 440.

中英文人名对照表

前言

达斯汀·霍夫曼	Dustin Hoffman
杰明·布拉多克	Benjamin Braddock
汉纳·卡克勒	Hana Chockler
克里斯·希契科克	Chris Hitchcock
托比·格斯滕伯格	Tobi Gerstenberg
桑德·贝克斯	Sander Beckers
罗伯特·麦克斯顿	Robert Maxton
大卫·拉格纳多	David Lagnado
乔纳森·利文古德	Jonathan Livengood
劳丽·保罗	Laurie Paul

第1章

维吉尔	Virgil
大卫	David
罗伯特	Robert
休谟	Hume
朱迪亚·珀尔	Judea Pearl
哈珀恩	Halpern
哈珀恩－珀尔	Halpern – Pearl
苏西	Suzy
比利	Billy
卡奈曼	Kahneman
米勒	Miller
路易斯·阿尔瓦雷茨	Luis Alvarez
沃尔特·阿尔瓦雷茨	Walter Alvarez
帕拉克	Pälike

伊尔斯	Eells
古德	Good
索伯	Sober
利文古德	Livengood
达威迪	Dawid
希契科克	Hitchcock
菲吉曼	Faigman
费恩贝格	Fienberg
菲尔肯	Falcon
亚里士多德	Aristotle
鲁滨逊	Robinson
马克伊	Mackie
鲍姆加特纳	Baumgartner
斯蒂文斯	Strevens
保罗	Paul
霍尔	Hall
格斯滕伯格	Gerstenberg
古德曼	Goodman
拉格纳多	Lagnado
特南鲍姆	Tenenbaum
路易斯	Lewis
哈特	Hart
奥诺雷	Honore
摩尔	Moore
孟席斯	Menzies
斯洛曼	Sloman
亚当·斯密	Adam Smith
胡佛	Hoover
珀尔	Pearl
爱因斯坦—波多尔斯基—罗森	Einstein – Podolsky – Rosen
贝尔	Bell
伊拉里	Illari
罗素	Russo

第 2 章

威廉姆森	Williamson
爱德华	Edward
爱德华·洛伦兹	Edward Lorenz
梅罗纹加	Merovingian
萨姆	Sam
弗雷德	Fred
杰克	Jack
希拉里	Hillary
吉姆	Jim
玻意耳	Boyle
休厄尔·赖特	Sewall Wright
古德贝格	Goldberger
赫伯·西蒙	Herb Simon
特里夫·哈维默	Trygve Haavelmo
格里默	Glymour
温伯里	Wimberly
伍德沃德	Woodward
霍普金斯	Hopkins
埃特尔	Eiter
卢卡西维兹	Lukasiewicz
斯托内克尔	Stalnaker
布里格斯	Briggs
加勒斯	Galles
斯波茨	Spirtes
斯克尼斯	Scheines
卡茨	Katz
麦凯	Mackie
卡沙利	Casati
瓦尔齐	Varzi
梅勒	Mellor
范·弗拉森	Bas van Fraassen
谢弗	Schaffer

奥康纳	O'Connor
麦克德莫特	McDermott
理查德·希克尼斯	Richard Scheines
伊尔斯	Eells
索伯	Sober
菲特尔森	Fitelson
罗森	Rosen
苏佩斯	Suppes
弗里克	Frick
诺斯科特	Northcott
芬顿—格林	Fenton – Glynn
胡安	Juan
詹妮弗	Jennifer
鲍克	Balke
达塔	Datta
霍诺尔	Honore
特罗茨	Strotz
沃尔德	Wold

第3章

安东·契科夫	Anton Chekhov
翠迪	Tweety
史密斯	Smith
克诺比	Knobe
吉尔	Jill
鲍勃	Bob
安妮	Anne
查克	Chuck
丹	Dan
爱丽丝	Alice
孟席斯	Menzies
特维尔斯基	Tversky
阿利克	Alicke
库什曼	Cushman

S. 阿姆斯特朗	S. Armstrong
弗雷泽	Fraser
麦吉尔	McGill
坦柏伦塞	Tenbrunsel
曼德尔	Mandel
雷曼	Lehman
克劳斯	Kraus
马吉多尔	Magidor
索哈姆	Shoham
亚当斯	Adams
杰夫那	Geffner
杜布瓦	Dubois
普拉达	Prade
戈尔德施密特	Goldszmidt
斯波恩	Spohn
毕比	Beebee
麦格拉斯	McGrath
巴比	Barbey
豪斯内赫特	Hausknecht
马彻瑞	Machery
约翰·斯图亚特·密尔	John Stuart Mill
西茨马	Sytsma
罗泽	Rose
希德勒斯顿	Hiddleston
舒马赫	Schumacher
泽尔坦	Zultan

第 4 章

乔治·E·P·博克斯	E. P. Box
诺曼·德雷珀	N. R. Draper
贝蒂	Betty
泽维尔	Xavier
卡罗尔	Carol
斯特雷文斯	Strevens

埃伯哈特	Eberhardt
胡贝尔	Huber
施波恩	Spohn
威斯利克	Weslake
格利穆尔	Glymour
贝内特	Bennett
戴维森	Davidson
吉姆	Kim

第 5 章

道格拉斯·亚当斯	Douglas Adams
西普塞	Sipser
库克	Cook
弗里德曼	Friedman
斯托克迈尔	Stockmeyer
帕帕季米特里乌	Papadimitriou
亚娜卡其斯	Yannakakis
阿莱克桑德罗维茨	Aleksandrowicz
戈梅斯	Gomes
费金	Fagin
摩斯	Moses
瓦迪	Vardi

第 6 章

海曼·瑞克弗	Hyman G. Rickover
罗杰·费德勒	Roger Federer
卡克勒	Chockler
亚历山大德罗维奇	Aleksandrowicz
阿莱奇纳	Alechina
洛根	Logan
蒂姆·威廉姆森	Tim Williamson
齐默尔曼	Zimmerman
瑞克	Riker
奥德舒克	Ordeshook

柯明斯基	Kominsky
楚	Chu

第7章

E. L. 孔斯贝格	E. L. Konigsburg
拉塞尔·克罗	Russell Crowe
约翰逊	Johansson
萨尔蒙	Salmon
亨佩尔	Hempel
西尔维亚	Sylvia
格登福斯	Gärdenfors
朵约	Dowe
索萨	Sosa
图里	Tooley
查耶斯卡	Chajewska
昂里翁	Henrion
德鲁兹	Druzdzel
西蒙尼	Shimony
舒巴赫	Schupbach
斯克里文	Scriven

第8章

斯蒂芬·霍金	Stephen Hawking
蒂姆·伯顿	Tim Burton
大卫·伯顿	David Burton
汉弗莱·伯顿	Humphrey Burton
比尔	Beer
本·大卫	Ben David
乔克	Chocker
奥尔尼	Orni
特雷夫莱	Trefler
隆布罗佐	Lombrozo
费根鲍姆	Feigenbaum
贾加德	Jaggard

赖特	Wright
科赫	Koch
马力欧	Meliou
盖特鲍尔	Gatterbauer
苏丘	Suciu
库普费曼	Kupferman
古伦伯格	Grumberg
亚德加尔	Yadgar
克罗齐	Groce